AF431736

La empresa dinámica

Las tecnologías de información y comunicación en
la sociedad de la información y el conocimiento

De la presente edición:

Centro de Publicaciones
UNIVERSIDAD DE LOS HEMISFERIOS
Paseo de la Universidad N°. 300 y Juan Díaz
(593) 2-3828-670
www.uhemisferios.edu.ec

DIEGO ALEJANDRO JARAMILLO A.
Rector

MÓNICA VIVANCO.
Vicerrectora

ISBN: 978-9978-9928-3-8

Editores:
Juan Carlos Riofrío
Daniel López

Diseño de portada:
Guillermo Sánchez

Diseño
interior:
Centro de Producción Audiovisual
Luis Montenegro

Quito, marzo 2015

Dedicatoria:

Este trabajo está dedicado a nuestras esposas, hijas e hijos, por su paciencia, comprensión y por las tantas horas que robamos de su precioso tiempo.

Contenido

INTRODUCCIÓN

El presente libro académico es fruto de la línea de investigación, "El impacto de las Tecnologías de Información y Comunicación -TIC- en las dinámicas laborales de la empresa": como contribución al conocimiento de la nueva empresa en la sociedad de la información. En este, desde un enfoque teórico-histórico, se pretende un aporte a la comprensión de los efectos de las TIC en la empresa. Su justificación académica se encuentra dada por el interés de estudio de la línea de investigación que siguen comunidades interdisciplinarias sobre los impactos de las TIC en los individuos, las organizaciones y la sociedad.

En el presente capítulo, que se ha denominado UNA VISIÓN DE LA DINÁMICA DE LA EMPRESA DE LA SOCIEDAD DE LA INFORMACIÓN Y DEL CONOCIMIENTO, se realiza una reflexión de la naturaleza de la organización empresarial y su evolución hasta algunas de las formas contemporáneas de su administración, realizando una revisión de la literatura desde algunos vestigios en las categorías clásicas aristotélicas hasta la literatura más reciente sobre el tema. En esta revisión se advierte la mirada interdisciplinar de autores provenientes de diferentes ciencias sociales como la filosofía, la política, la administración, la economía, la sociología y la comunicación, entre otras. El objetivo del capítulo es el de reconocer el estado del arte, desde una visión evolutiva de la organización y de la empresa, que pueda prestar soporte teórico para la comprensión de la nueva organización de la sociedad de la información, su naturaleza y su identidad.

En esta línea, se destacan las observaciones en la evolución y los cambios que han tenido la organización y, concretamente, la empresa a causa del uso de las TIC. La empresa, en general, no solamente ha sido usuaria de ellas, sino también productora y promotora de ciertos tipos específicos de tecnología, que ha ocasionado cambios en sus estructuras organizacionales, administrativas y laborales, entre otras.

El presente recorrido teórico se realiza en dos capítulos, que pretenden, desde la concepción aristotélica, dar una explicación aproximada de carácter *filosófico-sociológico* de los fenómenos objetos de estudio, *organización-empresa* (Cap. I), y *tecnología-nuevas tecnologías de información y comunicación* (Cap.II).

El Capítulo I se denomina "UNA VISIÓN DE LA DINÁMICA DE LA EMPRESA DE LA SOCIEDAD DE LA INFORMACIÓN Y DEL CONOCIMIENTO". En éste se intenta fundamentar los conceptos de organización y de empresa productiva, desde la concepción clásica aristotélica, pasando por sociológos de la organización, economistas y politólogos modernistas, hasta teóricos de las nuevas formas contemporáneas de la administración. Se procura recoger las visiones de algunos de los principales teóricos de esta disciplina. Asimismo, busca contribuir a la comprensión de la nueva empresa de la sociedad de la información, su naturaleza y su identidad.

El Capítulo II, denominado "UNA VISIÓN DE LA DINÁMICA DE LAS TIC y SUS IMPACTOS EN LA ORGANIZACIÓN Y LA EMPRESA", establece una relación directa entre las tecnologías de información y comunicación, la empresa, la organización y la sociedad. Para el efecto, en primera instancia, se aborda la dimensión natural de la tecnología, la información y la comunicación, y el estudio interdisciplinario de las TIC. En la segunda parte, se evidencia el despliegue y el papel fundamental de las TIC en la organización, sus usos y funciones, y su interrelación entre tareas, procesos y productos, a partir del aporte de algunos estudios de impacto publicados en la literatura científica. Finalmente, se efectúa una revisión de los estudios empíricos sobre los impactos de las TIC en la empresa y, en especial, en la organización bancaria realizados en España, Estados Unidos, Inglaterra, Japón, Italia y la Unión Europea.

CAPÍTULO I

1. UNA VISIÓN DE LA DINÁMICA DE LA EMPRESA DE LA SOCIEDAD DE LA INFORMACIÓN Y DEL CONOCIMIENTO

INTRODUCCIÓN

En el presente capítulo, que se ha denominado UNA VISIÓN DE LA DINÁMICA DE LA EMPRESA DE LA SOCIEDAD DE LA INFORMACIÓN Y DEL CONOCIMIENTO, se realiza una reflexión de la naturaleza de la organización empresarial y su evolución hasta algunas de las formas contemporáneas de su administración, realizando una revisión de la literatura desde algunos vestigios en las categorías clásicas aristotélicas hasta la literatura más reciente sobre el tema. En esta revisión se advierte la mirada interdisciplinar de autores provenientes de diferentes ciencias sociales como la filosofía, la política, la administración, la economía, la sociología y la comunicación, entre otras. El objetivo del capítulo es el de reconocer el estado del arte, desde una visión evolutiva de la organización y de la empresa, que pueda prestar soporte teórico para la comprensión de la nueva organización de la sociedad de la información, su naturaleza y su identidad.

Para facilidad de los lectores se muestra a continuación los ejes temáticos abordados en el capítulo, mediante la graficación de tablas que referencian los autores citados y sus correspondientes líneas de estudio.

En la Tabla 1, se señalan los autores que, a criterio propio, han aportado conceptos fundamentales para la comprensión de la dinámica evolutiva de la organización, intentando articular sus posturas, a veces extremas y contradictorias, pero que unidas por un hilo conductor humanista de la organización, procuran ser organizadas como aporte a un concepto humanista de la misma, a fin de reiterar el *bien*, como la dimensión filosófica de la organización humana.

Tabla 1. La dinámica evolutiva de la organización.

Autor	*Línea de estudio*
Nelson, R., Winter, S. (2002)	La evolución de la organización
Rusell, B. (1962)	Industrialismo
Augier, M., Winter, S. (2005)	Evolución de los conceptos de organización
Méndez, J. (1992)	La dinámica de las organizaciones
Rusell, B. (1962)	La organización racional
Hobbes T. (1640)	El bien natural
Melé, D. (1995),	La naturaleza de la sociedad
Aristóteles (384ac - 322ac)	El bien como fin de la acción humana
Barnard, C. (1959)	La cooperación humana
Koontz, H. y O'Donnell, C. (1968)	Estructura organizacional
Tapscott, D. (1995)	Recursos de la organización
Arendt, H. (1971)	Lo público y lo privado
De Leener, G. (1959)	Concepto de organización desde el orden
Store, R. (1966)	La tradición humana
Rodil, F. (1975)	La evolución de la organización
Chiavetano A. (1995)	Estructuralismo en la organización
Robbins, S. (1996)	Comportamiento en la organización
Montesquieau, C. Edición (1944)	La función política de la organización
Locke, J. (2003)	La sociedad política
Urrego, F. (1975),	La organización formal e informal
Méndez, J. Zorrilla, S. y Monroy, F. (1980)	Las normas en la organización formal e informal
Taylor, F. y Fayol, H. (1911)	Funciones de la organización
Harrington, (1993)	Tipos de organización
Durkheim E. citado por Hatch, (1997)	La esfera pública de la organización
Hannan, M., Carroll,G. (1992)	La organización legítima
Etzioni, A. (1965)	Clases de organización

Blau, P. y Scott W. citados por Méndez, Monroy y Zorrilla, (1992)	Los beneficios en la organización
Katz , D. y Kalin R. citados por Méndez, otros, (1992)	Clasificación de las organizaciones según su objeto
Simón, H. (1958)	La estructura social
Martínez, F. (1986)	Componentes de la organización
Maslow, A. (1988)	Valores sociales y necesidades

Fuente: elaboración propia

La Tabla 2 organiza la línea de pensamiento de los autores que, a juicio propio y en continuidad con el anterior eje, permiten constituir con claridad a la empresa como una organización productiva en coherencia con el propósito de la presente revisión, que establece a la empresa como objeto de estudio. Adicionalmente se señala un recorrido por el concepto de trabajo desde un enfoque humanista, lo cual advierte la utilización constante del concepto trabajador como causa eficiente y que le da el tinte a este recorrido de una legitimación dignificante del trabajo humano.

Tabla 2. La empresa como organización productiva

Autor	*Línea de estudio*
Foss, K. (2003)	Racionalidad económica
Castaño, R. (1966)	El orígen de la industrialización
Satet, R. (1958)	Las ideas que originaron la industrialización
Marín, A. (2002)	De la organización tradicional a la empresa industrial
Devinat, P. (1959)	Las relaciones del trabajador y las herramientas
Patrick, citado por Laski, (1988)	La necesidad de la probreza
Hatch, M. (1997)	La naturaleza del trabajo
Laski, H. (1936)	Evolución del liberalismo / El liberalismo: el modelo dominante
Taylor, F. (1911)	La administración científica
Bloom, N., Van Reenen, J. (2002).	Productividad e innovación
Foss, K., Foss, N., Vázquez, X. (2006).	La gestión empresarial

Rolle, P. (1974)	La economía política y la doctrina de la empresa
McGregor, D. (1998)	El aspecto humano de la empresa
Marx, C. Edición de (1973)	La organización social productiva
Huselid, M., Becker, B. (2000)	Visión antropológica
Ladrón de Guevara, C. (1985)	El ejercicio de la administración
Mayo, E. (1933)	Problemas humanos en la empresa
Dublín, A. (2000),	Antropología de la escuela clásica de la administración
Melendro, T. (1992)	La dignidad del trabajo
Rolle, P. (1974)	La microeconomía de las empresas
Brawn W., Moberg D. (1983)	La oriención hacia el resultado de la empresa
De Leener, G. (1959)	La dinámica de las empresas
Ortueta, L. (1974)	La empresa como factor dinámico de la economía

Fuente: elaboración propia

En las Tablas 3 y 3b, se abordan aquellas líneas de autores que describen de alguna manera los componentes de la empresa de la Sociedad de la Información y del Conocimiento. El común denominador son aquellas características vigentes de la empresa contemporánea, definidas no por un orden temporal de la época, sino por ciertas funciones a manera de paradigmas, constituidos por la dinámica de la empresa en la sociedad.

Tabla 3. La dinámica de la empresa
de la Sociedad de la Información y del Conocimiento

Autor	*Línea de estudio*
Lin, Z., otros, (2006)	Cambio y manejo de crisis
Van de Ven, A. y Scott M., (1995)	Pensamiento estratrégico
Denison, D. (1991)	Organizaciones para el cambio
Giraud, Z., otros, (2007)	La identidad en la empresa
Méndez, J. (1992)	Dinámica social
Black, J., Gregersen, H. (1997)	Participación en la empresa

Ferrater, M. (2001)	Identificación con la empresa
Foss, K. (1999)	La identidad corporativa
Murmann, J., Aldrich, H., Levinthal, D., Winter, S. (2003)	La cultura y el clima en la empresa
Bubis, L. (1990)	El enfoque estratégico
Salas, F. (1987)	Economía de la empresa
Forehand y Gilmer, citados por Dessler, (1973)	La influencia del clima en el comportamiento de las personas
Halpin y Crafts citados por Dessler, (1973)	La percepción de los empleados
Ashkanasy B. (2000)	El ambiente en la organización
Litwin, G., Stringer, R. (1968)	Creencias y valores en la organziación
Robbins, S.(1996)	Ambientes relacionados con el trabajo
Beaudry, P., Collard, F., Green, D. (2005)	Estructura de consumo
Girbau, J. (2007)	La competitividad
Magdalena, F. (1992)	Tamaño y configuración de las organizaciones
Hitt, L. Chen, P. (2005).	El nuevo cliente
Michels, R. (1979)	Las nuevas organizaciones como sistemas sociales
Foss, K. Laursen, K. (2005)	La responsabilidad social con el medio ambiente
Snyder, P. Robertson, J. Jasinski, T. Miller, J. (2006)	La responsabilidad social con la pobreza y la ética
Lorsch, P. (1967) (1973)	La empresa sistémica
Paladino, M. (2004)	La libertad y la responsabilidad social
Polo, L. (1993)	La persona humana en la organización
Tapscott, D. (1995)	Los nuevos paradigmas empresariales
Boisot, M. (1998)	La gestión del conocimiento
Castells, M. (2000)	La sociedad informacional

Bell, D. (1976)	Sociedad de la información y del conocimiento
Drucker, P. (1995)	Sociedad de las organizaciones
Sturgeon, S. Martin, G. y Crayling, A. (1998)	La hermenéutica del conocimiento
Davenport, L. y Prusak, (1998)	Adaptación al conocimiento
Aristóteles (384ac - 322ac)	Niveles de conocimiento
Foss, K., Foss, N. (2005),	Nuevas estructuras de costos
Uhlenbruck, K. otros, (2006)	Batallas comerciales
Ouchi, W. (1982)	La filosofía empresarial. La cultura y la identidad en la empresa
Everett, R. (1980)	Antropología de la escuela de las relaciones humanas
Jun, S. (1980)	Las organizaciones del mañana
Carneiro, P., Heckman, J., Masterov, D. (2005)	Evolución del sindicalismo
Ochoa, J. (2007)	El libre mercado
Salas, F.(1987)	Planificación organizacional
Pferrer, J. (1997)	El poder empresarial

Fuente: elaboración propia

Tabla 3b. La dinámica de la empresa de
la Sociedad de la Información y del Conocimiento

Autor	*Línea de estudio*
Castells, M., Deipola (1976)	La comprensión en las ciencias sociales
Sveiby, K. (1999)	Desarrollo de conocimiento teórico en la empresa
Freeman, R., Gilbert, D., Hartman, E. (1988)	El *know how* en la organización
Simon, H. (1969)	El conocimiento en la empresa
Nonaka, I. (1998)	Conocimiento tácito y explícito en la organización

Hampton, D. (1983)	Conocimiento práctico en la organización
Ichniowski, C., Delaney, L. (1989)	La aplicación del conocimiento al trabajo
Terry, G. (1977)	Emnpresas dedicadas a la producción de conocimiento
Bartlett, C.(1991)	El conocimiento desde el consumidor
Warren, B. y otros, (1983)	El conocimiento de la estética en la empresa
Bradley, K. (1997)	El conocimiento intuitivo aplicado a la empresa
Wiersema, T. (1995)	El conocimiento y el liderazgo en la empresa
Hanushek, E., Heckman, J., Neal, D. (2002)	El capital humano
K. Bladley, (1997)	El capital intelectual
Black, S., Lynch, L. (1996)	Capital humano operativo
Dodds, P., Watts, D., Sabel, C. (2003)	La utilidad de la información y del conocimiento
Yepes, R. (1996)	La comunicación: dimensión natural
Contractor, N., O´Keffe B. (1997)	Evolución de información a comunicación
Mohan, M. (1993)	Comportamiento comunicativo
Lapointe, L. & Rivard, S. (2007)	La comunicación sistematizada en la empresa
Llano, A. (2002)	La puesta en común de las personas
Mohan, M. (1993)	Cultura de la comunicación
González A., Willis, J. Young, C. (1997)	Comunicación en la organización: entre lo individual y lo social
Sthol, C. (1995)	Interfaces de la comunicación organizacional
Gary L., Kreps, L. (1990)	Procesos de comunicación en la empresa
Freeman, R. (1983)	Los públicos en la organización
Aguado, D. (2007)	Comunicación y desarrollo personal

Gómez, J. López. D. Velásquez, C. (2006)	La naturaleza de la comunicación
Taylor, B. Trujillo, N. (2001)	La investigación en la comunicación en la empresa
Ichniowski, C. Shaw, K. (2003)	Corporatividad efectiva y comunicación
Lai, C., Chen, S., Shaw, M. (2005)	Comunicación y desarrollo empresarial
Cheney,G. y Christensen, L. (2001)	Identidad corporativa y comunicación
Jaffee, D. (2001)	Enfoques de la comunicación en la empresa
Rogers, E., y Agarwala, R (1980)	Comunicación funcionalista
Putnam, L. y Fairhurst G. (2001)	Comunicación y perspectiva social
McCowan, R., Bowen, U., Huselid, M., Becker, M. (1999)	Clima organizacional y comunicación
Ichniowski, G. Shaw, K. (2002)	Conducta y comunicación
Rodríguez, E. (1978),	El significado en el mensaje comunicativo de la organización
Daft, R. y Steers, I. (2000)	Simbología en la comunicación organizacional
Cunningham, W. (1991)	La simbología en la organización
Denrell, J. Fang, C., Winter, S. (2003)	El conflicto en la organización
Arrighetti, A. Vivarelli, M. (1999)	Los cambios en la organización
Dale L. Shannon (1997)	La variedad de conflictos en la organización
Ichniowski, C. Zax, (1990),	Las alianzas estratégicas
Srinivasan R., Brush T., (2006)	Proyectos y alianzas estratégicas
Shaw V. Shaw C. (1998)	Negociación
Chang, J. Shaw M. Lai C. (2006), (2007)	Respuestas prácticas al entorno de la organización
Lambin J.J.(1995)	Marketing estratégico
Byers, P. (1997)	Relaciones comunicativas
Robertson P. y Crittenden, M. (2003)	Comunicación intermedia

Carnoy, M. (2002), y Held, D., McGraw, G. y Perraton, J. (2001)	Las transformaciones estructurales de la organización
Kovacic, B. (1994)	Perspectivas de la comunicación organizacional
Shaw, V. y Sher, P. (1998)	El fenómeno comunicativo en la organización de la sociedad de la información

Fuente: elaboración propia

La Tabla 4, muestra el recorrido teórico sobre algunas líneas de autores que proponen una adaptación al ajuste que las empresas deben realizar para su debida actualización y viraje hacia una organización de la Sociedad de la Información. Se considera, no la casualidad de los cambios requeridos, sino, por el contrario, la respectiva consecuencia de la presión del medio económico, definidos en términos de supervivencia y competitividad.

Tabla 4. Nuevas dinámicas de reorganización en la estructura de la empresa de la Sociedad de la Información y del Conocimiento

Autor	*Línea de estudio*
Betancourt, A. (1985)	La dinámica sistémica
Lawrence, Paul. Davis ,S. (1993)	La dinámica matricial de la organzación sistémica
Huse, E. (1980)	La organización desde el rol jerárquico
Amstrong M. (1991)	La organización desde la jerarquización
Hammer, M. y Champy, J. (1993)	La reingeniería en las organizaciones
Ogliastri , E. (1992)	La organización desde la estructura
Brawn, W. y Moberg, D. (1983)	El diseño organizacional
De Danin, L. (1968)	Estudio de organización y métodos
Freeman, R.(1983)	La organización desde los cambios
Winter, S. (2004)	Los cambios del entorno en la organización

Pfeffer, J (1997)	La formación de la gerencia para el cambio
Denison, D. (1991)	El cambio cultural
Serna, H. (2000)	Formulación estratégica
Daft, R. (1997)	La dimensión ética
Becker, M. (1988)	Estrategias para el ambiente de la organización
Romero, M. (2007)	Integración de la tecnología
Hall, R. (1983)	Comunidad y organización
Ladrón de Guevara, C. (1985)	La organización dinámica
Huse, E. Bowditch, J. (1980)	El liderazgo en la organización
Kaufman, R. (1987)	La planeación en las organizaciones

Fuente: elaboración propia

En la Tabla 5, se señala el recorrido por el modelo: estructura, conducta, resultados; a partir de líneas vertientes de la economía industrial. Se procura comprender la dinámica de la empresa en la Sociedad de la Información y del Conocimiento considerando que los componentes del modelo permiten la explicación del fenómeno empresa como escenario interdisciplinar de estudio, en donde lo que sucede en su interior tiene repercusiones en el contexto, y viceversa, y afecta el logro de los objetivos corporativos.

Tabla 5. La dinámica del modelo de estructura, conducta, resultados

Autor	*Línea de estudio*
Becker M. (2006), Huselid, M. (1995), (1996), Delaney, J. (1996), Black J. y Porter, M. (1991)	La eficiencia organizativa de la estructura organizativa
Totterdill, P. (1989)	La economía industrial

Bakos, Y. y Brynjolfsson, E. (2000), Bresnahan, T. (1999).	La organización contemporánea en torno a las TIC.
Pugh, D., Hickson, D., Hinings, C. y Turner, C. (1968)	Los 5 componentes del modelo estructural
Levin R., Klevorick A. y Nelson, R. (1987), Griffith, R. Redding, S., Van Reenen, J. (2004)	Economía particular de la empresa
Bond, S. Chennells, L. y Devereux, M. (1996) Kerr, W. Kugler, David H. (2007)	Contexto económico
Laursen, K. y Foss, N. (2003). Mintzberg, H. (2007)	Los componentes de la conducta

Fuente: elaboración propia

Las Tablas 6 y 6b, relacionan la línea de pensamientos que explican la dinámica de los nuevos modelos de la administración que, a criterio propio, han evolucionado desde las categorías clásicas de la administración de empresas, a saber: planeación, organización, dirección y control. Estos modelos, orientados por la tecnología administrativa, guardan alineación con las exigencias y el deber ser de la organización de la Sociedad de la Información y del Conocimiento en la que, claramente, se advierte un viraje hacia la empresa virtual donde espacio, tiempo y hasta el mismo capital son revalidados. En esta línea, se aborda el nuevo concepto de trabajo, denominado teletrabajo, demarcado por la redefinición de presencialidad y tiempo.

Tabla 6. Nuevas dinámicas de los modelos administrativos

Autor	*Línea de estudio*
Teece, D., Rumelt, R., Dosi, G., Winter, S. (1994)	Los entornos empresariales
Artis, C., Becker, B. y Huselid, M. (1999)	La dirección de la empresa / La administración por objetivos

Ashford, S. y Black, J. (1996)	La alineación de la dirección y el control
Mark S. y Mizruchi (1983)	La administración insoluble
Dunham, L. y Freeman, R. (2000) Becker, B. y Huselid M. (1999)	La administración participativa
Cuesta, F. (1999)	La administración a distancia. Gestión de la calidad. La organización virtual
Caroli, E. y Van Reenen, J. (2001) Pritchett, Pound (1990)	La gestión del cambio
Hammer, M. y Champy, J. (1994)	Procesos de reingeniería
Crosby, P. (1991)	Aseguramiento de la calidad
Becker, B. y Huselid M., (1999), Mendenhall, M., Jensen, R., Black, J. y Gregersen, H. (2003)	Gestión del recurso humano
Ichniowski C. Kochan, T. Levine, D. Olson, C. Strauss, G. (1996)	La evaluación en la empresa
Schwab, A. (2007)	La organización flexible
Ichniowski C. y Shaw. K.(1999)	La gestión de la organización
Mayo, A. y Lank, K. (2003)	El aprendizaje en las organizaciones
Mintzberg, H. (2001)	La flexibilidad en la organización
Pianta M. y Meliciani J. (1996)	Gestión de nuevas tecnologías de información
Vivarelli, M., Evangelista, R. y Pianta, M. (1996)	La innovación en la organización
Boland R. y otros. (2007)	Indicadores de gestión
Infante, J. (2007)	La organización inteligente
Kochan, T. Macduffie, J. y Osterman P. (1988)	La gestión de la responsabilidad social
Langlois R. y Foss N. (1999) Lester, R., Piore, M. y Malek, K. 1998) Wezel, F. Cattani, C. (2006)	La organización flexible
Winter S. y Dorsch, (2007)	La organización molecular
Harrison J. y Freeman R. (1999)	La organización proactiva
Santarelli E. y Vivarelli M. (2002)	Economía virtual

Fuente: elaboración propia

Tabla 6b. Nuevas dinámicas de los modelos administrativos

Autor	*Línea de estudio*
Carralero, N. (2007)	La virtualidad empresarial
Castells, M. (2002)	El teletrabajo
Brynjolfsson, E. (1996)	La automatización
Nelson, R. y Winter S. (1980)	La globalidad empresarial
Winter, S. y Szulanski, G. (2001)	
Black, J. y Gregersen H (1999)	La flexibilidad administrativa
Philips, N. (1994)	Administración e innovación
King, W. Flor P. (2007)	Administración global
Levy F., (2007)	Negocios internacionales
Nonaka, I., Davenport, L. y Prusak, y Boisot (1998)	Administración del conocimiento
Adwankar, S. y Vasudevan, V. (2002)	Administración de la virtualidad
Zhu, Z.(2007)	Administración de la complejidad
Zenki, M., Minamisawa, K. y Yokoyama, Y.(2005)	Zero emisiones
Zott, C. y Amit, R. (2007)	Administración del emprendimiento
Phillips, N. (1994)	Nuevas técnicas de gestión
Gibson, R. (1998)	Negocios del futuro
Winter, S., (1974), (1975), (1976)	La teoría evolutiva
Covey, S. (1993)	Los principios
Porter, M., (1995), Gary, Prahald (1994),	La competencia
Blanchard, K., Waghorn T., Ballard J. (1996), Tichy, N., Bennis, W. (2007)	El liderazgo
Ries A, y Trout, J. (1999), Kotler, P. (1979)	Los mercados
Monks, R. y Minow N. (2004)	Gobierno corporativo
Naisbitt, J. y Aburdene, P. (1994), Ohmae, K. (2005), Thurow, L. (1996)	El mundo

Drucker, P. (1986), Gibson, R. Toffler, A. y Toffler, A. (1997)	El futuro
Albrecht, K. (1990)	El servicio
Cuesta, F. (1997)	La virtualidad
Castells, M.,(2001)	La empresa-red
Ohmae, K. (1991)	Repensar el futuro
Aburdene, P. y Naisbitt, J. (1994)	Megatendencias
Thurow, L. (1992)	La guerra del futuro
Drucker, P. (1995)	La sociedad postcapitalista
Matthew, K., Guzmán, N. y Drucker, P. (1996)	La gerencia del siglo XXI
Senge, P. (1993)	La alta gerencia
Porter, M. (2006)	Estrategias y ventajas competivas
Gibson, R. (1997)	Empresas dispuestas a aprender

Fuente: elaboración propia

Finalmente, la Tabla 7 muestra el recorrido por las nuevas dinámicas del trabajo tanto en la influencia recibida por las nuevas tecnologías de comunicación e información como en la dinámica de los nuevos modelos administrativos, orientados hacia la eficiencia en la realización del trabajo, en la optimización del recurso financiero y del capital humano.

Tabla 7. La dinámica de las nuevas formas de trabajo

Autor	*Línea de estudio*
Frechet, G. Langlois, S. y Bernier, M. (1992)	Transición del empleo
Piore, M . (2004)	División del trabajo contemporáneo
Sabourin, B. (2001)	Automatización
Shostak, A. (2002)	Inteligencia artificial
Gregersen, H. y Black, J. (1996)	Transculturización del trabajo
Aragon J. (2004), Belzunegui, A. (2002)	Redefinición del trabajo
Alasoini, T. (2001)	Nuevas formas de trabajo
Barteslman, E. y Doms, M. (2000)	Nuevas competencias tecnológicas

Schein, H. (1990)	Relaciones sociales laborales
Ashkanasy, B. (2000) Wanberg, C. R., & Banas, J. T. (2000) Meltzer, R. (1973)	El nuevo clima organzacional
Gavin, J. (1975), Schneider, B. y Hall, D. (1972), Litwin, G. y Stringer, R. (1968), Beer, M. (1971), Litwin, G. Stringer, R. (1968), Murdy, L. (1972)	Las nuevas relaciones personales
Sells, S. (1968)	La percepción del clima organizacional
Laura J. Taplin, (2004), Zimmerer, T. y Yasin, M. (1998), Varney, G., Worley, C., Darrow, A. Neubert, M., Cady, S. y Gurner, O. (1999), Leonard, H. (2003). Hammer, T. y Turk, J. (1987)	Nuevas relaciones profesionales
Piva, M., Santarelli y Vivarelli, M. (2005)	El trabajo y el uso de las TIC
Aragon, J. Bobino y C. Rocha, F. (2004)	Las relaciones laborales y las TIC
Williams, R. Hoffman, J. y Lamont, B. (1995)	Trabajo en equipo
Gregersen, H. Hite y Black, J. (1996)	Transculturización del trabajo
Aragon J. (2004), Belzunegui, A. (2002)	Redefinición del trabajo
Alasoini, T. (2001)	Nuevas formas de trabajo
Barteslman, E.y Doms, M. (2000)	Nuevas competencias tecnológicas
Herscovitch, L., Meyer, J., Lee, K., Allen, N. y Rhee, K. (2001), (2002), Armenakis, A. y Bedeian, A. (1999) Jaros, S.J. (1997), Irving, P.G. y Coleman, D. F, (2000) Becker, T. y Billings, R. (1993)	El nuevo compromiso en la organización

Fuente: elaboración propia

1.1. LA DINÁMICA EVOLUTIVA DE LA ORGANIZACIÓN Y LA EMPRESA

La intención de este apartado es establecer hilos conductores y factores diferenciadores entre los orígenes de la organización y algunas de las concepciones actuales de esta que permitan estructurar un concepto aproximado a la definición de organización actual, como Organización de la Sociedad de la Información y del Conocimiento.

El eje conductor será la evolución, (Nelson & Winter, 2002, págs. 23-46), que ha tenido la organización productiva contemporánea, desde la fábrica[1], pasando por la empresa, hasta llegar a la organización. En este sentido y, en primera instancia, se realiza una aproximación a la finalidad de la organización con el propósito de establecer conceptualmente la lectura de "organización"

1.1.1. La finalidad de la organización

La organización humana surge de la naturaleza misma de la *persona humana* como *ser social*. Su realización en el ejercicio de la libertad lo conmueve a la conformación de la sociedad[2] mediante la organización de la misma.

La sociedad se establece a partir de personas y de organizaciones. Las organizaciones son instituciones[3] con identidades particulares que comparten la naturaleza misma de la persona que es producir

---

1 Bertrand Rusell, (1962), en *Perspectivas de la Civilización industrial*, analiza la Revolución Industrial como un fenómeno al que va a llamar *industrialismo*. "Industrialismo, es esencialmente, producción (incluyendo distribución) por métodos que requieren mucho capital concentrado, capital, no es dinero, sino medios de producción". P. 19.

2 Max Weber (1922), en *Economía y Sociedad*, edición 1997, por el Fondo de Cultura Económica, México, traducción de Carlos Gerhard, define Sociedad cómo "Una relación cuando y en la medida en que una relación social se inspira en una compensación de intereses por motivos racionales (de fines o de valores) o también en una unión de igual motivación. La sociedad de un modo típico, puede especialmente descansar (pero no únicamente) en un acuerdo o pacto racional, por declaración recíproca." P. 33.

3 Aristóteles (384ac-322), en *Política*, edición de 1999 con traducción de Manuela García Valdés, denomina a la organización como *Constitución* dividida en dos comunidades *Política* y *Familiar.* Libro I, II, III, pp. 45-279.

bien[4] para sí mismo y para los demás. Por tanto, la naturaleza de la persona es la misma naturaleza de la organización y, a su vez, es la misma naturaleza de la sociedad. Según Melé, (1995) pág. 61, "se prescribe que el hombre y la sociedad tienen afines su naturaleza y su fin. Por lo que respecta al fin, el fin de la sociedad es el fin del hombre. La unidad de orden significa entonces que las relaciones que se crean buscan el fin del hombre, que es el bien del hombre, a saber, el desarrollo de su propia naturaleza." Aristóteles en este sentido diría, "el bien es el fin de todas las acciones del hombre, (…) y el "fin supremo del hombre es la felicidad". (Aristóteles, 1987, págs. 57-63)

La posibilidad de perfección que tiene la persona se refleja en la perfección de la organización y, por ende, la perfección de la sociedad. La *perfección* es dimensión deontológica y teleológica del *bien*. Por tanto, entre más *bien* se logre por la persona y la organización más *perfecta* será la sociedad humana.

PROCESO ADAPTATIVO DE LA ORGANIZACIÓN HUMANA

Para el logro de este bien, se requiere de la cooperación, tal como lo señaló, cuando definió que la organización es una consecuencia de las necesidades humanas personales y que, para el efecto, los

---

4   Thomas Hobbes (1640), en *Elementos de Derecho Natural* y Político, traducción del inglés de Dalmacio Negro Pavón 1979, define al bien así: "por pasión natural todos los hombres llaman bien a lo que les agrada de momento o en la medida en que puedan preverlo así; y de manera parecida llaman mal a lo que les desagrada. Por tanto, el que prevé todo lo que resulta adecuado a su conservación (que es el fin a que todos aspiramos naturalmente) tiene también que llamarlo bueno y el contrario malo." P. 235.

seres humanos se ven obligados a cooperar debido a sus múltiples limitaciones físicas, biológicas, psicológicas y sociales, para alcanzar metas personales (Barnard, 1959, págs. 80-85).

Asimismo, esta cooperación es más efectiva, más productiva y menos costosa, en la mayoría de los casos, con algún tipo de estructura organizacional (Koontz & O'Donnell, 1968, págs. 300-301).

Dicho de otro modo, "el término organización se presenta por razones originales e innatas en el hombre pues este es un ser social por naturaleza, el cual establece ciertos niveles de interés según sus deseos. El interés se centra en los recursos de una organización, en particular en áreas claves con capacidad para suministrar valor agregado, y no en disipar la atención de estas áreas sobrecargando sus capacidades de organización." (Tapscott, 1995, pág. 9).

En consecuencia, con la naturaleza de la organización, se requiere del ejercicio de la inteligencia y de la voluntad de la persona, para generar las condiciones ideales de convivencia en la cooperación, mediante el ejercicio de las virtudes humanas para la vivencia de las virtudes sociales. Así, la justicia, la caridad, la templanza, la prudencia, la humildad o la fortaleza son el soporte de la amistad, la cooperación y la solidaridad.

Esta convivencia convoca el interés particular y el interés público[5] en la búsqueda del *bien*. Para esto, sus partícipes desarrollan y establecen reglas y normas de comportamiento, tareas y funciones, recursos y métodos, tiempos y espacios, herramientas y procesos.

El público, desde diferentes postulados, se establece como la esfera del trabajo y de la acción humana, para la construcción del bien social. Solamente en estas dimensiones el hombre alcanza su memoria histórica trascendente en contraposición con el simple ejercicio de la labor como satisfacción de las necesidades básicas

---

5 George De Leener (1959), en su *Tratado de organización de empresas: concepto de organización y definición de organización*, publicado por Aguilar. S.A Ediciones, Madrid, Capítulo 1,2. "El concepto y Definición de *organización*, define que apareció formalmente en el siglo XIX, y se entendía exclusivamente por un estado de cosas, tal como el orden que preside el ejercicio de cualquier actividad y aun la estructura de las instituciones, tanto públicas como privadas". P. 7

en una mera condición animal. La economía política evoluciona del dominio de la familia griega, oikos, a los asuntos del estado, estableciendo una estrecha relación entre lo público y el estado, entre la familia y lo privado. El bien común será la finalidad del interés público (Arendt, 1971, págs. 50-58).

Esta lectura, desde Arendt, permite establecer una lectura cercana de la función de la organización en la construcción de lo público. Así, quien trabaja y prospera en acciones contribuye al bien común que, en última instancia, es la construcción de lo social.

Sin embargo, se advierte una diferencia sustancial entre lo social y lo público y, por supuesto, su antónimo: lo privado; todos escenarios de realización de la organización. Lo social se presenta como la evolución moderna de la multidiversidad de los miembros de la familia clásica griega, en donde la privacidad de la política constituía su condición de *privado*; luego, lo privado no era sinónimo de íntimo ni la sociedad era la suma de las familias. Los asuntos de lo *público* eran lo político, el discurso y las ideas. Hoy, lo privado, se entienden como parte de la esfera de la propiedad y la intimidad (Arendt, 1971, págs. 58-73).

Lo social, como manifestación de la sociedad actual, absorbe la multidiversidad y la suma de identidades, del individuo, de las organizaciones, del estado y, en menor proporción, de las familias, unidas por un fin natural, el bien común, que a pesar de esta evolución se mantiene estable (Arendt, 1971, págs. 38-49).

Este *bien* se traduce en el objetivo de la organización. Debe ser compartido por sus integrantes y, así, la persona establece una relación entre su dimensión privada y su dimensión pública no como un sometimiento de lo privado a lo público, sino como *unidad* donde se dignifica la persona en la organización, y la organización se dignifica en la persona. Por tanto, la sociedad se dignifica en ambas.

Este *bien* se entiende como el *bienestar* que produce la organización en la persona; el beneficio que recibe la organización por el trabajo de las mismas; y el *bien* producido y compartido a los miembros de la sociedad. Melé sostiene cómo "el desarrollo armónico de las virtudes se consigue mejor en la familia que en la empresa, en cuanto implica a la persona en la totalidad de sus capacidades. En consecuencia, la relación familiar requiere, tanto por parte del propio individuo como de los demás, una primacía respecto al trabajo profesional. No cabe decir que una persona es virtuosa y desempeña bien su trabajo si no es capaz de discernir esta primicia y hacerla en su propia vida" (Melé, 1995, pág. 68).

1.1.2. De la organización humana a la organización productiva

La organización preindustrial o pre-moderna, llamada sociedad tradicional[6], tipificó un estilo propio de organización que orientó el estudio de la naturaleza de la organización y que hoy se mantiene como organización productiva.

Como se mencionó en el numeral 1.1.1., la finalidad de la organización humana es el *bien* que, para efecto fáctico, se entiende como el desarrollo o progreso de los pueblos, en un principio organizado desde la familia, el clan y la tribu, en torno a la supervivencia y adaptación al medio y del medio ambiente.[7]

Esta adaptación al medio y del medio sugirió un paso fundamental en la organización de las actividades del clan. Se pasó de una vida nómada[8], en persecución de la comida, a una vida sedentaria, en

---

6 Ricardo Yepes Store, (1966) en *Fundamentos de Antropología: un ideal de la excelencia humana*, define tradición de esta forma: "las tareas comunes de una institución pueden acumularse durante generaciones, son un depósito de experiencia y cultura, de bienes comunes de los que las generaciones siguientes se benefician. La educación, dentro de esa institución, consiste en acceder a ese depósito, no como una mera información que se memoriza o a la que se tiene acceso para *usarla*, sino como aquello que hicieron los que estuvieron antes aquí y que a mí me importa" P. 257. En esta definición se deja claro que la *tradición* y la sociedad *tradicional* no puede verse como un momento histórico asociado al retraso de la sociedad, por el contrario, es un legado de la sociedad natural humana, como lo determinara J.S. Mill "El despotismo de la costumbre contribuye en todas partes el obstáculo permanente al avance humano", citado por el autor P. 259.

7 Adalberto Chiavetano (1995), en *Introducción a la Teoría General de la Administración*, sostiene que para los estructuralistas "el ambiente esta constituido por las demás organizaciones que forman la sociedad; por consiguiente una organización depende de otras organizaciones para seguir su camino y alcanzar sus objetivos. La iteración entre la organización y el ambiente se hace fundamental para la comprensión del estructuralismo". P. 325

8 Florencio Rodil, 1975, en *Lecturas sobre organización*, establece que, con el desarrollo de la agricultura, el hombre termina su etapa de nómada cazador e inicia una nueva era aposentado en una región, dedicado a la explotación de

acumulación de la misma; del funcionamiento de grupos pequeños llamados clanes, conformados por algunas pocas familias, a la conformación de tribus[9], conformadas por algunos pocos clanes. La unión de tribus conformó las ciudades que, a su vez, conformaron la llamada civilización (Rodil, 1975, pág. 17), organizada en estados, imperios, reinados y países.

En la evolución de estas organizaciones se fueron dividiendo dos funciones con un mismo fin[10]. La primera, la función económica, establecía el origen de los recursos de subsistencia de la alimentación (agua, caza, pesca, ganadería, agricultura, sal); el vestuario (pieles, lana, algodón, seda); la vivienda (piedra, madera, palma); y la energía (tracción humana, tracción animal, fuego, gravedad, viento).

De esta función se derivó la dimensión de la organización productiva que propendía la producción de bienes básicos para sus miembros. Estableció un nuevo rol económico para el intercambio de los productos excedentes, la comercialización, originando las organizaciones comerciales.

La segunda, la función política, definió la organización de los roles sociales: la familia (mujer y varón); la propiedad (ciudadano, esclavo); el estado (gobierno, gobernados); la soberanía (ejército, territorio); la justicia (derechos, deberes); las normas (reglas y leyes); los sistemas (república, dictadura, monarquía, democracia). Esta función originó la organización oficial dedicada a los dictámenes del bien común que suponía el establecimiento del orden para la

---

la tierra a fin de obtener los bienes que le son necesarios para su propia subsistencia.

9 Ibíd. Alrededor de la agricultura podemos situar el desarrollo de la tribu, lo cual constituye en sí una nueva clase de vida social. "Antes de que comenzara la labranza de la tierra y la cría de ganado, todo aquel que quería comer debía aportar su participación en la búsqueda de alimento, en la que virtualmente toda la tribu se hallaba implicada; pero cuando los cerebros con visión hacia el futuro, que habían ideado y planeado las maniobras cinegéticas, volvieron su atención a los problemas de organizar el cultivo de la tierra, la irrigación de ésta y la alimentación de animales cautivos, consignaron dos cosas: por primera vez se creó no sólo una provisión constante de alimentos, sino también un excedente alimentario regular con el que se podía contar; la creación de este excedente fue la llave que debía abrir la puerta a la civilización. Civilización que por mucho tiempo tuvo que buscar un desarrollo genético para poder colectivizarse." P. 17.

10 Stephen, Robbins (1996), en *Comportamiento Organizacional*, define que la organización es una unidad social rigurosamente coordinada, compuesta de dos o más personas, que funciona en forma relativamente constante para alcanzar una meta o conjunto de metas comunes. Las empresas de servicios y las de fabricación reúnen los requisitos de esa definición, lo mismo que las escuelas, hospitales, iglesias, unidades militares, tiendas minoristas, departamentos de policía, organismo del gobierno federal, estatal y municipal". P.p. 4-5.

ORÍGENES DE LA ORGANIZACIÓN PRODUCTIVA

Función económica	**Función política**
Recursos de subsistencia de la alimentación	Familia
Agua	Mujer y varón
Caza	Propiedad
Pesca	Ciudadano
Ganadería	Esclavo
Agricultura	Estado
Sal	Gobierno
Vestuario	Gobernados
Pieles	Soberanía
Lana	Ejército
Algodón	Territorio
Seda	Justicia
Vivienda	Derechos
Piedra	Deberes
Madera	Normas
Palma	Reglas
Energía	Leyes
Tracción humana	Sistemas
Tracción animal	República
Fuego	Dictadura
Gravedad	Monarquía
Viento	Democracia

convivencia; el ejercicio de la libertad de acuerdo a la naturaleza de los derechos y deberes de sus miembros; la defensa del territorio y de los medios de producción; la formulación de las leyes y la administración de la justicia (Montesquieu, 1944, págs. 25-40).

Estos dos tipos de organización compartían el mismo fin: la satisfacción de necesidades de sus miembros. Sin embargo, surgieron dos conceptos de bien antagónicos y complementarios: el bien particular y el bien común. El bien particular se ordenó a la dimensión personal y familiar; y, el bien común, a la sociedad. En el medio de los dos bienes, apareció la organización productiva que, de acuerdo a la influencia del poder y del carácter de propiedad, en algunas ocasiones, podría invocarse sobre el interés particular o sobre el interés común[11].

---

11 John Locke, (1764), en *Segundo Tratado sobre el Gobierno Civil*, traducción de Carlos Mellizo, edición y reimpresión de 2003. Capítulo 7 De la sociedad política o civil. P. 96.

Esta distinción se consolidó con el advenimiento de la propiedad y su reconocimiento por la organización política. Esta última instauró a la propiedad como lo privado, en su aseveración actual. "Al nacer el hombre (…) no sólo tiene por naturaleza el poder de proteger su propiedad, es decir, su vida, su libertad y sus bienes, frente a los daños y amenazas de otros hombres, sino también el de juzgar y castigar los infringimientos de la ley que sean cometidos por otros (…) Ahora bien como no hay ni pude subsistir sociedad política alguna sin tener en sí misma el poder de proteger la propiedad y, a fin de lograrlo, el de castigar las ofensas de los miembros de dicha sociedad, única y exclusivamente podrá haber sociedad política allí donde cada uno de sus miembros haya renunciado a su poder natural y lo haya entregado a manos de la comunidad" (Locke, 2003, pág. 103).

En este escenario, se arropó a la familia como la célula constitutiva de la sociedad, que aportaba al individuo la identidad y la cultura, ordenadas a la preservación de la especie como parte esencial de la finalidad de la organización humana.

Sin embargo, esta organización tradicional no mantuvo el interés particular como sustento del interés común. Por el contrario, el interés general o común se tipificó de acuerdo a los intereses de los sectores de la población que habían heredado o conquistado el dominio sobre la propiedad de los recursos de supervivencia. Este escenario constituyó una relación cerrada entre poder, sistema político y economía, dividiendo drásticamente la organización entre niveles jerárquicos de acuerdo a la proporción de la propiedad. Quienes tuvieron la mayor parte debieron desplegar los recursos para su protección, dando origen al ejército como organización militar, que, en última, garantizó el ejercicio de la política por parte de quienes debían gobernar y sobre quienes debían ser gobernados. La carrera por obtener recursos necesarios para la supervivencia de los pueblos[12] dio origen a las conquistas de un pueblo sobre otro que

---

12 El concepto de pueblo es propio y es tomado desde una visión sociológica donde la identidad y el origen compartido por familias, clanes y tribus conforman una identidad cultural; desde la mezcla de las características naturales e incluso diferentes como la raza.

ocupaba el territorio y el dominio sobre el recurso perseguido. De este proceso constitutivo de la propiedad se derivaron las formas de dominación del *hombre* sobre el *hombre*[13]: el hombre sobre la mujer, el amo sobre el esclavo, el amo sobre el siervo, el terrateniente sobre el jornalero[14], el directivo sobre el obrero y el empleador sobre el empleado[15].

La propiedad incluyó a la fuerza como uno de sus recursos. Esta se convirtió en el elemento crítico para la protección de los recursos tanto de los demás pueblos como de sus mismos miembros. De este proceso surgieron las castas dominantes sobre las masas dominadas. El poder se constituyó en el dominio de la fuerza, la propiedad, el gobierno y la producción agrícola[16].

La mejora de las técnicas de la fuerza – la guerra – y las técnicas de producción se constituyeron en los móviles para el desarrollo de una nueva sociedad, alimentada por el pensamiento social de *libertad* de los oprimidos sobre la opresión de las castas dominantes y que reclamaban la *igualdad*[17] como estatus natural del individuo sobre la desigualdad cultural de la sociedad. Esto implica una nueva sociedad llamada sociedad civil (Locke, 2003, pág. 111).

---

13   John Locke, en *Segundo Tratado sobre el Gobierno Civil*, traducción de Carlos Mellizo, edición y reimpresión de 2003. El concepto *hombre* es tomado como el nombre de la especie y, en el segundo caso, como el nombre del género masculino del miembro, en consecuencia a su pensamiento P. 101.

14   Ibíd. P. 101.

15   Estas últimas relaciones se enmarcan en la sociedad industrial y siguen vigentes en la sociedad contemporánea.

16   Este período de la organización de la sociedad tradicional, aunque se mantiene en algunos pueblos primitivos contemporáneos, implica registros universales característicos en la cultura occidental hasta finales del siglo XVII con el nacimiento de nuevos sistemas de producción industrial.

17   Thomas Hobbes (1640), en *Elementos de Derecho Natural* y Político, traducción del inglés de Dalmacio Negro Pavón 1979, "Los hombres son iguales por naturaleza", y explica "Todo hombre tienen derecho, por naturaleza, a todas las cosas; es decir; a hacer lo que oiga a quien escucha a poseer, emplear y disfrutar todas las cosas que desee y posea. (...) hemos de reconocer que forzosamente aquellos hombres que son moderados y no pretenden más que la igualdad natural, deberán oponerse a la fuerza de otros que intenten subyugarles. De aquí procede la desconfianza natural de los hombres y su mutuo temor." pp. 202-203.

1.1.3. Nociones de organización

A partir de la evolución de la organización y sus diferentes enfoques, se han establecido diferentes tipos de organización reunidas en dos grandes grupos: formales e informales. En los siguientes párrafos se expondrán algunas clasificaciones con sus respectivos autores.

En primera instancia, la clasificación que realiza sobre la organización *informal*[18] y la organización *formal*[19], parte del supuesto de la espontaneidad natural para la constitución de la misma y la constitución sistemática respectivamente. "La evolución de la organización social surge mediante las propias necesidades del individuo en su desarrollo; la creación de ciertas organizaciones, ya no en forma espontánea sino por inventiva del hombre, que vienen a cumplir ciertos objetivos en la división del trabajo; así, se crean organizaciones comerciales, industriales de beneficencia, religiosas, entre otras, cuyos objetivos, preciso y previamente determinados, deben alcanzar los individuos que ha ellas pertenezcan" (Urrego, 1975, pág. 32).

En este sentido, encuentran la diferencia entre las organizaciones *formales* e *informales* en que las organizaciones *formales* se organizan con ciertas "normas de estricto cumplimiento, con objetivos específicos y sometidos a una autoridad"; mientras que las organizaciones *informales* "son grupos pequeños, cuyas metas y objetivos no están claramente definidos y su funcionamiento no depende de un sistema rígido de reglas y procedimientos". (Méndez, Zorrilla, & Monroy, 1992, pág. 89).

---

18 Florencio Urrego (1975), en *Lecturas sobre Organización*, establece que las propias características sicológicas y culturales de los hombre hacen que se conforme otro tipo de relaciones no previstas por la organización formal, relaciones que comúnmente no tiene un vínculo estrecho con el trabajo que desempeña el individuo pero que influye en su comportamiento y relaciones de trabajo. Estas relaciones, de amistad y respeto, de compartir ciertos valores morales, religiosos o culturales, surgen en forma espontánea entre los individuos, a la manera como surge la organización social en un grupo. Por esta característica de emerger espontáneamente en el seno de la organización formal, este tipo de relaciones se denomina "Organización Informal". P. 32

19 Ibíd. En la creación de estas organizaciones se establece una jerarquía dada por las diferentes funciones (directivas, operativa) que deben desempeñar los individuos para alcanzar los objetivos por los que fue creada la organización. A esta estructura jerárquica y al hecho de su creación por los hombres, es a lo que comúnmente la teoría denomina: "Organización Formal". P. 32

Respecto a la organización *formal*, Fayol & Taylor, establecieron seis funciones básicas que hoy se mantienen en la organización: función técnica, comercial, financiera, de seguridad, contabilidad y administrativa[20]. (Fayol & Taylor, 1961, págs. 23-46). Asimismo, identifican dos tipos de organización formal vigentes en la organización contemporánea: organización lineal, también conocida como militar, y la funcional. La principal característica de la primera es la centralización de las decisiones, la distribución de tareas y la responsabilidad en una sola persona. La segunda, denominada funcional, es un tipo de estructura organizacional que establece las funciones que vimos en el párrafo anterior. (Taylor & Fayol, 1983, págs. 70-88). Algunos autores la denominan organización de tipo *jerárquico y consultivo* (Chiavenato, 1995, pág. 273). "Existen dos tipos de organización a los que F. Taylor les da el nombre de organización *funcional* y organización *militar*. La primera es una organización para *construir* y la segunda, una organización para *destruir*." (Harrington, 1993, pág. 19).

En referencia a la organización formal, Emile Durkheim estableció la distinción entre los aspectos *formales* e *informales* de la organización (Hatch, 1997, pág. 30) y que hoy son considerados de vital importancia en la esfera pública de la organización, tanto en los aspectos propios del trabajador como en los asuntos relacionados con el interés de la organización. Por su parte Hannan & Carroll, (1992) describen la organización formal desde el reconocimiento que realiza la sociedad de la misma como una forma de legitimación efectiva.

Otra clasificación de organizaciones enfocada desde la contribución que estas hacen a la sociedad la realiza Parsons, quien establece una tipificación propia diferente a las observadas anteriormente: organizaciones de *producción* (empresas), encargadas de elaborar

---

20 Fayol y Taylor: (1911), en *Administración Industrial y Gerencial: Principios de la Administración científica*, y la edición aquí revisada 1983. *Escuela de la administración Científica:* Esta última establece las características básicas para el logro de los objetivos de la organización formal: La división del trabajo, autoridad, disciplina, unidad de mando, unidad de dirección, subordinación del interés particular al interés general, remuneración del personal, centralización, jerarquía, orden, equidad, estabilidad del personal, iniciativa y la unión del personal. P.p. 23-46

productos de consumo; organizaciones *políticas* (sindicatos), que buscan metas políticas; organización *integrativa* (bomberos), encaminada a motivar la satisfacción de expectativas institucionales; y organizaciones para el mantenimiento de *patrones* (escuelas), aquellas que tratan de asegurar la estabilidad de la sociedad (Parsons citado por (Méndez, Zorrilla, & Monroy, 1992, pág. 82).

Una nueva clasificación de la organización con base en el uso del poder y el significado de la obediencia la realiza Etzioni. De acuerdo con los tipos de controles que se aplican a los participantes establece la siguientes clases: *coercitiva*, aquellas en donde el poder se impone por la fuerza física o por los controles basados en premios o penas; *utilitaria*, en donde el poder se basa en el control de los incentivos económicos; *normativa*, en las que el poder se basa en un consenso sobre los objetivos y los métodos de la organización. (Etzioni citado por Chiavenato, 1995, págs. 39-40)

Renate Mayntz propone una clasificación de las organizaciones tomando en cuenta sus objetivos y formula tres categorías: las que se limitan a la *coexistencia de sus miembros* (círculos de esparcimiento y recreación); las que actúan de *manera determinada sobre un grupo de personas que son admitidas para ese fin* (las prisiones, las escuelas, las universidades, los hospitales, las iglesias); y las que tienen como objetivo el logro de *cierto resultado o determinada acción hacia fuera* (la administración pública, la política, los partidos, las instituciones de previsión social y las asociaciones benéficas) Mayntz citado por (Méndez, Zorrilla, & Monroy, 1992, pág. 83).

Para Peter Blau y William Scott, el beneficio determina un nuevo tipo de clasificación de la organización: *asociaciones de beneficio mutuo* (sindicatos, partidos políticos, sectas, clubes y sociedades profesionales); *firmas comerciales*, que benefician a propietarios y/o directivos (industrias, bancos, almacenes, compañías de seguros); *empresas de servicios*, que benefician a sus clientes (hospitales, escuelas, agencias de promoción social); *y de bienestar común*, que benefic111an al público en general (oficinas gubernamentales, policía, bomberos, institutos de investigación científica) Blau y Scott citados por (Méndez, Zorrilla, & Monroy, 1992, pág. 83).

Daniel Katz y Robert Kalin, aunque no establecen un hilo conductor para la clasificación de las organizaciones, proponen cuatro tipos: *productivas*, encargadas de fabricar bienes y proporcionar servicios (aquellas que crean riqueza para el público o para algún sector de la economía); de *mantenimiento*, dedicadas a la interacción social (escuelas, sectas religiosa); de *adaptación o adaptativas*, encargadas de las estructuras sociales que crean conocimiento (institutos de investigación, universidades), y *político administrativas*, encargadas de coordinar y controlar a la gente y los recursos (partidos políticos, sindicatos, organizaciones de profesionales). Katz y Kalin citados por (Méndez, Zorrilla, & Monroy, 1992, pág. 84).

Sin importar las clasificaciones que se realizan de la organización, Martínez & Carlos.(1986) pág. 33 establece que hay componentes comunes en cada una de ellas a manera de pilares o hilos conductores constantes, a saber: conjunto de personas (dirigentes y dirigidos), objetivos, estructura – función, recursos, contexto y sistema administrativo.

Por último, se podría establecer que uno de los grandes soportes de la organización contemporánea de las últimas tres décadas ha sido su regreso a los valores sociales[21], expresados en términos de actualidad, según: Maslow. (1988) págs. 135-136 verdad, bondad, belleza, plenitud, trascendencia de la dicotomía, vitalidad, unicidad, perfección, necesidad, culminación, justicia, orden, simplicidad, riqueza, facilidad, diversión, autosuficiencia.

---

21 Abraham H. Maslow, (1988), en *La Amplitud potencial de la naturaleza humana*, título original en inglés, *The Farther Reaches of Human Nature*, define los *Valores del ser*, no específicamente los valores sociales. "Los valores no son lo mismo que nuestras actitudes personales hacia estos valores ni que nuestras reacciones emocionales hacia ellos: Los valores nos inducen a una especie de *sentimiento de ser necesarios* y también a una sensación de devaluación". Sin embargo, éstos se aplican en la organización en la dimensión social. Asimismo estos valores, podrían ser una actualización de las virtudes formuladas por Aristóteles en Ética a Nicómaco. P. 321.

1.1.4. Antecedentes de la empresa como organización productiva

La fábrica, como unidad productiva de la Revolución Industrial[22], estableció la forma de producción masiva de bienes, tras la invención de la máquina como emancipación del acero y optimización de los atributos físicos de la rueda, la palanca, el piñón, la cadena, y la correspondiente aplicación química de la energía para su movimiento a través del vapor, la electricidad, la combustión, la termodinámica, la hidráulica, la nuclear y la eólica. La Revolución Industrial se convirtió en la expresión de la racionalidad económica, (Foss, 2003, págs. 185-201), desde la sistematización de procesos y métodos de trabajo y de producción hasta la estructuración burocrática de la organización[23].

Sus alcances sobrepasaron los límites de la organización productiva tradicional, emanada de la explotación agropecuaria, estableciendo una nueva sociedad que reorientó su organización política permeando todas las dimensiones de la persona, de la familia y de la organización tradicional[24].

EVOLUCIÓN DE LA ORGANIZACIÓN PRODUCTIVA

22 Ramón Castaño (1966) en *Ideas Económicas Mínimas*, definió que La Revolución Industrial tiene su punto de partida con el descubrimiento de la máquina de vapor y su aplicación a la industria y al transporte en Inglaterra. Gracias a ésta revolución hubo un cambio en la producción textil, los ferrocarriles, el acueducto el alcantarillado y una mejoría en la vida doméstica. P. 11.

23 Robert Satet (1958), en *Productividad y Organización Científica*, busca y propone las fuentes que soportan la teoría Clásica de la Organización a manera de antecesores teóricos. En este sentido precisa que: "Roger Bacon recomienda el estudio directo de la naturaleza, de la observación y de la experiencia y seguidamente, la aplicación del raciocinio a la observación y a la experiencia, es el precursor de la ciencia experimental. P. 10. (...) René Descartes da un notable impulso a los principios básicos de la organización, (...) Los principales artífices de la Organización Científica del Trabajo se dieron a conocer basándose, conscientemente o no, en estas cuatro reglas: Taylor, de una parte, y Fayol, de otra, llegaron a crear lo que conocemos como la ciencia de la organización". P. 12.

24 Antonio Lucas Marín, (2002) en *Sociología de las Organizaciones* definió a la organización tradicional como las diferentes formas de organización a lo largo de la historia para la producción agrícola y pecuaria.

La organización productiva tradicional diferente al campo agrícola y pecuario se desprendía de las actividades artesanales derivadas del vestuario, la vivienda, la guerra, el transporte, la construcción y la cultura en general. De allí se estableció el taller artesanal y su posterior organización en corporaciones, posteriormente constituidas como agremiaciones.

La construcción de ciudades, viviendas, transporte, servicios de acueducto y alcantarillado se ordenó en torno a la fábrica. La *psiquis*, el comportamiento, la identidad y la cultura se masificaron. El Estado, a través de la economía política, intervino en la regulación de las mismas, dictaminando la estructura legal del empleo, de la seguridad y de la salud industrial, del sistema de pensiones, de la regulación de los sindicatos, de las identidades de las personas jurídicas, del sistema financiero, de impuestos, de la protección al capital privado y los intentos de la constitución del capital del proletariado.

La fábrica originó la llamada Sociedad Industrial constituida como un nuevo miembro de la sociedad, una nueva familia y una nueva organización pública y privada.

Este nuevo miembro se hacía visible ante la sociedad por dos dimensiones básicas, la propiedad y el empleo[25], estableciendo una nueva dimensión de la pobreza. "La pobreza es aquel estado y condición en sociedad en que el individuo no tiene sobra de trabajo almacenada, o, en otras palabras, ni propiedad o medios de subsistencia, sino los que se derivan del ejercicio constante de la industria en las diversas ocupaciones de la vida. La pobreza, por lo tanto, es un ingrediente necesarísimo e indispensable en la sociedad,

---

25 Mary Hatch (1997), en *Organization theory: modern, symbolic, and postmodern perspectives.*, define que "la naturaleza de el trabajo cambió desde la introducción de la fábrica en el S. XVIII. Existen tres fases del industrialismo; la primera fase creció con el uso de las máquinas para aumentar la productividad del trabajo y acomodarlo en el sistema de las fábricas, la segunda fase del desarrollo industrial se puede ubicar entre 1850 y 1860, se caracterizó por el crecimiento y el aumento de complejas tecnologías de manufactura y al mismo tiempo un crecimiento en el sistema de organización social y burocracia, con énfasis en el control, la rutina y la especialización. En la tercera fase de desarrollo industrial, la producción atraía y superaba las demandas domésticas. En estas circunstancias, las organizaciones capitalistas incrementaron la sensibilidad en el consumidor con nuevas técnicas de estimulación para el consumo (propagandas, productos desarrollados, producción de mercado e investigación de consumidores y de mercado)". pp. 22- 24.

sin el cual las necesidades y comunidades no podrían existir en un estado de civilización" (Laski, 1988, pág. 179). Quien no gozó con ninguna de los dos, se excluyó del sistema económico. La niñez, etapa no considerada apta para el trabajo y la etapa post trabajo de los adultos mayores, se convirtieron en cargas para la estructura de las economías nacionales.

Este miembro dejó de ser persona, para convertirse en un individuo que reclamaba la libertad, la igualdad y la liberalización de sus deberes[26]. No eran aquellos deberes emanados de su naturaleza como principios fundamentales, sino que era aquellos originados en la proclamación de los derechos del hombre, expresados en el ámbito público de la democracia que irradiaba la esfera política del estado, en continua presión por las formas dictatoriales del empleo de las fábricas. Locke ya había advertido el riesgo de extralimitar las libertades y desvirtuar su verdadero origen. Según Locke, se crearía una nueva concepción de libertad cultural en contraposición a la libertad natural: "Mas aunque éste sea un estado de libertad, no es, sin embargo, un estado de licencia. Pues aunque, en un estado así, el hombre tiene una incontrolable libertad de disponer de su propia persona o de sus posesiones, no tiene, sin en embargo, la libertad de destruirse a sí mismo, ni tampoco a ninguna criatura de su posesión, excepto en el caso de que ello sea requerido por un fin más noble que el de su simple preservación" (Locke, 2003, págs. 37-38). Sobre la igualdad, Locke precisó que aun cuando naturalmente los hombres son iguales en libertad y aun cuando la medida de la igualdad en la sociedad se debe establecer mediante la ley, la naturaleza de la libertad es precisamente el derecho a la desigualdad (Locke, 2003, pág. 36).

---

26 Harold J. Laski, (1936) *El liberalismo europeo*, titulo original, *The rise of European Liberalism*, traducción de Victoriano Mígueles, 1988, expone como el Liberalismo "ha sido durante los últimos cuatro siglos, la doctrina por excelencia de la civilización occidental, me ha parecido que un examen de los factores que determinaron el predominio de tal doctrina ayudaría, cuando menos, a explicar algunas de las dificultades en que nos encontramos ahora." Sustenta cómo, el periodo comprendido entre la Reforma a la Revolución Francesa, "Una clase social nueva logra establecer sus títulos a una participación cabal en el dominio del estado, y donde en su ascensión al poder echó abajo las barreras, que en todos los órdenes de la vida, salvo en el eclesiástico, habían hecho del privilegio, una función del Estado, asociando la idea de los derechos con la posesión territorial. Debió realizar para tal fin, un cambio fundamental en todas las relaciones legales." P. 9.

El nuevo individuo[27] gestó una nueva familia para reclamar no su identidad en su seno, en lo privado, sino su identidad en lo social, en lo público. Esta familia se alejó rápidamente de su condición natural de procreación y de perfección de los miembros. Dados los nuevos límites sobre los recursos de subsistencia impuestos por la sociedad industrial, se hicieron necesarios no solo el trabajo del hombre en la fábrica sino también el de la mujer, cuyo trabajo, hasta ese momento, estuvo centralizado en la educación de los hijos y la administración de lo privado.

Hombre y mujer salieron del hogar a buscar el sustento familiar, presionados por el sistema de producción, y dejaron a merced de los nuevos sustitutos paternos, como el Estado y el servicio doméstico, la educación de sus descendientes. Sin embargo, para el logro de su inclusión en el sistema, los dos miembros y la misma fábrica, debieron establecer unos mínimos de habilidades especializadas sobre las tareas de la cadena productiva, lo que condujo a la carrera por la especialización del trabajo[28] como condición para el empleo y el sustento de las familias. "La especialización del trabajo constituye una manera de aumentar la eficiencia y de disminuir los costos de producción" (Chiavenato, 1995, pág. 87).

Este sustento se tradujo en el empleo industrial que se convirtió en el nuevo concepto de relación entre el sistema industrial y el sujeto trabajador, mediante el pago del salario[29] en jornadas laborales

---

27 John Locke, (1764), en *Segundo Tratado sobre el Gobierno Civil*, traducción de Carlos Mellizo, edición y reimpresión de 2003. No fue su intención diferenciar entre persona e individuo, de hecho su referencia al miembro de la especie humana fue "hombre", sin embargo sentó las bases para la misma. "El estado de naturaleza de los hombres es un estado de perfecta libertad para que cada uno ordene sus acciones y disponga de posesiones y personas como juzgue oportuno, dentro de los límites de la ley de naturaleza sin pedir permiso ni depender de la voluntad de ningún otro hombre" P. 36.

28 Frederick W. Taylor (1911), en su libro *Administración Industrial y Gerencial: Principios de la Administración científica*, y la edición aquí revisada 1983. *Escuela de la administración Científica:* "Tiene una opinión mecanicista del comportamiento: el individuo está económicamente motivado y responderá con un desempeño máximo si las recompensas materiales están de acuerdo con sus esfuerzos de trabajo. Está a favor de la ingeniería humana del esfuerzo y tiempo del trabajador a fin de alcanzar una producción, eficiencia y utilidades máximas para los gerentes o propietarios". P. 134

29 Carlos de Secondat barón de Montesquieu, (1748) definió en su tratado sobre el *Espíritu de las Leyes*, en el libro XXII, capítulo Primero, en edición de 1944 y traducción de Nicolás Estévanez, expone la razón del uso de la moneda, "Los pueblos que tienen pocos artículos en que comerciar, como los salvajes, y los más civilizados que sólo tienen dos o tres artículos, comercian cambiando los unos por los otros. Así, las caravanas de Moros que van a Tombuctú, situada en el centro de África, para dar sal a cambio de oro, no necesitan moneda. El moro de la caravana pone su sal

establecidas a partir de nuevas unidades de cuenta del tiempo, en horas al día, y días a la semana[30].

Estas unidades, sumadas a la capacidad de la máquina para optimizar los límites de la fuerza bruta del trabajo humano (potencia, resistencia, constancia); y la posibilidad de la consecución de nuevos recursos energéticos y de materias primas obligó a los ingenieros industriales a establecer parámetros sobre la utilización de nuevos espacios, para agrupar estos elementos y su debida utilización en el tiempo laboral.

Esta organización y la respectiva optimización de los recursos dieron origen a la *productividad*, indicador principal de la fábrica de la Revolución Industrial. Para el logro, centró sus esfuerzos en la relación *capital-máquina-trabajo*; y posteriormente ampliaría sus espectros hacía nuevas relaciones como productividad-innovación, entre otras, (Bloom & Van Reenen, 2002, págs. 97-116).

El trabajo y el trabajador se convirtieron en una disciplina de estudio en la búsqueda constante por la productividad del sujeto y la sumatoria de valor a su trabajo, conocida como "gestión", (Foss, Foss, & Vazquez, 2006). Así, la organización científica del trabajo[31] y sus componentes, división de tareas y de responsabilidades, de acuerdo con las funciones de dirección, control y ejecución, establecieron un nuevo concepto y un nuevo lenguaje para establecer los roles de

---

en un montón; el negro de Tombuctú pone su oro en polvo igualmente amontonado. Si no hay bastante oro, añade el negro un poco más o el otro quita sal hasta que ambas partes se conforman. Pero un pueblo cuyo tráfico que abraza diversas mercancías necesita la moneda. (…) Así como el dinero es el signo del valor de la mercancía, el papel es el signo del valor de la moneda; y cuando es bueno lo representa con tanta exactitud, que no hay diferencia entre uno y otro en cuanto los efectos". pp. 337-338. El salario de los trabajadores tomó su nombre de la sal, como bien, patrón de intercambio entre las antiguas civilizaciones.

30 Pierre Rolle (1974), en *Introducción a la sociología del trabajo*, establece la diferencia entre la concepción clásica de la economía política sobre el salario y la doctrina de la empresa. "En esta disciplina el salario se describe a la vez como la remuneración de un servicio que es el punto de vista del trabajo, y como una formula de redistribución de las rentas, que es el punto de vista de la empresa". P. 171

31 Frederick W. Taylor, (1911) en su libro Administración Industrial y Gerencial: Principios de la Administración científica, y la edición aquí revisada 1983, expone por primera vez, el deber ser de la organización industrial "El propósito principal de la administración debería consistir en asegurar el máximo de prosperidad al empleador, unido al máximo de prosperidad para cada empleado". P. 133. Igualmente advierte sobre dos conceptos fundamentales: perfección en constante desarrollo o permanencia. Sus postulados dieron origen al estudio científico del trabajo, mediante la sistematización aplicada y especializada de las tareas y desarrollo de métodos para el estímulo de la iniciativa de los empleados, su selección y escogencia para el trabajo y capacitación y el cumplimiento de las normas asociadas a la función.

los trabajadores: directivo, supervisor y obrero [32] (Taylor & Fayol, 1983, págs. 133-170).

Este nuevo rol suscitó un nuevo sujeto para la sociedad, el *obrero*, y su comunidad, el *proletariado*. Este nuevo sujeto evolucionó directamente de la línea de esclavo-siervo, a una nueva concepción como jornalero y/u obrero.

Como nueva estigmatización de la clase dominada, el proletariado, a través de la creación de la organización sindical, encontró un escenario legal de debates públicos sobre el bien común de los empleados, situación nunca antes registrada para este sector de la población, dado que antes no se discutía legalmente las decisiones y órdenes emanadas por el propietario dominante.

El sindicato permitió que se establecieran los derechos asociados al trabajador y se presionó a los gobiernos nacionales a expedir regulaciones sobre la relación laboral entre empleador y empleado. Asimismo, se desvirtuó que el ejercicio de la propiedad sobre los bienes de producción fuese suficiente causalidad de la esfera de lo privado. Esto permitió convertir el ejercicio de la fábrica en un asunto de interés general y, por lo tanto, relativo a la esfera de lo público, es decir, de la sociedad civil.

La fábrica se convirtió en la nueva célula de la sociedad, desplazando a la familia de su naturaleza social. Su reconocimiento se estableció a partir de la capacidad de constitución del capital: no meramente como la acumulación de excedentes de producción sino como acumulación de riqueza productiva. La capacidad de producir más riqueza a partir de los recursos se constituyó como el capital, estrechando la relación entre la propiedad de la tierra y la propiedad de los recursos, es decir, la propiedad del capital.

---

32 Resulta llamativo el hecho que algunos autores como Adalberto Chiavenato (1995), en *Introducción a la Teoría General de las Administración*, y como Douglas McGregor (1998), en *El Aspecto Humano de las Empresas* –quien se citará más adelante-, hayan enmarcado el pensamiento de Taylor como un mero sistematizador de tiempos y movimientos del trabajador, que buscaba solamente la productividad máxima del mismo, sin considerar su dimensión humana, tal como se deduce del siguiente párrafo: "Los autores clásicos, principalmente los ingenieros americanos, parten del supuesto de que el objetivo fundamental de la actividad económica de la empresa es la producción. Para ser eficiente, la producción debe basarse en la división del trabajo, que no es nada más sino la manera mediante la cual un proceso complejo se puede descomponer en pequeñas tareas." P. 87

La riqueza del capital se tradujo en la capacidad de producir más capital[33]. Esta división de capacidades dividió, según Marx, (1973, pág. 825), bruscamente, la organización social productiva. Por un lado, se encontraban quienes poseían el capital, *capitalistas*, y por otro, quienes no lo poseían, *los obreros*, pero dependían de la función productiva de él: el empleo. En la carta enviada a Frederick Engels, el 2 de agosto de 1862, se lee en uno de sus apartes: "en estas circunstancias, a base de una explotación igual del obrero en las diversas industrias, los distintos capitales invertidos en las diferentes ramas de producción rendirán, siendo igual su magnitud, distintos *amount of surplus value* y, muy distintas cuotas de ganancia, por tanto, *since profit is nothing but the proportion of the surplus value to the total capital advanced*. Todo dependerá de su composición orgánica (…)". (falta cita)

1.1.5. La Empresa como organización productiva

La *empresa* es una modalidad de organización humana, caracterizada por la producción sistemática y organizada de un bien. En ella se busca que la acción administrada de algunos recursos rinda beneficios, bien de naturaleza económica, política, social, entre otros. Esta acción optimizada en sus procesos y resultados se conocerá como *productividad*.

En coherencia con lo anterior, se evidencia que la empresa – como *acción social* – requiere del estudio y de la explicación de sí como un todo fenomenológico, desde diferentes disciplinas científicas y profesionales, a manera de escenario interdisciplinario.

---

33 Carlos Marx, (1885), en *El Capital: crítica de la economía política*, traducción de Wenceslao Roces 1943, edición 1973. "En Inglaterra se produce una constante acumulación de riqueza adicional que tiene la tendencia a acabar revistiendo la forma del dinero. Y después del deseo de obtener dinero, el deseo más apremiante es el de desprenderse nuevamente de él mediante cualquier clase de inversión que produzca un interés o una ganancia, pues el dinero de por sí no produce nada. Por tanto, si a la par con esta constante afluencia de capital sobrante no se consigue una ampliación gradual de su campo de empleo, nos veremos expuestos necesariamente a acumulaciones periódicas de dinero en búsqueda de inversión, acumulaciones más o menos importantes según las circunstancias" P. 395. A estas acumulaciones llamó "Capitalismo". P. 414.

Sin embargo, en lo referente a la explicación del hecho administrativo de procesos y resultados de la empresa, es la *administración de empresas* la disciplina que se ha ocupado de hacerlo.

Esta ocupación encuentra sus raíces teórico-históricas en los aportes de los ingenieros Fayol & Taylor, (1961) en su obra *Administración Industrial y Gerencial: Principios de la Administración Científica.* En este estudio se plasman los pasos de la administración de la empresa como una estructura lógica y secuencial del proceso administrativo, a saber: planeación, organización, dirección y control.

Este proceso, a través del desarrollo de la empresa en el siglo XX y en la actualidad, ha evolucionado en cada uno de sus pasos o fases, ampliando y profundizando en las metodologías y en los modelos de cómo se debe realizar cada uno de estos pasos; sin embargo, se ha mantenido la estructura clásica inicial de los cuatro momentos, constituyéndose como la estructura *clásica* de la administración.

Esta evolución y avance en los modelos de cada una de las fases clásicas han obedecido, principalmente, a las profundas diferencias entre las culturas empresariales de cada país. Por tanto, los marcos teóricos y las prácticas empresariales utilizadas en algunas de ellas no pueden ser aplicados parcialmente o totalmente en algunos otros tipos de cultura.

En este sentido, se ha advertido con suficiencia por los teóricos, la diferencia relativa del comportamiento de los empleados frente a los modelos administrativos, (Huselid & Becker, 2000, págs. 835-854), que depende, entre otros factores, de la visión antropológica de sí mismo, de la especie y del mundo.

Adicionalmente, el contexto económico, político, social y religioso del empleado y de la empresa complementan el condicionante del comportamiento laboral frente a los modelos en mención, constituyéndose como determinantes de la efectividad de los mismos.

Estos contextos varían entre países, naciones, pueblos, regiones, localidades, sectores, gremios y empresas, estableciendo un escenario inmensurable de probabilidades de éxito o fracaso de un modelo administrativo u otro en determinada empresa.

Por su parte, el ejercicio productivo de la empresa en relación con sus demandantes, comprendida como la relación empresa-cliente, es otro de los determinantes fundamentales de los modelos administrativos, considerando que son precisamente estos quienes, a través del consumo de su producción, determinan la supervivencia de la empresa.

Estos determinantes, explicados por el modelo Estructura-Conducta- Resultados, se constituyen en los condicionantes de los modelos administrativos de la empresa contemporánea.

Como vestigio productivo, se encuentra que la fábrica evolucionó a un concepto más estructurado de organización humana, donde la administración[34] de los recursos, del trabajo y de las tareas, de las necesidades de los empleados, de la planeación, de la ejecución y del control, y de la medición de la efectividad y de la eficiencia del capital consolidaron la empresa moderna que, a su vez, generó un nuevo orden administrativo[35].

Esta empresa no solamente se centró en el procesamiento de materias primas, sino que volcó su atención al trabajador, recuperando su dimensión humana como persona y desechando su estigma de obrero[36]

---

34 Carlos Dávila Ladrón de Guevara (1985), *en Teorías organizacionales y administrativas,* define que "la administración es una práctica social que se esquematiza como el manejo de los recursos de una organización a través del proceso administrativo de planear, coordinar, dirigir, organizar y controlar. Por lo cual se concluiría que las organizaciones son el objeto sobre el cual se ejerce la administración". P.15

35 Max Weber (1922), en *Economía y Sociedad,* edición de 1997, por el Fondo de Cultura Económica, México, traducción de José María Echevarria, y otros, define el orden administrativo como "la relación de la acción de la asociación. Orden regulador: es el que ordena otras acciones sociales, garantizando, mediante esta regulación, a los agentes las probabilidades ofrecidas por ella. En la medida en que una asociación sólo se oriente por órdenes de la primera clase, podrá decirse que es una asociación de carácter administrativo, y cuando la orientación esté dirigida por órdenes de la última clase se dirá que es una asociación de carácter regulador". P. 41.

36 Elton Mayo, (1933), en edición de 1972, *Problemas humanos de una Sociedad Industrial,* por Ediciones Nueva Visión, Buenos Aires, examina detenidamente las investigaciones que se han realizado en diferentes universidades sobre las dimensiones humanas de la fatiga, la monotonía y el cansancio laboral, concluyendo categóricamente sobre el equívoco de los modelos industriales que olvidaron al individuo en su dimensión natural de persona. "El aspecto humano de la industria ha cambiado considerablemente en los últimos cincuenta años. La naturaleza y el

como mero sujeto de transformación en el empleo de su fuerza bruta.

Organizar la empresa supuso el establecimiento de un estatus de la racionalidad. Se estableció un diálogo común, a manera de objetivos corporativos, entre la finalidad de la organización y la finalidad del trabajador: el beneficio mutuo, expresado como "la acción que persigue fines de una determinada clase de un modo continuo. Y por asociación de empresa, una sociedad con un cuadro administrativo continuamente activo en la prosecución de determinados fines" (Weber, 1997, pág. 43).

Beneficio mutuo porque se inspiró en la equidad y no en la igualdad, a diferencia del beneficio común, propio de la dimensión pública de la sociedad humana; es decir: a cada quien se le da lo suyo, de acuerdo a sus aportes de trabajo a la organización.

En este proceso, se estableció la organización de las funciones de planeación, dirección, ejecución y control en todos las áreas de la empresa, estableciendo no solamente la división y especialización del trabajo de cada empleado, sino la división por grupos de tareas de los mismos, dando origen a la racionalización de la empresa. La estructura[37] estableció una nueva organización. Esta, más allá de la dirección tradicional que ejercía su acción de dirigir directamente al trabajador o la de su supervisión, definió una nueva forma de dirección integralmente mediada a través de los directores de departamentos, donde el gerente perdió casi por completo el contacto con los trabajadores, y donde la finalidad de la dirección se centró más en cómo organizar las macro tareas de los grupos que organizar el trabajo individual de cada empleado. Este escenario se derivó de la necesidad de la organización de responder a los fines económicos impuestos

---

alcance de estos cambios nos son aún parcialmente desconocidos, pero ya nadie discute su importancia. Mientras que, hasta hace pocos años, se consideraba que los problemas humanos de la industria eran de competencia exclusiva del especialista, se empieza ahora a comprender que un claro planteamiento de estos problemas, en situaciones particulares contribuye a la eficacia de todo administrador de negocios y de todo experto económico". P. 21.

37 Andrew Dublín (2000), en *Fundamentos de Administración*, amplia y actualiza la definición de organización burocrática, más que como un hecho histórico, un hecho actual de la organización. "Principios de la organización burocrática: Toda la escuela tradicional o clásica de la administración nos permite entender la burocracia. Sin embargo, su esencia se comprende si se conocen las características y principios que se mencionan a continuación: *Jerarquía de autoridad, Unidad de mando, Especialización en las tareas, Derechos y obligaciones de los empleados, Definición de la responsabilidad administrativa, Funciones de línea y de apoyo*". pp. 208 - 209.

por el capitalismo, en donde la racionalidad de los recursos obligó a establecer una dimensión burocrática de la organización compleja y de gran tamaño (Weber, 1997, págs. 80-120).

La división entre el trabajo de grupos y el trabajo individual, y su correspondiente aporte al éxito de la empresa, permitió establecer unidades de medida sobre la productividad, referidas en eficiencia al trabajo particular de cada empleado y en efectividad al trabajo colectivo, del grupo o de la empresa.

En la búsqueda por la productividad individual del empleado, se reconoció su naturaleza de necesidades, su dimensión corporal tanto física como espiritual. Entre ellas, el reconocimiento de sus derechos en ejercicio de la libertad.

El reconocimiento de derechos permitió que la empresa se reorganice estructuralmente para su cumplimiento, dando origen a la administración del personal, donde las políticas sociales públicas de los estados[38] nacionales se articularon con el ejercicio productivo privado de la empresa. Así, a través del empleo empresarial, se garantizó la inclusión en los sistemas de salud pública, en el sistema de pensiones y cesantías, y en el acceso al crédito de fomento empresarial, de vivienda y de consumo en general. Esto generó un nuevo concepto de organización[39]: "la organización es un sistema de actividades o fuerzas conscientemente coordinadas de dos o más personas. El sistema al que damos el nombre de organización está compuesto de las actividades que realizan los seres humanos, lo que convierte esas actividades en un sistema en donde las personas coordinan los esfuerzos para tener una buena organización" (Barnard, 1959, pág. 14).

---

38 Max Weber (1922), en *Economía y Sociedad*, edición 1997, por el Fondo de Cultura Económica, México, traducción de José María Echevarria, y otros, define Estado como "un instituto político de actividad continuada, cuando y en la medida en que su existencia y la validez de sus ordenaciones, dentro de un ámbito geográfico determinado, estén garantizados de un modo continuo por la amenaza y la aplicación de la fuerza física por parte de sus cuadro administrativo. P. 43.

39 Herbert Simón (1958), en *Teoría de las organizaciones* edición de 1969, define a la organización como "Un ensamble de seres humanos que interactúan entre si y ellas son los mayores ensambles de nuestra sociedad que tienen (algún sistema de coordinación central); la organización determina una finalidad y límites del sistema social, la manera, el grado, el tiempo y las formas de cooperación para que los individuos sean capaces de unirse con otras personas para trabajar o realizar una actividad común, la estructura social." P. 13.

Esta percepción de la organización se opuso radicalmente a la burocratización clásica de la misma. En otras palabras, "la organización burocrática es justamente la antítesis de la teoría de las relaciones humanas creada por Elton Mayo" (Etzioni, 1965, pág. 95).

Según Elton Mayo, la burocracia es sinónimo de la empresa privada y, en especial, de la gran empresa. Su existencia se ve como un hecho natural en el mundo industrial (Dávila, 1985, pág. 125).

Sin embargo, la empresa como medio de inclusión social de los trabajadores en los asuntos del bienestar a través del empleo[40] fue, precisamente, la causante de la exclusión de los trabajadores. Así pues, la carencia de empleo aisló al trabajador de los regímenes de seguridad social de los estados.

La empresa se convirtió en el nuevo foco de la economía y la política, a través de la administración, porque fue en esta donde se vertieron tantos principios de la política como de la economía[41]. Esta última se dividió entre los asuntos de la economía política de los estados y los asuntos de la microeconomía de las empresas (Rolle, 1974, pág. 171).

El cómo administrar de mejor manera los recursos se convirtió en la disciplina de la empresa. Se objetivó el estudio de la función del trabajo y de la función de la empresa a los límites de la búsqueda de la productividad, y se generó una nueva definición de organización. "Las organizaciones son entidades sociales relativamente permanentes caracterizadas por el comportamiento, la especialización y la estructura, orientados esto hacia un mismo objetivo" (Brawn & Moberg, 1983, pág. 32).

40　Tomás Melendro (1992), en *La dignidad del trabajo*, establece un concepto de trabajo que dignifica a la persona, actualizando la concepción cartesiana pragmática empleada por la fábrica, "en concreto, y siguiendo la sugerencia de Descartes, el hombre moderno ha acentuado desmesuradamente, la función de dominio sobre la naturaleza propia del trabajo, ignorando -también desmesuradamente- el papel que el trabajo compete como configurador y perfeccionador de la personalidad humana" P. 31.

41　Pierre Rolle, (1974), en *Introducción a la Sociología del Trabajo*, establece que "en tanto la doctrina de la empresa hacía de ella la unidad económica a la vez máxima y mínima, la doctrina del trabajo la reduce a un sector separado de un mercado más vasto, sin particularidad y sin dinamismo propio". P. 171

La productividad pasó de la mera eficiencia y efectividad de la operación de la empresa a la conquista de los compradores de sus productos, conquista que rompió las barreras de la demanda local, para lanzarse al dominio de las demandas mundiales. Más aún, no solamente a la demanda de necesidades naturales, sino a la demanda de necesidades culturales. La consagración de la organización se dio gracias a la industria, el comercio, el transporte, la banca y las administraciones públicas (De Leener, 1959, pág. 10).

Estas demandas consolidaron la sociedad de consumo. El modelo empresarial de producción estableció nuevas formas de vivencia cultural en torno a la satisfacción de necesidades y a la creación de nuevas necesidades. Esto facilitó el desarrollo de nuevas empresas en torno a la producción eminentemente industrial y agropecuaria, o, tal como afirma Lucas Ortueta, "la idea moderna de empresa es tan compleja e imponderable, que su definición jurídica ha sido uno de los problemas doctrinales de Derecho más discutidos debido a lo difícil que es separar su esencia institucional del alcance social que a la misma corresponde. Las empresas son el primer factor dinámico de la economía de un país y constituyen a la vez un medio de distribución que influye directamente en la vida privada de sus habitantes" (Ortueta, 1974, pág. 79).

Estas nuevas vivencias culturales se nutrieron de la búsqueda de las identidades de cada persona. Se facilitó el desarrollo de la *variedad* en la producción, rompiendo el sentido útil de los bienes, para estimular el sentido de la *alternatividad* de los mismos. Se generaron megaindustrias de la moda en todos los ambientes de la producción empresarial.

El concepto del comercio de productos pasó de ser la mera satisfacción por la necesidad a la necesidad del consumo de la satisfacción. Por supuesto, se encontró un nicho ideal de desarrollo en el ego natural de la prosperidad de la persona. El centro de la actividad social fue la economía de mercado y no el bien común como naturaleza de la organización.

Este escenario sirvió para que la empresa iniciara una carrera desenfrenada para crear y cautivar los hábitos de consumo de las personas, y para que la organización reorientara el foco de su actividad hacia el comprador, que ahora mimaba como el nuevo poseedor de su destino a través del poder de la compra. A este sujeto consumidor se le llamó cliente. Toda actividad interna de la empresa, desde la estructura administrativa hasta la convivencia de los trabajadores, se orientó al cliente. La estructura administrativa se desplegó de tal manera que de la composición departamental de las funciones básicas, de las finanzas, la contabilidad y la producción, se amplió a las funciones de mercadeo, ventas, publicidad, servicio y atención al cliente.

La convivencia de los trabajadores[42] se enmarcó en la necesidad de mantener niveles ideales de relaciones que no afectaran los presupuestos de ventas. De tal forma, la organización vio la necesidad de establecer culturas particulares y diferenciadoras entre las empresas en torno a la identidad de la organización, tomando como base la identificación[43] y el comportamiento ideal de los empleados; estableciendo la esfera pública de la empresa en torno a la apropiación de la cultura, y del nivel de convivencia en torno al clima organizacional, a lo que Mayo llamaría, el "estado de ánimo de los empleados" (Mayo, 1972, pág. 101).

---

42 Stephen P. Robbins (1996) *en Comportamiento Organizacional* definió el comportamiento organizacional (a menudo abreviado como CO) como "una disciplina que investiga el influjo que los individuos, grupos y estructura ejercen sobre la conducta dentro de las organizaciones, a fin de aplicar esos conocimientos y mejorar la eficacia de ellas" P.p. 4-5.

43 Abraham H. Maslow (1970), en *La amplitud potencial de la Naturaleza Humana*, edición de 1982 por Editorial trillas, define la identificación como "El concepto de sinergia que también puede aplicarse a nivel individual, a la naturaleza de las relaciones entre dos personas. Constituye una definición bastante decente de la relación amorosa elevada. (…) y el amor como la expansión del yo, de la persona y de la identidad." P. 204.

1.2. INTRODUCCIÓN A LA DINÁMICA DE LA EMPRESA DE LA SOCIEDAD DE LA INFORMACIÓN Y DEL CONOCIMIENTO

En el apartado anterior se revisaron algunas características de la evolución de la organización productiva como base para una introducción al concepto de la empresa de la sociedad de la información y del conocimiento. A continuación, se establece el marco conceptual, desde los objetivos del presente estudio, como parte de las características de la empresa, objeto de estudio.

Estas características suponen que la organización gira entorno al aprovechamiento máximo de su capital intelectual, utiliza la información como el insumo primordial para la gestión de sus operaciones, y establece vínculos de comunicación global con públicos en los lugares del planeta que suscitan su interés.

Características de la empresa de la sociedad de la información y del conocimiento

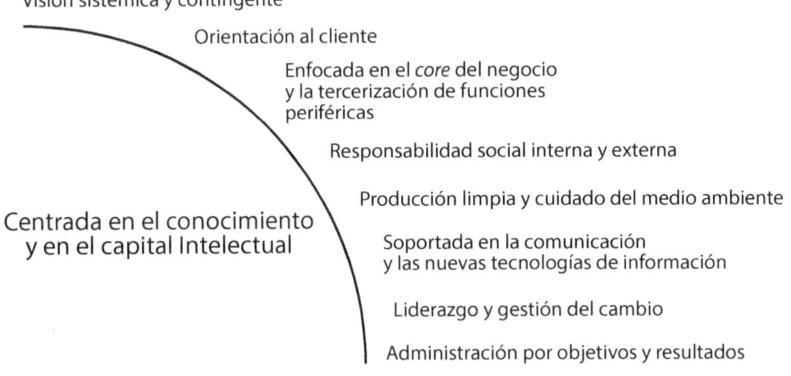

El concepto de organización contemporánea tiene diversas nociones y definiciones que muchos sociólogos de la organización han aportado y que citaremos en este numeral, no sin advertir la inmensa gama de posturas que al respeto se plantean, pero que, por interés conceptual, solo se precisarán algunas de ellas.

Adicionalmente, se evidencia la evolución que tienen los conceptos de organización de la llamada *empresa*, (Augier & Winter, 2005, págs. 344-354), que, como se ha explicado, irradió todos los sectores de la sociedad, y fue asumida como modelo productivo de desarrollo de las naciones.

Estos conceptos mantienen un hilo conductor entre la concepción clásica de la administración, pasando por la escuela humanista, la escuela sistémica y la escuela de la contingencia. Se agrupan y se mantienen los elementos vitales de una organización contemporánea. Se toma, de cada una de estas posturas, los pilares fundamentales para una noción de organización moderna, no sin advertir las profundas diferencias entre unas y otras, y el choque conceptual entre los autores. Sin embargo, más que desaciertos se encuentran puntos de encuentro frente a nuevos elementos de la organización como, apertura al cambio, (Becker, Lazaric, Nelson, & Winter, 2005); manejo de crisis (Lin, Zhao, Kiran, & Carley, 2006, págs. 598-618); desarrollo y planeación del cambio, (Van de Ven & Scott, 1995); y pensamiento estratégico. "Las culturas existentes tienen enorme inercia y las causas del cambio con frecuencia son indirectas, incrementales y planificadas. La capacidad de las organizaciones para el cambio es formidable, aun cuando no es absoluta" (Dennison, 1991, pág. 175).

1.2.1. Identidad, Cultura y Clima Organizacional

A pesar de que todas las organizaciones tienen una misma naturaleza, cada una de ellas conforma una identidad propia (Giraud, Cable, & Voss, 2007, págs. 741-755). Esta identidad está dada por sus dimensiones deontológica y teleológica.

Los principios y la finalidad de la organización conforman su identidad. En ella, las personas aportan su propia identidad para la consolidación de la identidad de la organización. Por tanto, la identidad de la organización debe ser compartida por las identidades de las personas. Si dadas las identidades por sus particularidades de intereses existe desacuerdo en lo fundamental, que es el *bien,* no podrían conjugarse como parte de la organización.

La cultura es la vivencia social de las identidades. La organización establece su identidad para su reconocimiento social. La convivencia de identidades permite la consolidación de la cultura como expresión de una sociedad organizada. En ella, tanto la persona como la organización son reconocidas por su identidad[44].

La organización incluye el *bien* en su identidad en cuanto al bienestar que produce a sus miembros como los bienes que ofrece a la cultura y a la sociedad. En este sentido, las virtudes humanas son el camino para la práctica de las virtudes sociales como principio de identidad de la organización y como expresión de la cultura de la misma.

La coherencia entre la identidad de la organización y la identidad de la persona determina su participación en la organización, (Black & Gregersen, 1999). Por tanto, no se contribuye al bienestar de la organización la no alineación de sus miembros con su identidad, que no puede ser un sometimiento de lo injusto, sino un alejarse del bien de la organización.

El hacerse partícipe por parte de una persona a la identidad de una organización le permite convertirse en parte de la misma. Se convierte en parte de su sustancia, así la identidad de la persona es la misma que la identidad de la organización, y la identidad de la organización es la misma que la identidad de la persona, convirtiéndose en unidad de cuerpo y de sustancia.

En esta relación entre persona y organización interviene naturalmente el estado de la familia que influye, necesariamente,

---

44 José Silvestre Méndez (1992), en *Dinámica social de las Organizaciones,* identifica que la primera organización social que ha existido es la familia. La organización social de lo primeros grupos humanos que habitaron la tierra fue muy primitiva, y generalmente era simplemente de relaciones familiares: un ejemplo de ésta organización social primitiva se encuentra con los Aruntas, nativos que habitaban en Australia. Cada pequeño grupo de dos o tres familias estaba emparentado por lazos de consanguinidad con todos los otros grupos con los que compartía el territorio y formaba con ellos un grupo local. P. 22.

en la consolidación de una identidad colectiva. Sin embargo, esta relación de unidad como estado ideal de las acciones recíprocas encuentra una disparidad, tal como lo indica Melé. Se señala también la diferencia en cuanto al grado de entrega en la familia como en el trabajo: "La relación que se crea en la familia es especialmente fuerte porque se basa en la entrega total de uno mismo, en la donación. En la empresa, la relación no llega a exigir ese grado de entrega. Por eso, no es apropiado relacionarse en el trabajo con un darse que corresponde a la entrega que se debe a la familia. Esto sería una exageración de la relación profesional. Además, la entrega total sólo puede darse en una única relación, puesto que implica a la persona por entero" (Melé, 1995, pág. 65).

Cuando las personas que conforman la organización están plenamente identificadas con esta constituyen un cuerpo con naturaleza propia[45], de tipo orgánico y mecánico (Ferrater, 2001, págs. 223-224). Similar al cuerpo de la persona que obedece a la naturaleza de la *vida* de la misma; el cuerpo de la organización da vida a esta.

Asimismo, la identidad de la organización se convierte en el espíritu del cuerpo que consolida una unidad entre las personas y la identidad, es decir, en el cuerpo de la organización.

La dimensión del cuerpo de la organización permite comprenderla como un ente corpóreo inteligente en donde las personas no son meras partes de un todo, sino miembros fundamentales para su existencia. Asimismo, la organización se convierte en un ente corpóreo potencialmente perfectible en donde sus miembros se perfeccionan en el aporte que hacen a esta desde su trabajo.

El cuerpo de la organización, entendido como la estructura de la corporeidad de la misma, ha tenido a lo largo de la historia múltiples

---

45 Ferrater Mora (2001) en *Diccionario de Filosofía*. Edición de José Maria Terricabras, Barcelona, Filosofía, Tomo I, P.p. 233- 234, y Tomo III, Página 2655, analiza el concepto de cuerpo desde el Corpus Aristotelicum y Corpus Organicum. El primero enunciado por Aristóteles, desde su concepción del *Organón*, como instrumento, el término orgánico se refiere al carácter de un órgano, y sobre todo al hecho de que un órgano (o instrumento) se compone de partes desiguales bien combinadas, montadas o armadas de forma que pueda ejecutar la función o funciones para las cuales ha sido designado". El *Corpus organicum* desde Santo Tomás, como el cuerpo equipado con instrumentos. "Sin embargo, desde mediados del siglo XVIII se ha tendido a usar 'orgánico' como adjetivo que cualifica ciertos cuerpos: los cuerpos 'biológicos' u 'organismos'. Ha sido por ello cada vez más común contraponer lo orgánico a lo mecánico".

visiones, derivadas de las acepciones otorgadas por la cultura a la persona humana. Estas visiones sobre la persona humana, igualmente, han distorsionado la naturaleza de la organización y han deformado su estatus de corporeidad.

Asimismo, algunas han atentado contra la naturaleza de la persona, atropellando su dignidad y sometiéndola hasta los límites de la condición humana en nombre de los objetivos corporativos.

Otras, a su vez, han permitido el desarrollo integral de la persona en su seno a través del trabajo como aporte al bien particular, de la organización y de la sociedad en general.

El movimiento que realiza toda organización a la consecución de sus fines implica un trabajo específico, sea de naturaleza intelectual o física, que se realiza a través de su cuerpo. Es decir, que todo trabajo de la organización es de carácter corporativo. Es decir, en principio, todo trabajo de la persona debe ser un trabajo corporativo.

Este movimiento está enmarcado por un campo específico de acción para la construcción del bien social. Así, cada organización aporta, desde su trabajo, al beneficio colectivo de la sociedad, sea para la organización de la convivencia pública a través de las organizaciones políticas, militares, educativas, de salud, de alimentación etc.; sea para la organización de lo privado como las organizaciones religiosas, culturales, etc.

La organización[46] puede verse como entidad corpórea o como acción de la sociedad humana. Como entidad, sugiere la definición de su identidad, de su cultura, de sus objetivos corporativos y de

---

46 León Blank Bubis (1990), en La *administración de organizaciones: un enfoque estratégico*, recoge algunas definiciones de organización evidenciando la estructura corporal sobre la misma, a saber: Robert Miles define una organización como "una coalición de grupos de interés, que comparten una base común de recursos, que rinden homenaje a una misión común y que dependen de un contexto mayor para su legitimidad y desarrollo." P. 88. Richard Hall define una organización como "una colectividad con unos límites relativamente identificables, un orden normativo, rangos de autoridad, sistemas de comunicaciones y sistemas de pertenencia coordinados. Esta colectividad existe de manera relativamente continua en un medio y se embarca en actividades que están relacionadas, por lo general, con un conjunto de objetivos". P. 89. Richard Osborn, James Hunt y Lawrence Jauch definen una organización como una colectividad de personas que pueden entrar a formar un contrato que los compromete jurídicamente." Leon Blank Bubis concluye que, de acuerdo con los conceptos anteriormente mencionados, se puede decir que "Las organizaciones son entidades relativamente permanentes, poseen una estructura, están orientadas hacia el logro de objetivos. Las organizaciones han sido creadas como un propósito específico y deben fijar y lograr objetivos para poder cumplir esa misión y utilizan la especialización." P. 90. En todas ellas se advierte la colectividad, la entidad e identidad y los objetivos corporativos.

sus objetivos específicos. Como acción, sugiere el establecimiento de funciones, tareas, procesos, roles, recursos, tiempos y espacios. La organización como acción puede existir sin la organización corpórea, sin embargo, la organización corpórea no puede existir sin la acción de la organización[47].

En este sentido, el vínculo entre la acción y el cuerpo se establece como la organización corporativa, que encuentra su unidad entre principio, método y fin de la organización[48].

Alineación de la identidad corporativa			Organización Corporativa

Identidad de la empresa
Cultura
Organizacional
  Proyecto organizacional
  Misión
  Visión
  Principios
  Valores
  Fines
	Identidad personal
	Comportamiento
	Organizacional
	  Proyecto profesional
	  Creencias
	  Principios
	  Valores
	  Fines
		Imagen Corporativa
		Sistema de representaciones
		Sistemas de comunicación	

Esta unidad, denominada organización corporativa, requiere de diferentes dimensiones que conforman su estructura, a saber: identidad,

---

47 José S. Méndez, Santiago Zorrilla, y Fidel Monroy, (1992), en su libro *Dinámica social de las organizaciones*, exponen varios conceptos de organización al de diferentes autores a respecto, como la de Max Weber, quien define a la organización como un sistema de actividad continua encaminada a un propósito de tipo particular; los amplios estudios de Weber en el campo de la burocracia permiten considerar la organización dentro de un contexto de relaciones sociales. Y la de Edgar H Shein, quien considera la organización como la coordinación racional de las actividades de cierto número de personas, que intentan conseguir una finalidad y objetivo común y explícito, mediante la división de las funciones y del trabajo, y a través de una jerarquización de la autoridad y de la responsabilidad. P. 79. Dos definiciones eminentemente racionalistas de la organización.

48 Salas (1987), en *Economía de la Empresa*, en una visión igualmente racionalista, define: "El ser humano debe establecer un orden y acatamiento dentro de una organización para mejorar su trabajo, se incluyen los estudios de tiempos y movimientos, junto con los de jerarquía. Se entiende un problema de decisión racional el cual es ejemplificado por el problema de Robinson Crusoe el cual debe prescribir cómo reparte el tiempo y demás recursos a su alcance entre la producción o el consumo." P. 15.

principios o valores, objetivos, dirección, división del trabajo, comunicación, procesos, herramientas, conocimiento e información, (Foss, 1999, págs. 725-755). Estos elementos conforman la cultura organizacional que, a su vez, establece un comportamiento social, llamado comportamiento organizacional, del cual se desprenden el clima o el ambiente de la organización.

Las formas de realizar estas dimensiones se han constituido como disciplina de la sociología de las organizaciones que toma como objeto de estudio: la empresa, la cultura y el clima de la organización, (Murmann, Aldrich, Levinthal, & Winter, 2003, págs. 22-40). En un estudio interdisciplinario, involucran la administración, la antropología, la política, la economía, la comunicación y la psicología.

El clima organizacional surgió como el conjunto de características permanentes que describen una organización e influyen en el comportamiento de las personas que la forman (Dessler, 1973, pág. 181). Se complementa por el "esprit" que indica la percepción que el empleado tiene con las necesidades sociales y con la satisfacción, el gozo y el sentimiento de su labor (Dessler, 1973, pág. 181).

Los estudios empíricos sobre clima organizacional de Ashkanasy. (2000, págs. 131-146) definen, en su investigación, el clima organizacional como el "ambiente" de la organización; es decir, como el estado de las relaciones sociales de la organización internas y externas. Se centran, principalmente, en el ambiente y su relación con la innovación, la planeación, la socialización al interior de la personalización, la humanización del lugar de trabajo, el desempeño, la estructura, el liderazgo y la comunicación.

Esta percepción sentimental del individuo sobre la organización para quien trabaja determinó los efectos percibidos en el sistema formal, el *estilo* informal de los administradores, y los factores ambientales importantes en la actitud, la creencia, los valores y las motivaciones de las personas (Litwin, citado por Dessler, 1973, pág. 182). Este comportamiento en la organización[49] fue visto "como una disciplina porque: se ocupó del estudio de lo que la gente hace en las empresas y de la manera en que el comportamiento afecta el desempeño de la empresa. Y como el comportamiento organizacional se interesa específicamente en los ambientes relacionados con el empleo, se centra en el comportamiento en cuanto éste se relaciona con los puestos, el trabajo, el ausentismo, la rotación de personal, la productividad, el rendimiento humano y la administración" (Robbins, 1996, págs. 5-6).

La cultura organizacional, en una de sus definiciones actuales, es concebida como "un modo de vida, un sistema de creencias y valores, una forma aceptada de interacción y relaciones típicas de determinada organización" (Chiavenato, 1995, pág. 320).

La naciente cultura organizacional tuvo su fundamentación en la filosofía de la empresa[50] y no en la filosofía natural de la organización. Esta distorsión ocasionó que la cultura de la empresa fuese impuesta por la administración[51] y no asumida libremente por el trabajador, como sí sucede en la sociedad humana donde la persona libremente acepta una cultura u otra.

---

49   Stephen P. Robbins (1996), en *Comportamiento Organizacional,* ampliando la definición que nos brinda el autor, se debe tener en cuenta que "el comportamiento organizacional ha sido caracterizado en sentido general como una forma de pensar y, en sentido estricto, como un acervo de conocimientos que abarcan un conjunto relativamente específico de temas básicos. Cuando concebimos el comportamiento organizacional como una manera de pensar, admitimos que es posible estudiarlo sistemáticamente. Podemos conceptualizarlo como el estudio sistemático de fenómenos no aleatorios de causa y efecto. También hace que examinemos la conducta dentro de un contexto relacionado con el desempeño, es decir, en cuanto favorece la eficacia o el éxito en la obtención de los resultados deseables desde el punto de vista de la empresa." P.p. 6-9.

50   William Ouchi, (1982), en *Teoría Z: Cómo pueden las empresas hacer frente a desafío japonés,* define su pensamiento: "El fundamento de cualquier compañía Z es su filosofía. La idea de mezclar los asuntos prácticos de una empresa con intereses idealistas pude parecer extraño, pero haciendo a un lado las creencias populares, la filosofía y los negocios son los compañeros más compatibles. En la medida en que las decisiones pragmáticas de una organización provengan de un conjunto integrado de ideales consistentes, habrá más posibilidad de que tengan éxito a largo plazo. Una filosofía puede ayudar a que una empresa mantenga su sentido de unicidad estipulando explícitamente aquello que es o no importante." P. 149

51   Schvarstein (2000), en *Identidades de las organizaciones,* conceptualizó la cultura y la identidad desde el diseño de la misma. "El diseño de una organización ayuda a los empleados a sentirse parte de la empresa, pues entre más entienden como se compone y se divide, más se sienten parte de esta. El diseño tiene un propósito dentro de las organizaciones y una aplicabilidad. En relación con la organización, se ha orientado tradicionalmente al diseño de estructuras y procesos, entendiendo por tal la determinación de las formas que adoptan las relaciones entre roles y de los flujos que transforman entradas en salidas." P. 65

1.2.2. Competitividad laboral

La agenda de la administración se centró en el cumplimiento de objetivos, en el cómo cautivar al cliente, al empleado[52], y cómo optimizar los recursos. Este despliegue de frentes generó nuevas estructuras de costos de transacción, (Foss & Foss, 2005), y afectó, directamente, la estructura de precios al consumidor que, sumados a una creciente demanda, dado al crecimiento de la población, (Beaudry, Collard, & Green, 2005), y al afán incontrolable de acumulación de riqueza de los empresarios, estimuló el deseo por el dominio de los mercados internacionales, sin importar su tamaño (Girbau, 2007, págs. 46-49). Se declararon batallas comerciales y se definió un nuevo lenguaje para la guerra de mercados: la *competitividad*; y un nuevo frente de batalla para la corrupción y las presiones de los gobiernos (Uhlenbruck, Rodríguez, Doh, & Eden, 2006, págs. 402-414).

Esta competitividad irradió todas las esferas de la organización en sus dimensiones internas y externas, (Foss & Laursen, 2005). Los empleados no solamente acudieron a la especialización como requisito laboral en el lenguaje de la cadena productiva, sino que esta fue utilizada como estrategia diferenciadora para la disputa de los mejores cargos en la empresa dado que la oferta de trabajadores éticos y altamente calificados superó la demanda laboral de las organizaciones, (Foss & Laursen, 2005).

1.2.3. Especialización, competitividad, relación laboral, y productividad

La especialización laboral y su afán por el ser competitivo permitió que los sistemas educativos de los estados nacionales

---

52 Rogers Everett (1980), en *Las Organizaciones*, define que la *Escuela de las Relaciones Humanas* "apela a una consideración social del hombre en dónde los grupos informales afectan los índices de producción; la atención a las necesidades de los trabajadores y la satisfacción en el trabajo pueden motivar una producción más elevada; participación del trabajador en la toma de decisiones; los objetivos de los trabajadores pueden diferir de los objetivos de la organización; los trabajadores están motivados por las necesidades sociales y por sus relaciones con sus iguales" P. 32.

se desarrollaran articuladamente con el sistema empresarial productivo. Todas las áreas del conocimiento, de la producción y de la administración pública, asumieron el modelo empresarial como su modo de operación, estableciendo el lenguaje empresarial como su forma de organización[53].

Por otra parte, la carrera por cautivar la motivación de los empleados encontró desfases entre los intereses de la empresa y los intereses de los empleados. Se generaron grandes fracturas en los niveles de productividad, ocasionadas por la desilusión de los mismos debido a las inconsistencias de la remuneración por el trabajo y su valoración[54].

Esta valoración del trabajo tuvo su propia organización: el sindicato, movimiento de los trabajadores que veló permanentemente por los intereses de los empleados[55] y que, en su ejercicio, logró establecer los mínimos de ideales para la dignificación de los mismos Mayo. (1972, pág. 165).

Esta dignificación se asoció con la justicia laboral que, más allá de la equidad empresarial, logró establecer parámetros para el desarrollo de las personas en su entorno individual como familiar, originando sociedades más justas y desarrolladas: "la realización de los potenciales humanos más elevados sobre los principios fundamentales de las masas sólo es posible en *condiciones favorables*.

---

53 Store Jun, (1980), en *Las Organizaciones del Mañana*, analiza cómo este modelo encontró una contradicción en las administraciones gubernamentales. "Según se observa el desarrollo del pensamiento administrativo a lo largo del tiempo, se descubre con las principales ideologías gerenciales han reflejado de un modo oblicuo el carácter gubernamental de las relaciones organizacionales. Y he dicho *de modo oblicuo* (se ha hecho hincapié en ello) porque las creencias gerenciales tienen raíces en campos ajenos a la ciencia política, lo que crea contradicciones en la teoría y en la práctica." P. 71

54 Elton Mayo, (1933), en edición de 1972, *Problemas humanos de una Sociedad Industrial*, advierte esta situación. "Mejores métodos para conseguir una elite administrativa, mejores métodos para conservar un buen estado de ánimo entre los obreros. El país que primero resuelva estos problemas se adelantará necesariamente a los demás en la carrera de la estabilidad, la seguridad y el progreso. Hay un aspecto importante, en el problema de las relaciones entre empleador y empleado, que ha persistido a través de un siglo de transformaciones en la organización industrial, en los salarios y en las condiciones de trabajo. Es el problema que trató de formularse en las etapas finales de la experiencia de las entrevistas de Hawthorne. Puede resumirse brevemente en la afirmación que, desde la Revolución Industrial, no ha existido en ningún momento en la industria, salvo esporádicamente en uno que otro lugar, nada que se parezca a una colaboración eficaz y sincera entre los grupos administrativos y obreros."

55 Florencio Urrego (1975) en *Lecturas sobre Organización*, definió que uno de los objetivos de la escuela de las relaciones humanas fue ayudar a los empleados y empleadores a resolver sus problemas mediante la comprensión. P. 32

O para decirlo más claramente, los mejores seres humanos necesitan por lo general una buena sociedad en la cual desarrollarse" (Maslow, 1988, pág. 23).

El gran mediador entre la empresa y sus empleados, a través del sindicato, fueron los estados nacionales que debieron interpretar lo *justo* entre el riesgo, las ganancias y los aportes sociales del empresario, la remuneración, la capacidad y las competencias del trabajador (Carneiro, Heckman, & Masterov, 2005).

Por un lado, esta mediación se tradujo en la promulgación de leyes regulativas en donde los estados garantizaron la normatividad para sostener el modelo empresarial y de generación de empleo privado. Por otro lado, el desarrollo tecnológico garantizó a las empresas la competitividad comercial de sus productos, invocando un escenario de libre mercado (Ochoa, 2007, págs. 32-34), en virtud de las leyes clásicas de la economía.

En este sentido, la planificación organizacional no solo incumbió a las empresas sino al Estado. "Cuando se adopta como instrumento de coordinación y asignación para toda la economía, el proceso de planificación se esfuerza por integrar los objetivos económicos nacionales con los planes de las empresas, organizar el proceso de interrelaciones, establecer reglas, aportar instrumentos. Asegurarse, en última instancia, que los diversos organismos, especialmente la unidad central, reciban la información necesaria para la verificación y corrección de las decisiones que toman las unidades participantes en el proceso" (Salas, 1987, pág. 19).

Por otra parte, el rápido crecimiento del nivel educativo de los trabajadores en las sociedades más desarrolladas[56] desmanteló los puestos de trabajo de mano de obra y obligó a sus empresas a desplegarse en países con suficiente oferta en esta área de la producción.

---

56 Países de la Unión Europea, Norteamérica, Japón, Australia y de la península escandinava

Esta situación permitió aumentar los márgenes de ganancias en la operación empresarial dado que los nuevos costos laborales eran menores que los aplicados en los países de origen, debido, en parte, a la importante oferta de mano de obra barata y de la fragilidad de las legislaciones laborales de los países receptores[57].

De otro lado, se observó cómo la empresa, a partir de la producción en serie de la fábrica, introdujo el modelo de economía a escala, conquistando y colonizando los mercados nacionales de otros países a partir de tratados de libre comercio o, incluso, incluyendo en sus costos de producción el pago de aranceles fronterizos y de impuestos locales que permitieron su operación y sus ganancias.

Este escenario diferenció las estructuras empresariales como multinacionales y transnacionales, por una parte; y, por otra, aquellas eminentemente nacionales y locales. Se marcaron serias características diferenciadoras entre unas y otras que se tradujeron en una brecha polarizada de competitividad y poder[58].

Esta brecha, soportada en la capacidad de ofrecer productos y servicios con márgenes de maniobrabilidad en el precio final al consumidor, la variedad y la calidad de los mismos, determinaron, por un lado, el surgimiento de monopolios empresariales y grupos económicos con capitales multinacionales[59]; y, por otro, la especialización de las medianas y pequeñas empresas en productos y servicios donde las grandes empresas no podían llegar a los clientes. De esta manera, cada empresa determinó sus ventajas competitivas y sus ventajas comparativas. Las particularidades que ha adquirido la economía mundial en la segunda mitad del siglo XX

---

57 China, países de Asia Sur oriental, y recientemente países de América Latina.

58 Pfeffer (1997) define la presencia y el estatus de poder en esta premisa: "el poder es un tema al que hay que ponerle la cara, y no dejarlo a un lado, puesto que una organización que tenga un poder mal administrado puede sufrir graves consecuencias. Tratando de ignorar las manifestaciones del poder y de las influencias en las organizaciones, perdemos la oportunidad de llegar a comprender estos importantes procesos sociales y de preparar a los directivos para hacerles frente. El poder se relaciona con asuntos gubernamentales, pero de esta manera se entiende que quien domine el poder es capaz de llevar una empresa en orden. Los conceptos de poder y pugna gerencial (politiqueo) guardan entre sí una estrecha relación. La mayoría de los autores, entre los que me incluyo, definen la pugna gerencial como el ejercicio o uso del poder, considerándose el poder como un potencial de fuerza." P. 10-13.

59 Ibid.

han repercutido sensiblemente en el tamaño y la configuración de las organizaciones.

El explosivo avance tecnológico y la necesidad de aprovechar las ventajas que brinda la producción en gran escala han determinado la aparición de las grandes corporaciones. Hoy en día, al hablar de la organización, se debe tener en cuenta que esta no es solo una definición vaga que tiene un único sentido, sino que se tiene que tener presente que la organización es un grupo de términos que están dirigidos hacia un solo propósito: el buen funcionamiento evolutivo de la empresa (Magdalena, 1992, pág. 4).

1.2.4. El nuevo cliente

Estas ventajas competitivas y comparativas determinaron una nueva organización en virtud del liderazgo empresarial[60], ajustable a los recursos y a las demandas de una nueva sociedad. Estas demandas evidenciaron un nuevo cliente, lejano y distante del consumidor masificado y sin rostro que encontró la empresa durante el siglo XX, (Hitt & Chen, 2005). Este nuevo consumidor se convirtió en el cliente, en el sujeto determinante de la existencia de la organización, con plena identificación y personalidad, con criterio y censura para la elección de la calidad de los productos y los servicios adquiridos. Igualmente, se definió la nueva organización como "las organizaciones son sistemas sociales que producen bienes y servicios, que están orientados por la racionalidad social, estos poseen un subsistema administrativo o de gestión con una estructura, unos recursos que se encuentran delimitados por una estructura socioeconómica específica" (Michels, 1979, pág. 45).

---

60 Paúl Lawrence (1973), en *Desarrollo de las Organizaciones: Diagnostico y Acción*, desde su postura sistémica enunció que "se debe ejercer el liderazgo dentro de las organizaciones. Pero una compañía que desea obtener resultados económicos tiene que ejercer el liderazgo en algo realmente valioso para el cliente o mercado. Puede ser en un limitado pero importante aspecto de la línea de producción, puede ser en sus servicios o en su distribución, o puede ser en su capacidad para transformar ideas en productos vendibles en el mercado, con rapidez y bajo costo. La necesidad del liderazgo tiene serias consecuencias para la estrategia empresarial. Hace que la práctica común de tratar de ponerse a nivel con el competidor que ha comprado un producto nuevo o mejorado, se torne cuestionable." P.18

Este nuevo cliente invocó la responsabilidad social de la empresa[61] con el medio ambiente, (Foss & Laursen, 2005), con la pobreza, con la justicia laboral y con la ética empresarial (Snyder, Hall, Robertson, Jasinski, & Miller, 2006). Así, se determinaron nuevos factores en la decisión de la compra, más allá del tradicional precio y la reclamada calidad. "La responsabilidad social tanto como ecológica se ve remunerada pues la clientela favorece a este tipo de organizaciones. Los clientes desean adquirir bienes de aquellas compañías que sean éticas, ecológicas y buenas ciudadanas corporativas" (Tapscott, 1995, pág. 11).

Rápidamente las empresas ajustaron sus estructuras administrativas a las nuevas demandas. Inicialmente, con una mirada eminentemente interna, revisaron su concepción sobre la administración. Se desecharon las clásicas posturas verticales y jerárquicas de niveles; y se adoptaron las posturas de corporeidad que proponían una visión sinérgica de complementariedad de las partes en donde la horizontalidad y los principios de igualdad afloraron. La organización se convirtió en un sistema dinámico en donde cada uno de sus miembros cumplía una función determinante en la supervivencia de la organización[62]. Lawrence enfatizó que la solución de los problemas estancó a las organizaciones, debido a la mentalidad anticuada de sus gerentes que no detectaron ni evitaron a tiempo sus consecuencias. "Los ejecutivos utilizan más tiempo en deshacer el pasado que en ninguna otra cosa. Esto, en gran parte, es inevitable. Lo que existe hoy es necesariamente el producto del ayer" (Lawrence, 1973, pág. 19).

---

61 Marcelo Paladino, (2004), en *La responsabilidad de la empresa en la sociedad*, la define como "la actividad del empresario es un ámbito relevante del uso de la libertad, lo cual implica una necesaria reflexión sobre la calidad de ese uso. Sin duda ser libre es lo más preciado para el ser humano, por eso nos atrae toda manifestación de libertad, pero es justamente su ejercicio responsable el factor que marca la diferencia entre el capricho y el proyecto. P. 61.

62 Don Caston Tapscott (1995) señala en *Cambio de Paradigmas Empresariales* cómo "los individuos son habilitados y motivados para actuar, y lo hacen de manera responsable y creativa, libres del control burocrático, ellos toman la iniciativa e incluso asumen los riesgos para estar más cerca de los clientes y trabajar con mayor productividad. Ellos se motivan entre sí para alcanzar objetivos de grupo en vez de satisfacer a los superiores con intereses comunes que sean inmediatos y claros, prospera la cooperación." P. 14

1.2.5. La gestión del conocimiento

La organización de la nueva sociedad es una organización que se conoce, que actúa más allá del organismo corporal, que conoce cada una de sus partes, su estado y sus potencialidades, y, lo más importante, que genera conocimiento.

Es un organismo inteligente que se reconoce permanentemente para crecer continuamente. Crecer no sólo en los beneficios económicos, sino en cada una de sus partes, ya que cada una de ellas puede convertirse, a su vez, en una organización.

Este conocerse a sí misma permite reconocer un sujeto natural de la organización: la persona humana. Ella entrega, como aporte a la organización, sus ideas[63] más que su fuerza, en beneficio de todos los miembros (Polo, 1993, pág. 124)

Esta persona encuentra un escenario ideal en esta organización para el ejercicio de su libertad. Su criterio profesional, la responsabilidad de su convicción y la confianza mutua son los nuevos elementos que permiten la conformación de una cultura del prestigio, fundamentada en su propia producción intelectual, para el beneficio de la organización.

Esta nueva cultura evoluciona de la mera satisfacción de las necesidades del empleado. Va más allá de las acciones unilaterales de la motivación por la empresa. Se trata del reconocimiento de la organización de la facultad superior de la inteligencia de cada persona, devolviendo su dignidad humana[64] a cada una de ellas.

Esta nueva organización del conocimiento reconoce que la unidad corpórea de la persona, cuerpo y espíritu, es indivisible. En cuanto al cuerpo, la inteligencia y la fuerza son complementarios

---

63 Leonardo Polo (1993), en *Presente y futuro del hombre*, refutando el concepto de trabajo de Carlos Marx, redefine "Marx concede al trabajo humano transformador un estatuto global que no le corresponde; porque el trabajo humano es antecedido por el pensar. La transformación de lo otro es una secuela, una consecuencia, una aplicación, una ejecución, pero no es la entraña viva del trabajo mismo. P. 124.

64 Tomás Melendro (1999), en *Las dimensiones de la persona*, sustenta la dignidad de la persona humana, uno de los pilares constitutivos de la dignidad humana es "justamente la autonomía del hombre" (...) La libertad aparece, pues, por todas partes, cuando se analiza la eminencia de la condición personal." P. 57.

para la unidad; la cabeza y el tronco se requieren para su acción. En cuanto al espíritu, el sentido y la convicción de sus creencias son el motor de sus acciones. La pérdida de cualquiera de estos elementos constitutivos desequilibra la unidad corpórea (Melendro, 1999, págs. 35-43).

El conocimiento ha permitido, en la dimensión individual, que las personas se conozcan mejor así mismas y entre sí. Ha permitido que reconozcan sus actos y sus implicaciones sociales. En su dimensión social, ha permitido el progreso de la organización[65], de sus miembros y de las naciones.

Siguiendo a Lawrence, el conocimiento permite que las sociedades sean mejores y progresen. El conocimiento se transmite y lo que alguien conoce algún día se conocerá por todos y por otros. "Sin embargo, el conocimiento no es un recurso empresario. Es un recurso social universal. No puede mantenerse en secreto por mucho tiempo. Lo que un hombre ha logrado, otro hombre puede lograrlo nuevamente". (Lawrence, 1973, pág. 16).

La gestión del conocimiento[66] "se asemeja más a una práctica que a una disciplina intelectual en sí misma: necesita urgentemente tanto los fundamentos como los vínculos" (Boisot, 1998, pág. 3). Dada las posibilidades de caracterización y tipificación de la sociedad actual, se le ha denominado Sociedad Informacional (Castells, 2000, págs. 9-20), Sociedad de la información y del conocimiento (Bell, 1976, págs. 8-30), Sociedad de las Organizaciones (Drucker, 1995, págs. 71-91).

En ellas se advierte, por un lado, el concepto de *gestión*[67], concebido como la acción humana, voluntaria y decidida en recursos,

---

65 Lawrence: (1973) en *Desarrollo de las organizaciones,* plantea que "el único recurso especial de toda empresa es el conocimiento. Otros recursos, por ejemplo, dinero o equipos, no constituyen ninguna diferencia. Lo que distingue a una empresa y constituye su recurso especial es su capacidad para utilizar todo tipo de conocimientos, desde el conocimiento técnico y científico al conocimiento técnico y administrativo. Es sólo en relación al conocimiento como una empresa puede distinguirse, producir algo que tiene valor en el mercado." P. 16

66 T. H. Davenport, L. Prusak (1998), en *Working Knowlege,* definen que "Es un hecho social desarrollado con base a la experiencia colectiva de sus empleados, a los talentos que premia y a las historias compartidas de triunfo".

67 A mi juicio, la gestión es una acción, de exclusiva facultad humana. Donde la voluntad se ejerce en movimiento hacia el logro de un fin programado, buscando tanto los medios como los recursos necesarios para ello.

para el logro de un fin determinado. Por otro lado, se entiende el concepto de *conocimiento*[68] como el acto humano intelectual de conocer la naturaleza, las características y las cualidades de una acción o una cosa. Estos conceptos han ocupado gran parte de los debates filosóficos en la historia de los pueblos, sin embargo, no se ha logrado un acuerdo común en la sociedad humana, precisamente por su naturaleza susceptible de interpretación (Sturgeon, Martin, & Crayling, 1998, pág. 9).

En este segmento nos centraremos en tratar de evidenciar un concepto de *conocimiento*, apropiado a la organización, que pueda estar en consonancia con las posibilidades, los recursos y los alcances de la organización humana, y que permita establecer una relación con la acción de la gestión como adaptación del conocimiento a las circunstancias (Davenport & Prusak, 1998, págs. 1-3). Para tal efecto, revisaremos la concepción clásica aristotélica sobre el conocimiento, sus dimensiones y su aplicabilidad a la organización de la sociedad actual. Se considerará que, según el Estagirita, "todos los hombres, por naturaleza, desean conocer" (Aristóteles, Metafísica, 1986, pág. 75).

Visiones del conocimiento

Visión clásica del conocimiento (Aristóteles)	Visión de gestión del conocimiento (Nonaka)	Visión pragmática de Inteligencia Organizacional (López)
Tipos: teórico, práctico, técnico, artístico, intuitivo.	Tipos: tácito, explicito.	Tipos: del saber, del saber hacer, del saber ser
No explica el proceso informativo	No explica el proceso formativo ni cómo aplicarlo	Ofrece una metodología de aplicación modular
Centrado en la jerarquización	Centrado en la interiorización y la externalización	Centrado en el direccionamiento estratégico

---

68 A mi juicio, el conocimiento es una acción humana, es hacer suyo al objeto por el sujeto, en la medida que más se acerca al objeto más lo conoce, y se logra mediante las facultades intelectuales de la comprensión y el entendimiento.

Aristóteles definió cinco tipos de conocimiento. En primer lugar, el conocimiento *científico (episteme)*,[69] comprendido como aquella explicación teórica de las cosas o de las acciones. Esta definición procuraba dar cuenta de la realidad en su aseveración más arriesgada: la verdad que, a su vez, daba cuenta de la conformidad del pensamiento con la esencia de la realidad, es decir, su naturaleza. La verdad se validaba en la comprobación empírica que se convirtió en el método probatorio de las ciencias naturales.

Todo aquello que traspasaba los umbrales de lo comprobable se elevó a los dominios de la metafísica[70]. La sumatoria de teorías explicativas sobre un tema específico conformaron las disciplinas de estudio que legitimaron un método propio y universal: la *comprobación,* para las ciencias naturales y la *comprensión*, para las ciencias sociales, (Castells & Deipola, 1976, págs. 111-144). Asimismo, reclamaron objetos de estudios formales. Por ejemplo, para la economía el objeto de estudio fue la *equidad*; para la psicología, el *comportamiento humano*; para la filosofía, el *pensamiento*; para la justicia, lo *justo*; y para la epistemología, el *conocimiento*; entre otras. Todas ellas compartieron el mismo objeto material: la *acción del hombre*. Por su parte, las ciencias naturales definieron objetos formales sobre las leyes naturales y un objeto material común: el *universo*.

La carrera por legitimar las teorías dio origen a los hábitos investigativos de sujetos predispuestos por su curiosidad a buscar el conocimiento. Estos sujetos fueron tipificados como científicos, a manera de sujetos raros y especiales, aislados de las actividades normales de la sociedad.

Respecto a la organización, el conocimiento teórico puede ser desarrollado por ella misma o adquirido a través de un proveedor externo a la empresa (Sveiby, 1999, pág. 20).

---

69 Aristóteles, (384ac-322) en *Metafísica* edición de 1990 de Xavier Antich, define al conocimiento epistémico. "El conocimiento de una cosa conlleva al conocimiento de su causa" P.p. 23-29.

70 Ibíd. Originalmente a la *Metafísica,* Aristóteles le llamaría Filosofía Primera, P.p. 30-35.

Este conocimiento comprende el deber ser, la dimensión cultural de la organización, sus políticas, principios, valores, misiones y visiones, (Freeman, Gilbert, & Hartman, 1988, págs. 821-834); y el saber hacer (*know how*), patentes, manuales de procesos y de funciones, estilos gerenciales y modelos administrativos[71] (Simon, 1969, pág. 13).

En segundo lugar, Aristóteles estableció el conocimiento *práctico (praxis)*. Es el conocimiento que se aprende por la experiencia (*empeiría)* y que pasa del acto aislado al acto repetitivo hasta conformar el hábito. Sin embargo, este tipo de conocimiento requiere de una explicación teórica en el momento de la transmisión del conocimiento de un sujeto a otro[72].

Esta acción o interrelación obligatoria *(poiesis)* demuestra que no puede existir el uno sin el otro. No basta leer un manual de cómo aprender a nadar para ejecutar la acción de nadar. Es necesario ir a la práctica para aprender y viceversa: es necesario fijar unas pautas teóricas de cómo nadar antes de lanzarse al agua. Esta interrelación y dependencia de conocimiento, propio de las organizaciones modernas, es llamado, por Nonaka, (1998, págs. 27-29), conocimiento tácito y conocimiento explícito. La interrelación puede darse desde la interiorización hacia la externacionalización y desde su combinación a su socialización[73].

El conocimiento práctico se realiza por cada uno de los empleados en sus puestos de trabajo de acuerdo con sus funciones y tareas (Hampton, 1983, págs. 18-32). La valoración de los empleados, de hecho, está dada por su productividad como expresión práctica de su trabajo eficiente, (Ichniowski, Delaney, & Lewin, 1989, págs. 97-123).

---

71 Herbert Simón, (1969) en *Teoría de las Organizaciones*, define a la organización como un ensamble de seres humanos, que tienen algún sistema de coordinación central. P. 13.

72 Aristóteles (1986) en *Metafísica*, Traducción directa del griego por Hernán Zucchi, define el conocimiento práctico y su causalidad empírica.

73 I. Nonaka, (1998) establece en *The Knowlege Creating Company* su concepto sobre la socialización del conocimiento así: de conocimiento tácito en tácito; Exteriorización: tácito a explícito; Combinación: explícito en explícito; combinación de distintos tipos de conocimiento explícito; Interiorización: explicito en tácito.

En tercer lugar, Aristóteles planteó el conocimiento *técnico (tecné)*, que versa sobre la utilización de las herramientas[74], de cómo se hacen y cómo se mejoran *(tecnología)*. Este conocimiento sugiere una permanente investigación en las formas y en el cómo adaptar y adaptarse al medio para mejorar el trabajo humano y su productividad, en una optimización constante de energía y recursos (Ichniowski, 1986, págs. 75-89).

El conocimiento técnico se expresa en las organizaciones en las herramientas que dispone cada empleado para su trabajo: equipos, procesos, energía etc. Su determinación más actual se enmarca en las llamadas tecnologías de información y comunicación (Lucas Marín & García, 2002, págs. 122-125). Estas han permitido desarrollar los campos de la automatización y la robotización. Cuando la organización cuenta con programas para mejorar sus propios procesos productivos y herramientas, se define como una organización con líneas de desarrollo tecnológico.

Las organizaciones que se dedican exclusivamente a esta tarea, denominadas empresas de investigación y de desarrollo tecnológico, son los centros de tecnología automotriz, maquinaria, industria de software, hardware, etc. Existen también otras empresas, que se dedican al desarrollo científico, y se tipifican como organizaciones para la investigación científica: laboratorios farmacéuticos, fungicidas, fertilizantes, genética, etc. En ambos casos de organizaciones lo importante es la aplicación y la optimización del conocimiento para la resolución de problemas (Terry, 1977, pág. 55).

La suma de estos dos campos de desarrollo del conocimiento ha sido denominada, en los ámbitos académicos, como investigación en ciencia y tecnología. Estos dos campos están unidos directamente al desarrollo de los países y se conoce como la ecuación Investigación + Desarrollo (I+D). En "algunas industrias fue el fuerte impulso tecnológico quien permitió a las compañías desarrollar productos

---

74 Aristóteles (1986) en *Metafísica*, Traducción directa del griego por Hernán Zucchi, define el conocimiento práctico y su causalidad empírica. P.p. 75-76.

de manera global aprovechando las preferencias del consumidor" (Bartlett, 1991, págs. 3-10).

El cuarto lugar, Aristóteles se refiere al conocimiento artístico *(arte)*[75]. Este se ocupa de la imitación de la realidad mediante expresiones plásticas, escénicas y sonoras. La estética rige el deleite de los sentidos en la búsqueda constante por el placer sensorial y sensual. La estética procura el equilibrio humano de lo bello de las cosas. Igualmente, el arte puede expresarse lo bello de las acciones humanas.

El trabajo humano y su actividad en general están cargados de valoraciones preestablecidas como bellas o su contrario. Las profesiones y los oficios de las personas pueden ser considerados como arte por su alta carga de estética. El conocimiento artístico se refleja en la *estética* de lo bello: es decir, en la *forma* de hacer las cosas.

En la organización, no basta que los trabajadores realicen eficientemente las tareas asignadas (Warren & Dennis, 1983, pág. 32). Se requiere, además, que estas conlleven una carga de estética dado que esta es parte de los criterios de valoración de la calidad del trabajo y del producto o servicio que ofrece la empresa.

En quinto lugar, se encuentra el conocimiento intuitivo o el sentido común[76]. Este conocimiento es aquel que da cuenta de lo que puede pasar o no, según los indicios de pronóstico. El sujeto, de acuerdo con las experiencias vividas en el pasado, presume, con indicios de verdad, la posibilidad de un hecho futuro. Por ejemplo, si una entidad bancaria elimina los requisitos exigidos para la aprobación de los créditos, es muy posible que esta vaya a la quiebra como también es posible que aumente su productividad.

El poder de este nivel de conocimiento se fundamenta en la

---

75 Aristóteles, (1987), Ética a Nicómaco, Traducción del griego por Patricio de Azcárate, establece la asimilación del arte como conocimiento, Capítulo III P. 203

76 Aristóteles, (1969) *De anima*, traducción de Alfredo Llanos, Buenos Aires, define al Sentido Común como el sexto sentido, que por su explicación sugiere el conocimiento de lo intuitivo. P.p. 103-120.

capacidad para disminuir los niveles de incertidumbre. El margen de error dimensiona el acierto. Por tanto, da poder al visionario, a aquel que con anterioridad lo ha hecho. La organización reconoce este tipo de conocimiento en las personas que lo manifiestan y que ocupan los niveles directivos de la misma.

La capacidad del pronóstico se fundamenta en el conocimiento teórico o práctico. No es una mera exposición espontánea del intelecto de la persona en dirección a una decisión presente. Todo esto es una combinación ideal denominada capital intelectual[77] de las organizaciones (Bradley, 1997, pág. 54). Vista desde su aplicación en la organización podría explicarse como "una buena habilidad para manejar el conocimiento (*know-how*), para aplicar la tecnología y buen liderazgo, eso es lo que hace que una organización sea operacionalmente excelente" (Treacy & Wiersema, 1995, p. 60).

De la anterior clasificación aristotélica, se puede inducir que las organizaciones modernas reflejan estos niveles de conocimiento en su ejercicio productivo.

Lo importante sería, entonces, comprender que el conocimiento con suficiente evidencia y comprensión debe ser el capital humano, (Hanushek, Heckman, & Neal, 2002 ; Lynch & Black, 1998, págs. 64-81), puesto que este permite que la empresa opere (Brooking, 1996, págs. 28-30). Se traspasa, entonces, las definiciones simplistas de capital intelectual como "la suma de su capital humano (talento), capital estructural (metodologías, software, documentos, y otros artefactos de conocimiento) y capital de consumidor (relación con los clientes)" (Stewart, 2001, pág. 14).

Sin embargo, las organizaciones de la sociedad del conocimiento requieren de comunicaciones, es decir, del deseo de colaboración por parte de sus miembros y de un propósito común por parte de los mismos (Méndez, Zorrilla, & Monroy, 1992, pág. 21).

---

77 K. Bladley, (1997) en *Intellectual capital and the new wealth of nations,* concibe al Capital Intelectual como "la habilidad para transformar el conocimiento y el resto de activos intangibles, en recursos generadores de riqueza, tanto para las empresas, como para los países".

1.3. NUEVAS DINÁMICAS DE LA ESTRUCTURA ORGANIZACIONAL DE LA EMPRESA DE LA SOCIEDAD DE LA INFORMACIÓN Y DEL CONOCIMIENTO

1.3.1. La dinámica de la organización sistémica

Para la mejor comprensión de la noción estructural de la organización y su dimensión sistémica, se citan algunos de los teóricos de la sociología de la organización que conceptualizan, en esta línea, a la organización. Alberto León Betancourt, en su libro *Organizaciones y administración: un enfoque de sistemas*, afirma que una organización es un acuerdo entre personas para cooperar en el desarrollo de alguna actividad o para conseguir alguna meta. Asimismo, señala que los elementos esenciales de una organización son los objetivos, los patrones de autoridad y responsabilidad y la toma de decisiones (Betancourt, 1985, pág. 68).

Paul R. Lawrence, en su visión sistémica, nos introducen a lo que ellos consideran como la organización de hoy en día. "La organización matricial, basada en el ordenamiento adecuado para cumplir los requisitos particulares de cada negocio se cumple gracias a encontrar diferentes líderes dentro de la empresa que permitan a los empleados encontrar puntos de apoyo distribuidos. Para eso proponen utilizar un sistema de mando múltiple que incluya, no solo la estructura para ello, sino también los mecanismos de apoyo relacionados y un esquema asociado de cultura y de comportamiento organizacionales". Lawrence, (1973) pág. 20.

Paul Devinat enfoca su definición fundamentalmente en la producción. Plantea que "organizar es estudiar y regular las relaciones entre el hombre que trabaja y la herramienta de que sirve con los diversos escalones humanos de la producción, a fin de llevar ésta a la forma más perfecta; es decir, obtener un producto a la mejor calidad por el mínimo de precio" citado por De Leener, (1959, pág. 17).

Huse establece una definición de organización a partir del rol jerárquico. Los mayores esfuerzos están enfocados en este grupo de la organización: "la influencia, el poder, liderazgo y el director, teniendo en cuenta que la función de este último dentro de la misma es mucho más amplia que la del simple jefe formal de unos subordinados. Un director eficaz actual dedica más tiempo al proceso lateral del flujo de trabajo que el director menos eficiente, que dedica más tiempo a ocuparse directamente de los subordinados en las relaciones verticales de las organizaciones". Huse & Bowditch, (1980) pág. 55.

Por su parte, la definición de Amstrong (1991) busca que las organizaciones[78] consigan utilidades a través de una jerarquización del personal. "Lo más importante para que una organización sea efectiva es que los individuos obedezcan a sus metas, que las decisiones se tomen de acuerdo con las fuentes de información y que el sistema de remuneración sea tal que los gerentes y supervisores sean recompensados y castigados de acuerdo con el desempeño de corto plazo en materia de utilidades y producción" (Amstrong, 1991, pág. 61).

En sentido contrario, Hammer y Champy rechazan la clásica jerarquización de la organización y establecen reordenamientos administrativos que van a llamar reingeniería[79]. "Lo que pretende la reingeniería es abandonar las ideas básicas de la organización moderna. Los trabajadores y los gerentes son hoy prisioneros de las teorías anticuadas sobre la organización del trabajo, teorías que datan desde la revolución industrial. Esas ideas como la división del trabajo la jerarquización administrativa ya no funcionan en este mundo de competencia global y cambio inexorable" (Hammer & Champy, 1993, págs. 35-36).

---

78   Michael Amstrong, (1991), en *Gerencia de Recursos Humanos,* habla acerca de la coordinación mencionando que es necesario que dentro de las empresas actuales para que las actividades estén lógicamente agrupadas debe haber una integración voluntaria, reuniones, equipos de proyecto, comunicaciones, entrenamiento, comprensión de los papeles, planeación e información para la gerencia. P. 61.

79   Hammer y Champy (1993), en *Reingeniería,* definen de ésta que "la reingeniería de negocios significa dejar de lado gran parte de lo que se ha tenido por sabido durante doscientos años de administración industrial. Significa olvidarse de cómo se realizaba el trabajo en la época del mercado masivo y decidir cómo se puede hacer mejor ahora". P.p. 35-36.

Esta reingeniería, de acuerdo con los autores antes citados, busca que las organizaciones se concentren más en la oferta de productos internacionales que en los productos de satisfacción local. Se abandona el foco de la estructura administrativa antigua por el nuevo enfoque de procesos y de tecnología donde lo más importante es la satisfacción del cliente (Hammer & Champy, 1993, págs. 35-36).

Enrique Ogliastri, en su libro *Estrategia y estructura organizacional*, identifica la forma de la estructura de una organización familiar: de carácter informal y flexible, sin un organigrama preestablecido. Estos aspectos sí se presentan en la estructura formal empresarial donde, además, existe una estructura organizacional derivada del concepto de *reorganización*. La reorganización implica el establecimiento de sistemas de información formalizados en donde se debe registrar todos los eventos de la organización y su correspondiente archivo y en donde cada persona define su espacio administrativo por fuerza de su personalidad en el trabajo y su relación con el jefe. Este tipo de estructura se basa en la estrategia (Ogliastri, 1992, págs. 89-126).

Adalberto Chiavenato, en su libro *Introducción a la Teoría General de las Administración*, define la estructura organizacional como la forma en que se dividen, agrupan y coordinan las actividades de la organización en cuanto a las relaciones entre los gerentes y los empleados, entre gerentes y gerentes, y entre empleados y empleados. Los departamentos de una organización se pueden estructurar, formalmente, en tres formas básicas: por función, por producto/mercadeo, y por forma de matriz (Chiavenato, 1995, pág. 85).

Del concepto de estructura organizacional se desprende el concepto de *diseño organizacional*: "se refiere al patrón global de las relaciones laborales formales" (Brawn & Moberg, 1983, pág. 114). Además, se sostiene que este diseño está formado por estándares sobre quién deberá trabajar con quién y cómo se deberá comportar la persona dentro de la empresa. Esto proporciona orden y claridad, según lo explican. Adicionalmente, se formula que el proceso de determinación de la estructura y de relaciones de autoridad de una organización es el medio para la puesta en práctica de las estrategias que abarcan la meta de la organización.

Sin embargo, algunos autores como Riegel restan importancia al diseño organizacional por considerarlo un asunto técnico instrumental: "el diseño organizacional no es más que la suma de decisiones administrativas para la implementación de las estrategias y el cumplimiento de las de las metas" (Riegel, 1998, pág. 371).

En la misma línea de la instrumentalización técnica, Luis Carlos De Danin, en su libro *Estudio de organización y métodos*, afirma que la organización y los métodos son la "técnica que tiene la finalidad de investigar y estudiar la estructura y el funcionamiento de las entidades administrativas a fin de mejorar y facilitar el alcance de sus objetivos". (De Danin, 1968, pág. 7). Este concepto se puede aplicar a la definición o establecimiento de una nueva estructura o de un nuevo procedimiento. Su gran importancia es un instrumento básico para las reformas administrativas constituyéndose el nombre de análisis administrativo.

1.3.2. La reacción dinámica de los cambios y la contingencia

Las empresas volcaron su mirada a los cambios repentinos del contexto (Winter, 2004), la cultura, la percepción del mundo por la sociedad, el nuevo orden mundial y el nuevo individuo. Estos cambios obligaron a una nueva reestructuración administrativa de la empresa[80]. Todos sus procesos se reajustaron automáticamente y dinámicamente de acuerdo a los cambios del entorno, (Freeman, 1983). La planeación de largo plazo conoció la planeación de corto plazo, y la estrategia[81] como arma fundamental en el nuevo escenario

---

80   Ibíd. Una organización debe tener en cuenta que también son actores de éstas personas que no están vinculadas con estas inmediatamente sino por otro tipo de relación. "El concepto de la organización se amplía para incluir vínculos con socios externos de los negocios: proveedores y clientes." P. 13

81   Lawrence (1973), en *Desarrollo de las Organizaciones*, amplía: "los gerentes pasan de un problema a otro sin tener en cuenta el futuro a largo plazo sino el resultado inmediato. Peor aún, no ignoran que los mismos problemas se repiten sin que importe cuántas veces fueron resueltos. Antes de que un ejecutivo pueda pensar en enfrentar el futuro, tiene que estar en condiciones de solucionar los problemas del presente en menos tiempo y con mayor eficacia y duración. Para lograrlo necesita disponer de un enfoque metódico para el trabajo actual. P.p. 13-14.

de competitividad. La empresa vio la llegada de la contingencia como la norma que se debe vencer para su supervivencia, evidenciando la necesidad de la preparación preventiva para los posibles percances. "Si bien es verdad que las grandes organizaciones a veces desaparecen, no es menos cierto que las organizaciones más pequeñas sucumben con más facilidad y están peor preparadas para la supervivencia. Tratando de ignorar las manifestaciones del poder y de las influencias en las organizaciones, perdemos la oportunidad de llegar a comprender estos importantes procesos sociales y de preparar a los directivos para hacerles frente" (Pferrer, 1997, pág. 10).

Este nuevo escenario conformó una nueva cultura organizacional. "El cambio cultural en las empresas ocurre como respuesta a las demandas del ambiente de negocios. Casi todos los fracasos empresariales actuales han sido impulsados por una crisis de misión y estrategia y la necesidad de adaptarse, más que por cualquier intención de cambio de organización interna propiamente dicha" (Dennison, 1991, pág. 172).

Esta contingencia dividió la historia de la organización respecto a su dimensión ética[82], dado que en sus primeros años se veía a las organizaciones como entes corruptos y explotadores. "El factor de desprestigio de los años ochenta ha generado un retroceso en la responsabilidad, en tanto que los años noventa se han convertido en la década decorosa" (Tapscott, 1995, pág. 11).

En este contexto, como lo señala Serna, "el concepto de organización y sus adiciones hacen referencia a que hoy en día, la organización para su funcionamiento y gracias a su evolución funciona a través de la formulación de estrategias; procesos de planeación de las mismas. Esto demuestra que el ser humano transforma, aquellas oportunidades que resultaron en su momento desfavorables o favorables en el entorno en el cual se desempeña.

---

[82]   R, L, Daft (1997), en *Management*, define que la propiedad y asuntos de la organización no los monopolizarán los administradores. Los directivos reciben un salario, por tanto, no necesitan aceptar regalos o sobornos. Los individuos no deberán utilizar sus puestos para obtener un beneficio personal. Los administradores deberán ser objetivos e impersonales de manera que se trate a los empleados y clientes equitativamente. P. 544.

Además, implanta orden dentro de la organización significando esto que dentro de la empresa no se sufre desintegración" (Serna, 2000, págs. 26-28).

En tal sentido, cada organización necesita desarrollar estrategias para enfrentarse en el ambiente (Becker T., 1988) y toda la organización necesita desarrollar estrategias de competencia, de cooperación y de integración tecnológica (Romero, 2007, págs. 28-30).

Este entorno involucró a la comunidad en la vida de la organización. Una comunidad que, sin ser cliente, podría en un momento determinado interferir en la subsistencia de la organización. "El efecto que tienen las organizaciones sobre los individuos y las clases de personas no es imperceptible y lo mismo es cierto en relación con las comunidades o las localidades en las cuales operan" (Hall, 1983, pág. 9).

Esta nueva estructura de la organización conformó el llamado *conjunto organizacional*. En él, cada organización tiene interrelaciones con una cadena de organizaciones en su ambiente.

En este sentido, la empresa se constituyó en una entidad más evolucionada y compleja, ya que se interrelacionó la vida privada de la misma con los asuntos públicos de la sociedad, una entidad denominada organización.

Carlos Dávila Ladrón de Guevara, en esta línea, establece el concepto de organización dinámica, justamente porque "crecen, cambian, se reproducen, se deterioran, progresan y a veces mueren. También son conflictivas porque el establecimiento y búsqueda de sus objetivos implica una contrariedad, es decir una oposición. Por otra parte son sistemas abiertos porque a su alrededor se desprende un contexto económico, social y político. Así mismo, tienen la capacidad de aprender, debido a que disponen de una estructura interna estratificada de poder y control que rige la conducta y el pensamiento de los diversos estratos" (Dávila, 1985, pág. 7).

Este poder, en gran parte, se evidenció en el liderazgo[83] de la organización para hacerle frente a los cambios repentinos del entorno, tal como lo evidencian Huse y Bowditch. Estos autores plantearon una definición de lo que es un buen liderazgo y de los diferentes estilos que hay de liderar. Para ellos el liderazgo es "el esfuerzo que se efectúa para influir en el comportamiento de los otros o para cambiarlo en el orden a alcanzar los objetivos, organizacionales, individuales o personales" (Huse & Bowditch, 1980, pág. 132).

Roger Kaufman, en su obra *Guía práctica para la planeación en las organizaciones*, define a las organizaciones como "las avenidas por las que transita la gente para lograr cosas provechosas. Si las avenidas conducen a algo valioso hay prosperidad para todos, pero si el camino está lleno de obstáculos, tanto las personas como la organización se ven afectadas". (Kaufman, 1987, pág. 5). Según Kaufman, las organizaciones deben tener éxito para perdurar. Este éxito depende del logro de metas y de objetivos a partir del estudio de las necesidades que marcan la dirección, la planeación y la resolución de problemas. Esta dirección debe justificarse en términos de lo que la organización hace, lo que alcanza y el por qué debe lograrlo.

1.3.3. La dinámica de la comunicación en la organización

La comunicación, comprendida como una acción final donde se comparte y se tiene en común un saber mutuo, es un pilar fundamental de la organización de la sociedad de la información y del conocimiento, justamente porque ella establece la utilidad de la información y del conocimiento (Dodds, Watts, & Sabel, 2003, págs. 12516-12521).

---

83 Huse y Bowditch (1980), en El *comportamiento humano en la organización,* establecen los tipos de liderazgo. "Es necesario distinguir entre el liderazgo intentado, el logrado y el fracasado. El primero se refiere a los esfuerzos que realiza el individuo para influir en el comportamiento de otro individuo o grupo. Sin embargo hay una diferencia entre el logrado y el eficaz. Si el individuo responde porque el líder controla los premios y los castigos el líder ha tenido éxito. Pero si el individuo es incapaz de alcanzar sus propios objetivos, el líder no ha sido eficaz." P. 132. Para ellos el liderazgo es el esfuerzo que se efectúa para influir en el comportamiento de los otros o para cambiarlo en el orden a alcanzar los objetivos, organizacionales, individuales o personales.

La definición de comunicación de Ricardo Yepes Store establece, para el efecto, una visión concreta de la comunicación que debe aplicar la organización de la nueva sociedad: "comunicar, en el sentido social aquí tratado, es algo más que informar; no es un puro *decir*, sino un *decir algo alguien*, un *tener en común lo dicho*. Comunicar *es dialogar*, dar una información a alguien que la recibe y que la acepta como suya, y que responde. Se trata de *un acto de relación interpersonal dialogada en el cual se comparte algo"* (Yepes, 1996, pág. 385).

Esta utilidad hace que la información[84] evolucione a comunicación (Contractor & O'Keffe, 1997, págs. 18-33) y que el conocimiento sea compartido entre los miembros de la organización. El escenario propio de la comunicación en las organizaciones parte de la acción comunicativa que se sucede en la rutina diaria de las empresas. Estas rutinas comunicativas deben ser organizadas y gobernadas de tal manera que su estructura refleje un área sólida de conocimiento autónomo en procura de la consolidación de una cultura del comportamiento comunicativo (Mohan, 1993, págs. 15-27).

En principio, las acciones comunicativas se componen de los códigos emanados del idioma. Sin embargo, cada organización adopta su propio código de comunicaciones[85], que se soporta en la sistematización de signos, símbolos y señales, y depende de su utilización formal. Por ejemplo, un sistema de señales preventivas es un código de seguridad; los horarios y la regular asignación de

---

84 Noshir Contractor S., y O'Keefe Barbara J. (1997), en *The politics of Information System: Rational Designs and Organizational Realities. Case Studies in Organizational Communication: perspectives on Contemporary Work Like,* concluyen que no existe un recurso más crítico a la hora de tomar decisiones, que la efectividad y exactitud en el manejo de la información, dando lugar a "la gerencia de la información que interrelaciona dos procesos: La producción y el flujo de información", que desde una óptica de la acción final es posible determinar como gerencia de la comunicación, a lo que Joan Costa denominó la Dirección de Comunicaciones y su ejecutor el DIRCOM.

85 Mary Mohan, (1993) en *Organizacional Communication and Cultural Vision: Aproaches for Análisis,* estableció un amplio record de literatura e investigaciones de dos décadas sobre cultura organizacional, con un hilo conductor determinante de la comunicación. Capítulo 1 al 5.

espacios para personal de planta, por otro lado, puede ser un código de signos formal.

La sistematización de las acciones comunicativas en manuales de procesos, organización y métodos, conforman los sistemas de información (Lapointe & Rivard, 2007, pág. 105). Ellos regularmente encuentran soporte en las tecnologías de comunicación y de información, las denominadas TIC.

Adicionalmente, el conjunto de elementos éticos que se incorporan en la redacción de las políticas, la misión, la visión o los valores de la organización son códigos corporativos. Sin embargo, existe otro tipo de códigos tácitos no formales que surgen de las vivencias ordinarias de los miembros de la organización. Estos códigos, aunque no estén escritos, hacen parte fundamental del clima de la organización.

Por otra parte, existen los canales que se orientan, desde los sentidos, como percepción de las acciones comunicativas. Estos canales dan origen a los medios de comunicación organizacional que pueden ser impresos, audiovisuales, virtuales, etc. Gracias a ellos se puede establecer los códigos comunicativos y sus correspondientes sistemas.

La comunicación (del latín *communicatio-onis*) establece la finalidad del término en cuanto a la acción de poner en común algo, con la implicación de pasar de lo *privado* a lo *público*[86], mediante un código establecido y reconocido por una comunidad de personas (Llano, 2002, págs. 113-114).

---

86 Alejandro Llano, (2002) define en *La vida lograda,* "como se puede apreciar, lo decisivo en la vida política no son las ideologías. No hay que tomarse demasiado en serio eso de ser progresista o conservador, de izquierdas o de derechas. Claro que existen esas distinciones, pero son relativas, variables y casi siempre muy superficiales. La clave está en distinguir el modo político de comportarse que sea humano/no humano de aquel que más bien es no humano. Este eje – humano/no humano- es más decisivo que el público/privado o Estado/mercancía." P.p. 113-114.

Modelo de Comunicación

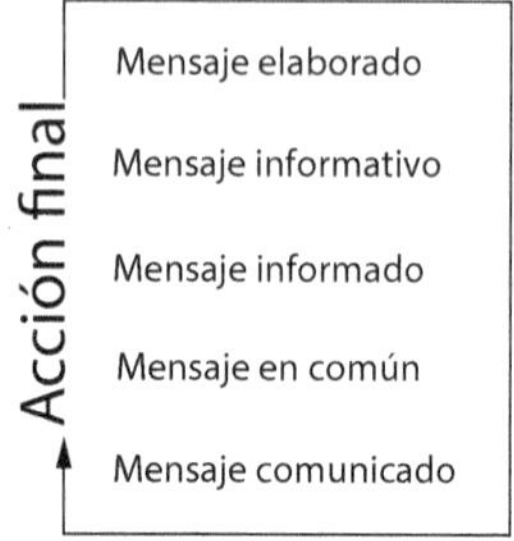

Modelo de Comunicar

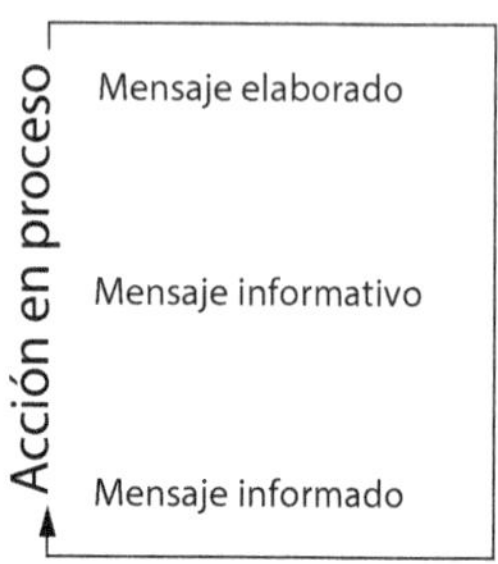

Este proceso refleja la evolución de la sociedad como escenario natural de realización de las personas. La comunicación se convierte en la interrelación de lo individual, para la conformación de lo social[87] como dimensión teleológica. Este proceso ha estructurado en sí mismo a la historia de la sociedad en donde el conocimiento y el lenguaje han permitido el desarrollo de la comunicación.

Esta última, por otro lado, establece relaciones propias: empresa-empleado, empresa-estado, empresa-comunidad, empresa-medios, empresa-empresa, empresa-cliente, empresa-proveedor, etc.[88].

En general, las relaciones (del latín *relatio-onis*), comprendidas como la acción recíproca de dos o más partes que buscan plena conexión entre sí (*connexio-onis*), se convierten en el objeto de estudio formal de la comunicación. No basta la mera acción comunicativa como acto de comunicación, sino que se obliga a la relación comunicativa[89] en donde se comparte el propósito general

---

87 Alberto González, Jennifer Willis y Cory Young, (1997), en *Organizacional Communication, Theory and Behavior*, establecen la relación entre organización, diversidad cultural, donde la comunicación es uno de los elementos fundamentales entre lo individual y lo social. Capítulo XI. *Diversidad Cultural y Organizaciones*.

88 Cynthia, Sthol, (1995) define en *Organizational Communication: Connectedness in Action* un enfoque sobre las interfaces de diversos niveles comunicativos que se presentan entre la organización y las relaciones interpersonales dentro y fuera de ella.

89 Gary L., Kreps (1990), en *Organizational Communication: Theory and Practice*, describen los procesos de comunicación a partir de la naturaleza de la organización. Igualmente, establecen las relaciones existentes entre la organización, la información y los procesos y canales internos y externos de la comunicación. Capítulo 1. *Communicating and Organizing*.

de las partes como principio general de la misma, y en donde la finalidad se establece como el enriquecimiento mutuo.

Las relaciones comunicativas como objeto formal de la comunicación se enmarcan en la realidad social del hombre, como actos humanos en sociedad. Estos, a su vez, se definen como el objeto material de la comunicación, en comunidad con las demás ciencias sociales y humanas. Por tanto, la comunicación estudia las relaciones comunicativas del hombre en sociedad, en todas sus dimensiones: la espiritual, la cultural, la política, la económica, la científica, la física, etc.

Los métodos que utiliza la comunicación como disciplina social[90] parten de su propia finalidad: la *comprensión* de los fenómenos comunicativos, no su *comprobación*, método utilizado por las ciencias naturales y las ciencias duras[91].

La comunicación organizacional es un subcampo de la disciplina de la comunicación. Se deriva del campo de la Comunicación Pública. Toda organización, sin importar su naturaleza estatal o particular o su objeto social, o el sector de la economía al que pertenezca, tiene el componente de lo público de acuerdo a las relaciones primarias que se establecen: empleador-empleado, gobierno-empresa, empresa-mercado. Estas relaciones conllevan la práctica de las normas laborales, los regímenes tributarios y las leyes invisibles de la oferta y la demanda. Todas ellas estarán presentes sin importar la estructura privada de la propiedad del capital. Por tanto, lo privado es un asunto que se refiere al tiempo. Por ejemplo: ¿por cuánto tiempo se oculta en secreto el *know how*?, o ¿cuál es el tiempo de la vigencia de una patente? Estos son asuntos privados que, en última instancia, se vuelven públicos.

---

90 César M. Velásquez, D. López. J.Gómez, (2006), en el artículo de reflexión sobre *La Naturaleza de la Comunicación*, establecen que la comunicación es una disciplina que agrupa un sin número de teóricos que desde diferentes ciencias sociales aportan al conocimiento de la comunicación en procura de su identidad y su naturaleza como comunicología. Allí se amplia y se sustenta la concepción deontológica y teleológica de la comunicación, como una disciplina que hace parte de las ciencias sociales.

91 Bryan C., Taylor, Nick Trujillo, (2001), en *The New Handbook of Organizacional Communication, Advances in Theory, Research, and Method*, explican la evolución de la investigacion cualitativa en la comunicación organizacional. Igualmente, tratan la relación existente entre los métodos cualitativos y cuantitativos, a la vez, que critican este último. Capítulo 5. *Qualitative Research Methods.*

Lo público interviene inevitablemente en la vida de las organizaciones porque las relaciones sociales que en ella se suceden son eminentemente de carácter público: las relaciones laborales, y las relaciones con el estado, la comunidad, los proveedores, los clientes, los competidos, los *stakeholders*, entre otros (Freeman & Reed, 1983, págs. 88-106). Se distingue lo privado de la gente que es facultativo de la persona y no de lo público de la organización.

La comunicación en la organización tiene como tarea final la integración de todos los miembros (Aguado, 2007, págs. 20-25), con miras al desarrollo personal de cada uno de ellos y al éxito empresarial como expresión de logro del ejercicio colectivo[92]. En el caso de las organizaciones, sin embargo, no puede ser el mero cumplimiento de metas, objetivos o planes, o el lucro por el lucro, o el beneficio por el beneficio. Se requiere, por tanto, de una finalidad integradora en donde todos los miembros de la organización ganen en lo personal y en lo corporativo. En la medida en que los miembros de la organización crecen en lo personal, la organización crece en lo corporativo.

La naturaleza de la comunicación en la organización, como dimensión deontológica, se expresa en su esencia misma, es decir, en la *organización humana,* entendida esta como *acto de ser* de la *comunicación.* Esto conlleva necesariamente la puesta en común de propósitos, objetivos, métodos, procesos, acciones y resultados del ente *colectivo.* Por su parte, la finalidad de la comunicación en la organización, como dimensión teleológica, es el logro de la corporatividad como unidad de la identidad colectiva. Es concebida como un sistema autónomo relacionado con el entorno propio de su dimensión social.

---

92 Ricardo Yepes Stork, (1996), en *Fundamentos de Antropología: un ideal de la excelencia humana,* define que la naturaleza humana radica en el desarrollo de la persona, (…) y esta se perfecciona con los hábitos, porque hacen más fácil alcanzar los fines del hombre. Está claro también que el hombre se perfecciona a sí mismo adquiriéndolos: es entonces el *perfeccionador perfectible,* en cuanto se perfecciona a sí mismo" P. 100.

La comunicación en una organización es de carácter integral. En ella se incluyen todos los escenarios de la organización, internos y externos, y se establece un criterio sobre la relación directa que existe entre la productividad de la organización y su correspondiente aporte al desarrollo de los países.

La comunicación procura la construcción de una cadena de relaciones entre los públicos internos y externos de la organización, a partir de la convicción y la motivación como fuentes energéticas. Así, se logra el nivel deseado de efectividad corporativa que enriquece simultáneamente a los miembros de la organización y a la organización como un todo (Ichniowski & Shaw, 2003, págs. 155-180).

En este sentido, la comunicación se convierte en el eje central de todas las actividades de la organización, no como un instrumento mediático, sino como el enriquecimiento mutuo de toda relación humana. Es el hilo conductor que integra todas las partes de la organización y optimiza la cadena de las funciones particulares de sus individuos, estableciendo una sinergia plena de la organización.

Cada organización se dedica a una misión específica en el contexto de la sociedad humana. Sea cual sea su función, contribuye al desarrollo del país (Lai, Chen, & Shaw, 2005, pág. 115). Solo aquellas organizaciones que tienen un fin dañino a la sociedad no son consideradas productivas, sino, por el contrario, perjudiciales al crecimiento y al progreso social.

La audiencia de cada organización varía de acuerdo a la naturaleza de gobierno de la organización, sea democrático, colegiado, dictatorial o participativo. Esta audiencia se divide, a su vez, en grupos que, por sus características homogéneas, estructuran la identidad colectiva de los mismos, y se diferencian de los miembros de otros grupos. Estas particularidades ordenan a los grupos en públicos de diferente tipo de acuerdo al interés de la organización. Este orden se puede basar en aspectos profesionales y ocupacionales, demográficos, culturales, sociales, políticos, económicos, religiosos, científicos, etc. A su vez, los públicos se expresan en clasificaciones dadas por el género, el nivel de conocimiento, las funciones, la ocupación, el estrato social, la edad, etc.

Sin embargo, pueden existir innumerables formas de identificación y clasificación de un público a partir de características, creencias, intereses, ideologías, acciones. Esta clasificación dependerá de los objetivos estratégicos de la organización. Por tanto, no sería prudente afirmar que la clasificación inicial de los públicos viene dada por la estructura administrativa de la empresa, es decir, por los departamentos, las unidades, las líneas de mando, los niveles etc. Tampoco se podría afirmar que los escenarios internos y externos de la organización ordenan necesariamente a los públicos. En realidad, esta clasificación depende fundamentalmente de los objetivos estratégicos de la organización.

Para el efecto, es necesario precisar que, así como la dimensión humana entre la razón y el sentimiento no se puede desligar en los actos humanos, los escenarios internos y externos de la organización tampoco se pueden desligar en la operación integral de la organización[93]. Lo que hace la persona en el interior de la organización tiene influencias directas en el espacio externo de la misma y viceversa. La incorporación de la tecnología de comunicaciones en el trabajo optimiza el recurso del tiempo destinado a una tarea. La recompensa está dada en el mayor aprovechamiento del tiempo para la familia y en el entretenimiento que se realiza fuera de la organización. El pertenecer a una organización hace que sus miembros sean parte de ella, de modo que no se deja de serlo una vez se atraviesa la puerta de salida. Por el contrario, en el exterior, las personas se identifican con la empresa en donde trabajan.

---

93 George Cheney y Lars Christensen (2001), en *The New Handbook of Organizacional Communication, Advances in Theory, Research, and Method,* reflexionan sobre los límites de la comunicación interna y externa de la organización, concluyendo que lo común a los dos áreas se encuentra en la dificultad para determinar las implicaciones en la identidad organizacional y la comunicación. Capítulo 7. *Organizational Identity: Linkages Between Internal and External Communication.*

La comunicación en las organizaciones se ha materializado desde diferentes posturas y disciplinas sociales. La administración de empresas ha realizado sus principales aportes de la mano de la psicología social y la sociología.

Estas últimas han conformado un conocimiento autónomo alrededor de sus objetos de estudio. La sociología de la organización y la psicología organizacional dan soporte y base al nuevo subcampo del saber comunicativo de la comunicación organizacional.

En este segmento partiremos de la clasificación sociológica de Jaffee que ha orientado el estudio de la comunicación en las organizaciones en tres enfoques: el funcionalismo, la teoría del conflicto y el interaccionismo simbólico (Jaffee, 2001, págs. 14-17).

En primer término, el funcionalismo estudia la comunicación desde el establecimiento de las funciones que deben ejecutar cada una de los miembros de la organización con el fin de asegurar el orden social.

En segundo lugar, la teoría del conflicto se preocupa por el establecimiento de la competencia y el conflicto entre las personas, los grupos o públicos de la organización que se disputan los recursos (Winter, 2003, págs. 991-995).

Finalmente, el interaccionismo simbólico se ocupa de los contenidos de los mensajes simbólicos que son transmitidos entre los miembros de la organización y entre las organizaciones y el ambiente que las rodea.

El funcionalismo abordó el fenómeno comunicativo desde la problemática social de las fábricas en la llamada Revolución Industrial. En pleno auge del pensamiento clásico y cientificista del concepto de trabajo, se profundizó en la estructura unidireccional del mensaje, convirtiendo a la comunicación en una mera información oficial.

Las tendencias que surgieron de la especialización del trabajo, (Black, 1992, págs. 177-192), y su consecuente organización formal (Taylor & Fayol, 1983, págs. 111-118), dieron origen a la organización moderna de la administración (Taylor & Fayol, 1983, págs. 133-210). En ella, la estructura funcional por departamentos se derivó de los postulados de la organización burocrática y permitió que la comunicación encuentre nuevos escenarios para el flujo de la información oficial de la llamada gerencia. Así se dio origen a lo que conocemos como comunicación descendente. En esta escuela sobresalió la comunicación escrita a través de canales formales: mensajes impersonales relacionados con las órdenes de la dirección y enviados hacia los niveles operativos en la cadena de mando. La visión funcionalista no consideró a la comunicación como un eje importante de la organización (Rogers & Agarwala, 1980, págs. 32-33).

La comunicación descendente se ocupa de comunicar el orden establecido para el desarrollo de funciones, tareas, roles, entrenamiento, capacitación, directivas, directrices, políticas, etc.

Su carácter principal se estableció por la naturaleza de la organización, dar *orden.* No solamente desde el sentido imperativo de quien da una orden, sino desde el sentido de organizar y ordenar.

La Comunicación en la Organización

La comunicación descendente irradia todos los niveles de la organización sin importar su estructura organizacional. El principio organizacional se derivó de la relación entre quién ordenaba y quien cumplía.

Una de las principales funciones de la comunicación descendente fue la de comunicar la cultura organizacional y las directrices de cómo cumplirlas. Posteriormente, la teoría del interaccionismo simbólico[94] amplió los horizontes del estudio de la comunicación en las empresas. Los aportes realizados por autores como (Mayo, 1972), dieron origen a la concepción moderna de la comunicación en las organizaciones, en donde, a través de los postulados de la Escuela de las Relaciones Humanas[95], se abordó la comunicación entre los empleadores y los empleadores. De esta manera, se originó la llamada comunicación ascendente.

La comunicación ascendente regula el clima organizacional de la organización. Se procura la participación de los empleados en las decisiones y los asuntos propios de la organización (McCowan, Bowen, Huselid, & Becker, 1999). Las acciones comunicativas que se desprendieron de allí dieron origen a la estructura de mecanismos para el favorecimiento del clima de la organización.

La comunicación ascendente debió abrirse paso entre la autopista de la comunicación descendente. La participación de los empleados en las decisiones de la organización se vio como una amenaza a los intereses de la gerencia y de los accionistas (Becker & Olson, 1986, págs. 425-438). Sin embargo, debió dársele el talante necesario para permitir y estimular la convivencia significativa de las personas.

Este escenario permitió estudiar el contenido de los mensajes desde la construcción y percepción simbólica de los empleados, estableciendo códigos comunes entre la multiplicidad de creencias e imaginarios de los mismos.

---

94 Linda L. Putnam, y Gail T. Fairhurst (2001), en *The New Handbook of Organizational Communication, Advances in Theory, Research, and Method*, reflexionan en esta línea en sobre el contenido de la comunicación y a la perspectiva social del lenguaje de los empleados y del discurso empresarial de la gerencia. Capítulo 3. *Discourse Analysis in Organizations.*

95 Citado por Antonio Lucas y Pablo García, (2002) en *Sociología de las Organizaciones*, Madrid, McGraw Hill, 2002

Igualmente, Maslow (1988), en el estudio a partir de métodos experimentales con grupos de control en la relación motivación-productividad, dio aportes significativos a la comunicación en las empresas, y abrió el camino a la relación comunicación-motivación[96], que, posteriormente, sería uno de los pilares de la comunicación en las organizaciones.

En este sentido, se desprenden los aportes de Barnard. A través de sus estudios dimensionó la organización como un sistema de cooperación entre los miembros partícipes [97] e identificó que cada miembro, por naturaleza, tiene la necesidad de relacionarse con sus compañeros de trabajo. Abrió el camino a la denominada comunicación horizontal (Barnard, 1959, págs. 35-78).

La comunicación horizontal sostiene la estructura interna de las comunicaciones. Es allí donde realmente se consolidó la atmósfera organizacional. En ella se evidenció la vida y la dinámica de la organización.

No bastó con una estructura fuerte de comunicaciones descendentes o con una amplia participación de los empleados que manifieste una robusta comunicación ascendente. Se requirió de una comunicación horizontal entre personas, entre grupos, entre departamentos, y entre todos los públicos de la organización; es decir, una comunicación de igual a igual.

Esta comunicación interrelacionó a las comunicaciones que descendían de la gerencia y aquellas que tenían origen en los mandos menores. Además, se encargaba de socializar y experimentar los principios de la organización con los fines corporativos.

Chester Barnard estableció que la característica más esencial de una organización es la comunicación. Puso atención tanto en los aspectos formales como informales de las organizaciones. "Las organizaciones informales establecen actitudes, normas y códigos

---

96 Ibíd.

97 Ibíd.

individuales de conducta dentro del sistema formal. Estableció una serie de principios de comunicación en las organizaciones, propuso que se establecieran en forma clara los canales de comunicación mediante los organigramas; no se permitiría "salvar los conductos" de los canales formales y debían existir canales formales de comunicación para todos; todo individuo debía informar y estar subordinado a alguien" Barnard citado por Rogers & Agarwala, (1980, pág. 38).

Dentro de esta nueva concepción de la organización humana, McGregor (1998), a través de sus tesis sobre la teoría X y la teoría Y[98], advirtió los nuevos conflictos internos de la empresa, específicamente entre las necesidades de los empleados y los fines de la organización. Se aportó, al estudio de la comunicación, el concepto de clima organizacional como expresión de la atmósfera comunicativa y de motivación de la empresa, que estudiaron, entre otros, Rogers & Agarwala (1980).

Posteriormente, Ouchi (1982), como complemento a los postulados de McGregor (1998), a través de lo que llamó la teoría Z[99], dio origen a la denominada cultura organizacional. En la cultura organizacional, la comunicación comparte con la sociología y la psicología la responsabilidad de dar explicación a los componentes vivenciales y de comportamiento de la organización como un todo social.

Este comportamiento evidenció las diferencias en los valores, actitudes y normas fundamentales del capital social (Gant, Ichniowski, & Shaw, 2002, págs. 289-328). Se pudo explicar, en gran medida, las discrepancias de conducta que se observaban, por ejemplo, entre los países desarrollados y los países en vías de desarrollo; entre los habitantes del norte de un país y los del sur; entre los que vivían en zonas urbanas y los que vivían en comunidades rurales. Robbins

---

98 Douglas McGregor, (1998), en *El lado humano de las organizaciones*, atacó directamente el tratamiento que se le daba a los trabajadores en el estilo administrativo clásico al que llamó Teoría X, formulando su nueva Teoría Y.

99 W, Ouchi, (1982), en *Teoría Z*, estableció la filosofía y la cultura organizacional para las empresas.

definió que "nuestros sistemas de valores individuales (es decir, nuestras prioridades y sentido del bien y del mal) repercuten en nuestras actitudes y comportamiento en el trabajo" (Robbins, 1996, pág. 9).

Por su parte, Rodríguez estableció, en cuanto al contenido y el significado del mensaje entre directivos y empleados en la organización dentro de las organizaciones, la formalidad e informalidad de la comunicación, producto, justamente, de la misma formalidad e informalidad de los grupos. Se explicó así las diferencias entre las normas impuestas por los jefes o tomadas con base en deliberaciones democráticas, y aquellas en las que el grupo va creando poco a poco con sus mismos modos de actuar y de interactuar (Rodríguez, 1978, pág. 34).

Desde otro punto de vista, Daft y Steers determinaron los dos tipos de símbolos que los altos directivos utilizan con mayor frecuencia en la organización: el lenguaje y la actividad; el ritual y la ceremonia (Daft & Steers, 2000, págs. 544-545).

Asimismo, la cultura fue objeto de estudio desde su variable simbólica en la organización. Cunningham estableció que la conducta, los conceptos, los valores, las ceremonias y los rituales que ocurren dentro de una organización representan la cultura de la organización en su parte emocional e intangible (Cunningham, 1991, pág. 143).

James Cash Penney, desde una visión relacional simbólica de la organización, estableció como ésta se preocupa por el empleado y por la satisfacción del cliente simultáneamente, a lo que llamó "la idea Penney" (Penney citado por Cunningham, 1991, pág. 143).

Simultáneamente, la teoría del conflicto surgió por la complejidad de los seres en la interacción social con sus semejantes. Se evidenciaron las tensiones entre los miembros de acuerdo a los propósitos, el beneficio y el control sobre resultados de la organización (Denrell, Fang, & Winter, 2003); elementos que dependen, fundamentalmente, de las fuerzas del entorno sobre los sistemas y los subsistemas de la organización[100]. Este escenario permitió que la comunicación explore los fenómenos de la comunicación externa de la organización; de esta manera, se dio origen a la corriente norteamericana de las Relaciones Públicas.

La comunicación externa de la organización, sin la cual su función productiva no se puede desarrollar, surgió de la misma necesidad de interrelacionarse con otros públicos externos a la organización.

Los cambios continuos y rápidos, ocurridos por las diferentes fuerzas de presión del mercado en donde operó el negocio de la organización, hicieron que se establezca un frente de respuesta estratégico de rápida respuesta a estos cambios. Se redefinió el mismo tamaño de la compañía, como estrategia innovadora de supervivencia, con identificada tendencia a la consolidación de los modelos basados en empresas pequeñas, flexibles y de fácil comunicación (Arrighetti & Vivarelli, 1999).

La comunicación externa se dividió principalmente en dos categorías: comunicación comercial y comunicación pública. La comunicación comercial comprendió las relaciones comunicativas que se deben establecer con el cliente, los proveedores, los competidores y los medios de comunicación. De allí se desprendieron las actividades publicitarias de sus productos a través de los lenguajes y los formatos de los medios de comunicación: cuñas radiales, comerciales para televisión y cine, impresos, vallas, anuncios virtuales, etc.

Se establecieron, también, agendas estratégicas para la difusión de los mensajes en los diferentes formatos informativos o de entretenimiento en las parrillas y las diagramaciones de los medios de comunicación, de acuerdo a la sintonía y el *rating* de estos.

---

100 Dale L. Shannon (1997), en *Organizational Communication: Theory and Behavior*, establece la variedad existente de definiciones sobre el conflicto en las organizaciones, comparando el conflicto gerencial y el conflicto destructivo gerencia. Capítulo 6. *Gerencia de Conflictos en Organizaciones.*

Por otra parte, la comunicación pública en las organizaciones se estableció por las relaciones de obligatoriedad con el gobierno político de los estados: el pago de impuestos, las disposiciones técnicas legales, el régimen laboral, las normas ambientales, entre otras. Además, se tomó en cuenta las relaciones con las organizaciones no gubernamentales con quienes se pudiese establecer procesos de investigación y desarrollo con miras a la producción de conocimiento; las relaciones con la comunidad como directo beneficiario de las acciones del orden social de la organización y con las que se establecía el impacto de las acciones productivas de la misma; las relaciones empresariales dispuestas por las necesidades de diálogo con los directos competidores y con la finalidad de asociación para la constitución de proyectos (Ichniowski & Zax, 1990, págs. 191-208), alianzas estratégicas, gremios, etc. (Srinivasan & Brush, 2006, pág. 450). Por último, se encontraban las relaciones con los públicos denominados *stakeholders*, considerados como aquellos agentes identificables que en una situación específica podrían condicionar el buen nombre de la organización en perjuicio de su actividad productiva[101].

Serían Lawrence y Lorsch quienes ampliaran el espectro del entorno de la organización, al incluir los múltiples cambios coyunturales y ocasionales que se presentaban en el día a día de la empresa, dando paso a la consolidación de la teoría de la escuela Sistémica[102]. En esta teoría, la comunicación encontró un nuevo escenario propio para la resolución de conflictos (Shaw & Shaw, 1998, págs. 279-291), para la negociación, y para la respuesta práctica a las crisis cotidianas del entorno de la organización (Shaw, Chang, & Lai, 2006; Chang, Shaw, & Lai, 2007, págs. 548-558).

Lambin estableció que se debía hacer hincapié en cuanto al marketing estratégico de la empresa y sus flujos de comunicación

---

101 Peggy Yuhas Byers (1997), en *Organizational Communication: Theory and Behavior*, definen a la comunicación organizacional, sus diferentes niveles de contenido y de comunicación. Profundiza en las relaciones de comunicación intrapersonal, interpersonal, de pequeños grupos y de comunicación pública. Capítulo 1. *El proceso y las Perspectivas de la Comunicación Organizacional*.

102 Paúl Lawrence y Lorsch (1967) son considerados los pioneros de la Escuela Sistémica Moderna.

en el mercado. "La reunión de las condiciones materiales del intercambio no es suficiente para asegurar un ajuste eficaz entre la oferta y la demanda. Para que pueda ejercerse, el intercambio de bienes, supone que los compradores potenciales sean conscientes y estén alertados de la existencia de los bienes, es decir, de las combinaciones alternativas de atributos susceptibles de satisfacer sus necesidades. Las actividades de comunicación tienen como objetivo producir el conocimiento para los productores, los distribuidores y los compradores" (Lambin, 1995, pág. 14).

En este escenario, surgió la comunicación intermedia como un puente entre la vida propia de la organización y la vida social de su contexto operacional, conformando un todo organizado.

La comunicación intermedia se extendió a los ámbitos internos y externos de la organización. Su función se estableció desde la relación de la identidad de la organización, su finalidad y la responsabilidad social con las personas y el desarrollo de los países (Robertson & Crittenden, 2003, págs. 385-392).

La organización definió quién es, qué hace, cómo lo hace y para qué. Este principio corporativo se comunicó a sus empleados y a sus públicos externos. De allí surgió la necesidad de establecer una imagen corporativa como visibilidad de los valores sociales de la organización, no sólo en los parámetros de calidad de los productos y servicios a sus clientes, sino también en la coherencia de vida de los miembros.

Actualmente, son muchas las tendencias que procuran explicar el fenómeno comunicativo de la organización en la Sociedad de la Información y del Conocimiento (Wong, Shaw & Sher, 1998). Sin embargo, son de vital importancia, para la proyección de este subcampo de estudio, los aportes de Manuel Castells (Castells, 2002) desde la estructura social de la información y del conocimiento. En los aportes de Castells, se evidencia la necesidad de estudiar en profundidad los impactos que se generan en la organización con la implantación de las llamadas nuevas tecnologías de la comunicación y de la información, principalmente, en la productividad de la empresa, en la eficiencia profesional y en las relaciones humanas. Las TIC, partir de sus propios métodos y con sus propias teorías, pueden explicar el fenómeno comunicativo en la organización, desde las transformaciones estructurales de la globalización (Carnoy, 2002; Held, McGraw, & Perraton, 2001).

Es importante señalar que se dificulta la clasificación de tendencias y de líneas de pensamiento más allá de movimientos bruscos de corta duración. Sin embargo, se puede diferenciar la comunicación estratégica de la comunicación integral; la comunicación interna de la externa y de la intermedia; la comunicación empresarial de la comunicación corporativa. Estas distinciones son intentos invaluables por delimitar un saber que se reclama desde las organizaciones[103]. No obstante, no se trata de delimitar por delimitar el conocimiento; se trata de interrelacionar aquellas disciplinas que puedan explicar la relación comunicativa en la organización.

1.3.4. La dinámica del modelo de estructura, conducta y resultados

La *empresa* se constituyó en la unidad productiva de la sociedad contemporánea, evolucionada del *taller* artesanal medieval y de la fábrica mecanicista de la Revolución Industrial. Sin embargo, se pueden encontrar vestigios de algunas formas de empresa en las campañas militares exploradoras y conquistadoras de los antiguos imperios; en la construcción de ciudades y de todo su andamiaje; en los proyectos de ingeniería civil de las antiguas civilizaciones; y, en general, en toda actividad humana realizada para adaptarse al medio natural.

Estos vestigios demuestran acciones humanas contemporáneas de planeación, organización, dirección, y control de recursos humanos

---

103 Branislav Kovacic (1994), en *New approaches to organizational communication*, reflexiona sobre la variedad de conceptos en torno a la comunicación organizacional actual, en torno al nuevo escenario de la globalización que irradia todos los escenarios de la organización. Capitulo 1. *New Perspectives on Organizational Communication.*

(Becker & Huselid, 2006; Huselid, 1995; Huselid & Becker, 1996, págs. 400-422; Delaney & Huselid, 1996, págs. 949-969; Black & Porter, 1991, págs. 99-113) naturales, financieros, de información, etc., orientados hacia un propósito preestablecido: producir un bien, y que este bien fuera identificado con claridad en los albores de la economía industrial (Totterdill, 1989, págs. 478-526).

En el desarrollo histórico de la empresa como unidad productiva, se han identificado las relaciones sociales de su ejercicio. Estas se enmarcan en el modelo *Estructura-Conducta-Resultados*. Este modelo explica la variabilidad y la relatividad empresarial como una organización humana compleja que está en relación con los contextos de la empresa; esta última siempre en continua gestión[104] por el logro de los objetivos corporativos propuestos en su denominado proyecto organizacional.

En primer lugar, la *Estructura*, entre otros aportes, explica cómo la empresa se constituye en relación con la economía de su contexto productivo y, así, conforma las estructuras microeconómicas o de economía de la empresa, referentes a la estructura organizacional; está constituida por la arquitectura del capital y la propiedad, el mando y las decisiones, el modelo administrativo y la administración de los recursos y la productividad, la organización del trabajo y el salario, el flujo financiero y contable, y todos aquellos componentes de carácter estructural de la empresa.

Por su parte, la *Conducta* aborda el comportamiento de la empresa como una unidad social cambiante, conformada por personas que, por su propia naturaleza humana, y con relación a los propósitos de la empresa, manifiestan múltiples tipos de comportamiento, constituyendo unidades empresariales diferenciales lejanas de la armonía y la dinámica preestablecida por la *Estructura*.

---

104 McCowan, Bowen, Huselid, Becker, (1999) en su revisión de las propuestas teóricas de Herman Miller sobre la gestión estratégica de los recursos humanos, describen cómo la estrategia de recursos humanos se compone de tres objetivos principales: "(1) la construcción de capacidades de los empleados, (2) la construcción de los empleados, y (3) la mejora de las capacidades profesionales de la propia función de recursos humanos". P.p. 303-308.

Como complemento de la Estructura y de la Conducta, los *Resultados,* entre otros aportes, explican el desarrollo de la actividad empresarial en cuanto a sus logros, como ejercicio de sus propósitos y fines. En estos, la empresa confronta la eficiencia de los empleados con la eficiencia organizativa de la *Estructura* (Beatty, Huselid & Schneier, 2003), advirtiendo sus aciertos o posibles fracasos.

Este modelo tiene vigencia en cuanto al papel que ha cumplido la empresa en el desarrollo de las sociedades contemporáneas, en las cuales se constituye como unidad productiva, constituyente y dinamizadora de la economía mundial contemporánea.

La organización de la empresa contemporánea supera las categorías y visiones clásicas del orden político de la organización social, referente a lo público y lo privado; estos últimos aspectos han evolucionado hacia el orden económico del mercado electrónico, en el cual la competitividad establece nuevas formas y visiones de relacionamiento comercial en torno a las TIC (Bakos & Brynjolfsson, 2000, págs. 63-82; Bresnahan & Richards, 1999, págs. 336-371).

La *Estructura*, comprendida como la arquitectura organizacional de la empresa, se constituye por las estructuras administrativas, financieras y laborales, de sistemas y de procesos, en obligada relación con el escenario económico de sus mercados propios. Sin embargo, aparecieron otras posturas sobre los componentes de la estructura de la organización como el modelo propuesto por Pugh, Hickson; Hinings & Turner (1968). Este modelo comprende 5 dimensiones: operacionalización, especialización, estandarización, formalización y configuración.

La *empresa*, como unidad productiva, determinó en gran medida el modelo económico actual de la sociedad. De hecho, la definición de *Sociedades de Consumo* podría encontrar uno de sus orígenes en el sistema económico capitalista, y en la relación de este con los hábitos de consumo de las poblaciones y las personas.

Adicionalmente, *la empresa* se constituyó como el escenario propio del trabajo humano; y este, en su principal recurso (Huselid, Becker, Losey, Rucci, & Ulrich, 1999). En ella se materializaron las formas del trabajo retribuido por el salario en el marco de la economía industrial (Becker & Huselid, 1992, págs. 336-350). En esta, estados nacionales definieron la estructura salarial oficial para el efecto, respaldada por infraestructuras legales, administrativas y regulatorias.

En el escenario de la Economía Industrial, se estableció una economía particular para los flujos económicos generales del mercado (Winter, 1986; Winter, 1990; Levin, Klevorick; Nelson, & Winter, 1987), conocida como la esfera de la macroeconomía; y una economía particular de la empresa, conocida como microeconomía (Griffith, Redding, & Van Reenen, 2003, págs. 99-118).

Este escenario relacional entre las dimensiones macro y micro de la empresa constituyen la esfera de la *Estructura*. Sea cual sea la forma en que la estructura se defina y se organiza, deberá partir de este contexto económico, puesto que este le permitirá ubicarse en un sistema regulatorio político, de la propiedad, de impuestos (Bond, Chennells, & Devereux, 1996, págs. 320-333), de empleo (Kerr, Kugler, & David, 2007), de responsabilidad social[105] y de objeto comercial; aspectos que, a su vez, constituyen el fuero público de la empresa. Es propio que en la esfera de la *Estructura* se desarrollen la *planeación* y la *organización* de la empresa como pasos sustantivos del proceso administrativo.

Por otra parte, la *Conducta* comprende el desarrollo de los procesos operacionales de la empresa, como escenario propio de las relaciones laborales y administrativas, en las cuales se conjugan: la cultura y el comportamiento organizacional, la estrategia de gestión del recurso humano (Harris, Huselid, & Becker, 1999; Barber, Huselid, & Becker, 1999; Kirn, Rucci, Huselid, & Becker, 1999;

---

105 Henry Mintzberg, (2007) en su artículo *Productivity Is Killing American Enterprise* alerta sobre las visiones regulatorias y de autorregulación que se han establecido en las economías de libre mercado. P.1.

Becker, Huselid, Pickus, & Spratt, 1997, págs. 39-47), el estilo gerencial y el modelo administrativo, la propiedad y el empleo, la productividad y la innovación (Laursen & Foss, 2003, págs. 243-263).

Estas relaciones constituyen el fuero privado de la empresa que se mantiene, sin embargo, anclado en el régimen político, legal y de justicia del contexto nacional particular de cada empresa. De este modo, se establece una relación relativa entre la autonomía privada de la empresa y las exigencias públicas de la sociedad representadas por el Estado.

La *Conducta* constituye el *modus operandi* de la empresa. Es la vivencia de la planeación y de la organización. Estos pasos de la administración se confrontan con la realidad de los recursos y la condición humana cambiante. En ella, interviene principalmente el proceso administrativo de la *dirección*. Será esta quien regule las relaciones antes mencionadas, estableciendo el orden, las decisiones, las operaciones y las decisiones coyunturales del ejercicio propio de la empresa.

Complementando el modelo se encuentran la etapa de los *Resultados*. Este se refiere principalmente a las operaciones finales de la empresa en relación con la gestión que se ha realizado de todos los pasos anteriores frente a su supervivencia en el mercado. Este *resultado* se tipifica como el éxito o el fracaso, las pérdidas o las ganancias de la empresa, que, en definitiva, suponen la efectividad de la planeación, la organización y la dirección (Laursen & Foss, 2003, págs. 243-263). En este último paso, se evidencian el *control* de los resultados (Martin & Freeman, 2004).

1.3.5. La dinámica de actualización de los modelos administrativos

En su recorrido, las etapas del proceso administrativo son la planeación, la organización, la dirección y el control. Estas han evolucionado a través del desarrollo de las escuelas de la organización: la clásica, la humanista, la sistémica, la contingente; y han respondido al modelo de la empresa de la economía industrial: estructura, conducta, resultados.

En la actualidad, esta combinación de variables administrativas, organizacionales y empresariales, arrojan como resultado un nuevo concepto de empresa productiva, evolucionada y constituida, principalmente, desde las estructuras clásicas administrativas, organizacionales y empresariales, citadas anteriormente y que pueden, a pesar de su vigencia, enmarcarse como los enfoques administrativos anteriores a la década de los años 70.

Posteriormente a estos años, la empresa evolucionó hacia los nuevos enfoques modernos de administración, manteniendo cada uno de sus pasos clásicos: planeación, organización, dirección, control.

Dinámica de los modelos de la administración

• Planeación

Administración de la calidad
Gerencia del servicio
Reingeniería
Planeación estratégica
Prospectiva
Administración por valores
Benchmarking
Responsabilidad social
Teletrabajo

•• Organización

Reingeniería de procesos (BPR)
Gestión de la calidad
Gestión del recurso humano
Gestión del conocimiento
Outsourcing
Organización virtual
Orientación al cliente
Orientación a resultados

••• Dirección

Dirección por objetivos
Dirección de participación
Dirección a distancia
Dirección por involucración
Liderazgo

•••• Control

Transform,
Sistemas ABC- Activity Based Cost
ABM- Activity Based Managment
ABCM- Activity Based Cost and Managment
Aizen
Enchmarking
TQM
Aseguramiento de la calidad total – Total Quality Managment
EFQM - European Foundation for Quality Managment
Balance Scorecard
Evaluación de competencias

Estos enfoques se constituyeron, principalmente, desde la planeación y la organización de la empresa. Fueron conocidos en el ámbito empresarial como los enfoques modernos de la administración, y comprendieron, entre otros aspectos, la excelencia empresarial, la administración de la calidad, la gerencia del servicio, la reingeniería, la administración por valores, el *benchmarking* y el *outsourcing*.

Los procesos administrativos de dirección y de control, igualmente, han evolucionado, principalmente desde la segunda mitad del siglo XX hasta nuestros días, en el entorno de la empresa, de manera integrada y simultánea a los procesos de planeación y de organización.

Esta evolución obedece de igual manera a los profundos cambios sociales, políticos y económicos de los entornos empresariales de la sociedad contemporánea (Teece, Rumelt, Dosi, & Winter, 1994). A pesar de que en un principio se entendería que estas funciones de la administración deberían restringirse al escenario interno y privado de la empresa, han debido planearse y ejecutarse en relación con los escenarios externos de esta.

La dirección de la empresa ha jugado un papel determinante en la supervivencia de esta en el mercado. Su rol e importancia pueden evidenciarse en el éxito de los resultados de la corporación, dado que es ella, en definitiva, quien pone en práctica los lineamientos de la planeación y de la organización, aprovechando, efectiva y eficientemente, el capital humano (Artis, Becker, & Huselid, 1999) y financiero de la compañía.

La responsabilidad de la dirección, más allá de la alineación de la cultura y el comportamiento organizacional, es la de ofrecer resultados satisfactorios a la estructura de la propiedad de accionistas (Huselid & Becker, 2000, págs. 835-854), que, en última instancia, esperan el cumplimiento de los objetivos propuestos desde la planeación y la organización.

En esta línea, la dirección depende de los procesos y de los mecanismos de control (Ashford & Black, 1996, págs. 199-214). Estos procesos le permiten retroalimentarse de los resultados de las operaciones productivas a su mando y a su responsabilidad (Huselid & Becker, 1996, págs. 400-422). En este sentido, la dirección y el control guardan una estrecha relación operacional convirtiéndose en una función de la administración indisoluble y dependiente una de otra, tal como lo señala Mizruchi, (1983).

En general, se pueden identificar dos modelos marcos de dirección: dirección por objetivos y dirección de participación. El primero se centra en procesos estructurales de formación del empleado. Se establece una modalidad específica de trabajador y del trabajo en sí mismo, a través de un programa continuo y de largo plazo que contempla: la planificación de carrera (*carrier path*), la descripción del puesto de trabajo (*job description*), el establecimiento de objetivos, el análisis de desempeño, el plan de sucesión y el sistema de retribución (Artis, Becker, & Huselid, 1999, págs. 309-313).

Por otra parte, la dirección participativa se centra en el establecimiento de un escenario participativo de las decisiones o de la propiedad, definido en la planeación y la organización, que, en su conjunto, constituyen una expresión del liderazgo de la alta gerencia (Dunham & Freeman, 2000, págs. 108-122). La participación en estos dos escenarios, el de las decisiones y el de la propiedad, actualiza y redefine el concepto de *participación* más allá de la representatividad y de la igualdad promovida por la democracia política.

La participación en la dirección supone, igualmente, un nuevo concepto de trabajador y del trabajo en sí (Becker & Huselid, 1999, págs. 287-301). Se eliminan las barreras de la comunicación descendente, permitiendo el establecimiento de una comunicación ascendente. Por otra parte, se eliminan las profundas distancias, mediadas por el supervisor, entre la dirección y el trabajador. Se redefine la estructura jerárquica de la pirámide clásica de la empresa, y se instaura una estructura "planar" de la administración, en la cual directivos y trabajadores establecen un equipo de trabajo, más allá, de las simples funciones organizadas individualmente (Harris, Huselid, & Becker, 1999, págs. 315-320).

En estas formas de dirección, por objetivos y de participación, aparecen formas nuevas para su ejecución como: dirección a distancia, dirección por involucración, *by consent*, y *by walking around* (Cuesta, 1998).

En la dimensión del control, estimulado por la carrera del cambio y de la transformación de la empresa tradicional a la empresa virtual, se han desarrollo metodologías sistemáticas dirigidas a disminuir los roces y los conflictos generados por este proceso (Caroli & Van Reenen, 2001, págs. 1449-1492), incrementando los niveles de calidad significativamente, como sustento del ejercicio competitivo en el mercado.

De esta manera, se ha desarrollado la línea de gestión del cambio: (Pritchett & Pound, 1990), la metodología *transform*, los sistemas ABC- *Activity Based Cost*, ABM- *Activity Based Managment*, y el ABCM- *Activity Based Cost and Managment* (Kaplan, 1995) y el *Balance Scorecard* (Kaplan & Norton, 1996), la reingeniería de procesos (BPR) (Hammer & Champy, 1994), el *aizen* y el *enchmarking* (Leibfried & McNair, 1994). En la línea de gestión de la calidad se han desarrollado: el TQM (Cuesta, 1996), aseguramiento de la calidad total – *Total Quality Managment* (Crosby, 1991); y, específicamente en Europa, el modelo EFQM - *European Foundation for Quality Managment* (Galgano, 1995). Además, se ha desarrollado la gestión del marketing (Cuesta, 1997). Por su parte, en la línea de gestión de recursos humanos son significativos los aportes de Becker & Huselid (1999, págs. 287-301), Mendenhall, Jensen, Black, & Gregersen (2003, págs. 261-274).

Estos modelos, aunque direccionados hacia la evaluación de la gestión de la empresa, (Ichniowski, Kochan, Levine, Olson, & Strauss, 1996, págs. 299-333), parten de la planeación y la organización de la empresa. Se compara permanentemente las disposiciones estructurales con el desarrollo de la conducta y la efectividad de los resultados, permitiendo establecer, en su integralidad, un nuevo concepto de empresa basado en la flexibilidad[106], la confianza, la reaprensión de procesos (Schwab, 2007, págs. 233-251) la gestión de la información, la gestión del recurso humano (Ichniowski & Shaw, 1999, págs. 704-721) y la producción de conocimientos.

1.3.6. La dinámica del aprendizaje en las organizaciones

En esta línea, Andrew Mayo y Lank (2003), en su obra *Las organizaciones que aprenden*, reafirmaron cómo, desde la actualización permanente de la información y del conocimiento, las organizaciones encuentran una nueva ventaja comparativa que les permite competir en los nuevos mercados, como una posibilidad efectiva para enfrentar los cambios y las amenazas del mercado. Este mismo alertará sobre la dinámica del mundo de la ciencia y de la tecnología, específicamente en cuanto a la velocidad de revalidación y reformulación del conocimiento, volviéndose transitorio y provisional, y actualizándose constantemente.

En este sentido, las mismas empresas y en general las organizaciones deben reaprender permanentemente de su cultura y sus procesos, especialmente cuando un proceso bien hecho en primera instancia no garantiza su efectividad en segunda instancia (Winter & Szulanski, 2002). En estos casos, se debe demandar nuevos perfiles de trabajadores que, en esa misma línea, reaprendan y redefinan sus competencias y habilidades, especialmente aquellas direccionadas hacia la generación de conocimiento (Foss, 2003, págs. 185-201) y hacia el manejo de nuevas tecnologías de información y comunicación (Pianta & Meliciani, 1996, págs. 157-174).

---

106 Henry Mintzberg, (2001) en su artículo denominado "Managing Exceptionally", da una evidencia de "flexibilidad en la dirección" en cuanto al cómo se pueden lograr los propósitos de una empresa, en este caso una ONG como la Cruz Roja, con un estudio de caso específico en los campamentos de refugiados en Tanzania que administran por excepción y no en circunstancias excepcionales. p.1

En la actualidad, la empresa se caracteriza por una organización en continuo aprendizaje que estimula la creatividad, la innovación (Vivarelli, Evangelista, & Pianta, 1996, págs. 1013-1026), el autodesempeño y la satisfacción de sus trabajadores (Winter, 2000, págs. 981-996), a través de la medición de sus indicadores de gestión. Se proporciona, así, un ambiente de participación en las decisiones estratégicas de la compañía (Boland, Lyytinen, & Yoo, 2007, págs. 631-647). A este tipo de empresa se le ha denominado "organización inteligente". Estas empresas se identifican por la efectividad y la capacidad de adaptación a los cambios del mercado, de los clientes y de la sociedad en general (Infante, 2007, págs. 64-66).

Esta posibilidad se evidencia, entre otros aspectos, en la estrategia de gestión de la información, en la denominada inteligencia de mercados que permite reconocer oportunamente los posibles cambios inesperados del mercado.

1.3.7. La dinámica de la responsabilidad social

La nueva empresa de la sociedad de la información y del conocimiento se caracteriza por ser una organización responsable con la población y con el medio ambiente (Kochan, Macduffie, & Osterman, 1988, págs. 121-143). Procura, a través de sus actividades productivas, impactar positivamente en su entorno, comprometiéndose con las comunidades y con el desarrollo generalizado de los ciudadanos y de la sociedad en general.

Este desarrollo supone el establecimiento de una nueva cultura de la empresa y de la organización. La estructura económica de los países y del mercado mundial redefinen los intereses particulares de la propiedad de las empresas, pero estas incorporan a sus resultados la inclusión de las personas menos favorecidas en el modelo capitalista, permitiendo fortalecer en todas las dimensiones a las personas, no solamente como meros clientes-consumidores, sino como personas-ciudadanas del mundo.

1.3.8. La dinámica flexible, molecular y proactiva

En la empresa contemporánea aparece un determinante estructural de su existencia y supervivencia en el mercado global de competitividad, (Langlois & Foss, 1999, págs. 201-218): la capacidad de reaccionar e incluso redefinirse en sus estructuras organizacionales (Lester, Piore, & Malek, 1998, pág. 86). Algunos teóricos han llamado a este aspecto la "Organización Flexible". Ella se videncia en la diligencia y la efectividad de la organización, para redefinir su cultura y sus procesos (Wezel & Cattani, 2006, págs. 691-709), las plantillas de empleados, las líneas de producción, los productos, los mercados e incluso las líneas de negocios.

Por su parte, se reconoce un nuevo modelo de empresa, la denominada "Organización Molecular", basada en transformación de las estructuras piramidales tradicionales del ejército y la iglesia. En esta nueva forma, cada unidad que la compone tiene la autonomía necesaria para tomar las decisiones y gestionar su propio desarrollo, sin depender de las directrices centrales, y, más bien, auto-definiéndose y auto-organizándose (Winter, Cattani, & Dorsch, 2007, págs. 403-419).

Por otro lado, la empresa contemporánea es una "Organización Proactiva". Es decir, aprovecha sus ventajas comparativas y potencia sus desventajas a través de la constitución de alianzas estratégicas. Esto le permite sobrevivir los embates de la competencia y del mercado (Harrison & Freeman, 1999, págs. 479-485). Esta empresa tiene la capacidad de prever el futuro, de adelantarse a los hechos y de reconstruirlos de acuerdo a sus intereses y expectativas.

La redefinición del tiempo y del espacio empresarial por las TIC también redefinieron las formas de planeación, organización, dirección y control administrativo, así como la presencialidad del servicio y las maneras de producirlo. Con esto, se estableció la denominada "Organización Virtual" (Cuesta, 1998). En esta, se redefinen las estructuras físicas, financieras, organizacionales y administrativas de la empresa, y se establece, incluso, un tipo de cliente virtual.

En consecuencia, se ha constituido vertiginosamente el "comercio virtual" o el "*e-commers*". En este contexto, la estructura de la economía de la empresa se redefine para presionar una economía virtual, en donde el papel regulador de los estados, el consumo y el ahorro de las familias, la inversión y las operaciones productivas de las empresas, y el sistema financiero y bancario, se establecen, igualmente, como agentes partícipes de la nueva gran economía virtual (Santarelli & Vivarelli, 2002, págs. 39-52).

1.3.9. La dinámica de la virtualidad

En el escenario de la empresa virtual, se evidencia la comunicación abierta, focalizada y constante con el cliente y, en general, con los *stakeholder* de la compañía. Esta acción conocida como el *e-bussinees* se desarrolla, principalmente, a través del Internet (Carralero, 2007, págs. 54-57).

La carrera por la automatización de las tareas mecánicas y repetitivas de las líneas de producción empresarial, que desplazan el empleo hacia nuevas funciones más intelectuales y de mayor responsabilidad analítica, es una de las funciones de la empresa virtual. Con ella, se han redefiniendo la forma del empleo tradicional y su estructura temporal y espacial, y se ha consolidado una nueva modalidad de trabajo conocida como el trabajo a distancia o teletrabajo (Castells, 2002).

Respecto a la automatización, Erik Brynjolfsson, en *Escuela de Negocios de MIT*, Cambridge, en su artículo "The Contribution of Information Technology to Consumer Welfare", analiza los efectos de la automatización en los empleados y, principalmente, en los clientes a partir de el estudio de caso en Wall Street. El autor concluye:

"Empresas manufactureras utilizan ahora Computadora - Diseño y Fabricación asistida por ordenador (CAD / CAM), Sistemas de Fabricación Flexible (FMS), Electronic Data Interchange (EDI), y otros sistemas basados en computadoras para aumentar su calidad, flexibilidad y capacidad de respuesta. La visita a Wall Street revela los productos, los servicios y la capacidad de procesamiento de transacción que habría sido imposible sin una enorme potencia. Por ejemplo, las cuentas de depósito ahora dan a los consumidores el acceso a los fondos mutuos, depósitos y retiros automáticos, y, por supuesto, un ejército de robots escrutadores de los cajeros automáticos. Como reflejo de estos avances, basado en la tecnología, el New York depósito bancario coeficiente (valor anual de la división de las transacciones por parte de los depósitos) ha aumentado en 3804 toneladas en 1990 de sólo 156 en 1960. El patrón es similar en otros sectores: la tecnología médica, los sistemas de fabricación, venta al por menor, y la distribución de cada uso de TIC para ofrecer mucho más valor por cada dólar que se gasta de lo que lo hizo sólo una o dos décadas atrás" (Brynjolfsson, 1996, pág. 281).

La empresa virtual (Cuesta, 1998) y la empresa-red, según Castells interpretan el fenómeno integracional de la organización y la empresa en todos los niveles. En ellas se fomenta y se determina las posibilidades comunicativas e integradoras del Internet, tal como lo precisa el autor: "En una sociedad donde las empresas privadas son la fuente principal de creación de riqueza no debería extrañarnos que, en cuanto la tecnología de Internet estuvo disponible en los noventa, la difusión más rápida de sus usos tuviera lugar en el ámbito de la empresa. Internet está transformando la práctica empresarial en su relación con los proveedores y los clientes, en su gestión, en su proceso de producción, en su cooperación con otras empresas, en su financiación y en la valoración de sus acciones en los mercados financieros" (Castells, 2000, pág. 81).

En general, las condiciones cambiantes y competitivas a las que cada vez se deben enfrentar las organizaciones en el nuevo ambiente de los negocios exigen personas con capacidad creativa e innovadora, éticas y responsables (Martin & Freeman, 2004), conocedoras del ambiente empresarial local, nacional y mundial de su organización. Es decir, personas que tengan el propósito de generar formas diferentes de competir, de crear nuevos productos y servicios para satisfacer las necesidades de clientes cada vez más exigentes, y de realizar acciones que orienten a su organización al desarrollo de su función social, para, de esta manera, contribuir al desarrollo integral de las personas y de la sociedad.

1.3.10. La dinámica de la globalidad y el futuro cercano de las organizaciones

La globalidad del mercado pudo evidenciarce con mayor nitidez en la estructura de la empresa (Nelson & Winter, 1980, págs. 179-202), cada vez que las tensiones profundas de la Guerra Fría en el entorno macroeconómico, político y social de estas décadas así lo orientaron, específicamente como respuesta de supervivencia de las organizaciones empresariales.

La conquista de los mercados mundiales forzó necesariamente a las empresas a modificar sus estructuras piramidales que centralizaban la propiedad, la administración y las operaciones. Con estas modificaciones, se pudo responder a los cambios coyunturales del entorno, y la empresa se desplegó estratégicamente a través de la conformación de sucursales en regiones o países diferentes a las casas matrices (Winter & Szulanski, 2002, págs. 730-743).

Así mismo, la organización y la humanización del trabajo, desde organismos nacionales y multilaterales como la Organización Internacional del Trabajo (OIT), presionaron a las empresas a repensar sus operaciones productivas en virtud de la optimización de los costos de producción, de transacción (Foss, 1996, págs.

428-430) y de ventas, en el marco de la globalización económica. Se establecieron los principios de la flexibilidad organizacional, administrativa y laboral (Black & Gregersen, 1999, págs. 173-184), que, posteriormente, se convertirían en uno de los pilares de la organización contemporánea.

Más recientemente, desde mediados de la década de los años 90, se han perfilado algunos modelos de administración concebidos desde los enfoques de la planeación y la organización. De esta forma, se ha caracterizado la empresa de la sociedad de la información y del conocimiento. Alguno de estos enfoques son tales como: la Administración de la Innovación[107] (Philip, 1994); Administración Global (King & Flor, 2007, págs. 486-504); Administración de Negocios Internacionales (Levy, 2007, págs. 594-612); Administración del Conocimiento (Nonaka, 1998; Huse & Bowditch, 1980, pág. 55; Davenport & Prusak, 1998; Boisot 1998); Administración de la Virtualidad, (Adwankar & Vasudevan, 2002); Administración de la Complejidad (Zhu, 2007, págs. 445-464; el Proyecto ZERI (*Zero Emissions Research Initiative*); Zenki, Minamisawa, & Yokoyama, 2005, págs. 281-286); y la Administración del Emprendimiento (Zott & Amit, 2007, págs. 181-199).

Estos modelos responden a la necesidad de respuesta de las empresas a los profundos cambios de los mercados globales, en donde se han redefinido las estructuras organizacionales de las empresas tradicionales.

En este sentido, algunos teóricos de la administración han formulado la necesidad de generar transformaciones empresariales como respuesta a los cambios del entorno. Por ejemplo, la reformulación o el repensamiento de los negocios del futuro, (Rowan Gibson 1998); la teoría evolutiva de la organización (Nelson, Winter, & Schuette, 1976; Nelson & Winter, 1974; Nelson & Winter, 1975;

---

107 Nicola Phillips, (1994) en *Nuevas Técnicas de Gestión*, define que las empresas con visión de futuro deben planear la innovación como una posibilidad potencial de subsistencia, potenciando la creatividad de todos los empleados. P.71

Nelson, Winter, & Schuette, 1976); los principios (Covey, 1993); la competencia (Porter, 1995; Gary & Prahalad, 1994); el control y la complejidad (Hammer & Champy, 1994; Senge, 1993); el liderazgo (Blanchard, Waghorn, & Ballard, 1996; Tichy & Bennis, 2007, pág. 94); los mercados (Ries & Trout, 1999; Kotler, 1979); el gobierno corporativo (Monks & Minow, 2004); el mundo (Naisbitt & Aburdene, 1994; Ohmae, 2005; Thurow, 1996); el futuro (Drucker, 1986; Toffler, 1997); el servicio (Albrecht & Bradford, 1990); la virtualidad (Cuesta, 1998); y la empresa red, (Castells, 2000).

En esta línea de repensar la empresa, algunos teóricos han realizado algunas prospecciones sobre lo que podrían ser las empresas del futuro cercano, principalmente como producto de los fuertes cambios económicos, políticos, culturales, sociales y familiares del entorno global del mercado. Como referencia se puede encontrar *The Borderless World, Power and Strategy in the Interlinked Ecomomy* (Ohmae, 1991); *Mega-tendencias 2000, diez nuevas tendencias en los 1990s* (Naisbitt & Aburdene, 1994), *La guerra del siglo XXI* (Thurow, 1992); *La sociedad postcapitalista* (Drucker, 1995); *Los once mandamientos de la gerencia del siglo XXI* (Matthew, Guzmán, & Drucker, 1996); *La quinta disciplina* (Senge, 1993); *Estrategia y ventaja competitiva* (Porter, 2006), entre muchas otras publicaciones de autores igualmente reconocidos como Hamel, Handy, Prahalad, etc.

Todos ellos estudian los cambios estructurales de la economía del mundo. Siguiendo a Drucker, "la competitividad dominará el pensamiento administrativo en el inicio del siglo XXI, y en lo fundamental, determinará el desempeño competitivo de las organizaciones de toda índole, la calidad de vida en cada país y la verdadera estructura de la sociedad" (Drucker, 1995, pág. 60).

Por su parte, Toffler alertó sobre cómo las formas de producción y, en general, las actividades económicas no se fundamentarán en la tierra, ni el capital monetario, ni en las materias primas; sino en el capital intelectual de las empresas, centrándose en una competitividad empresarial internacional, "siendo las redes más importantes que los países", generando, así, un ambiente de confianza de lo internacional sobre lo "nacional" [108] en los consumidores (Toffler, 1997, pág. 3).

Gibson, afirmó, categóricamente, que "el siglo XXI no pertenece a nadie" y que solamente aquellas empresas dispuestas a reaprender y a reinventar sus procesos y sus formas estructurales de organizarse podrán ser competitivas en los nuevos mercados de la globalidad (Gibson & Brealey, 1998, pág. 7).

1.3.11 La dinámica de las Tecnologías de Información y Comunicación en la nueva Empresa

Como determinante adicional de la "Empresa Virtual" o de la "Empresa de la Sociedad de la Información y del Conocimiento", aparecen las nuevas Tecnologías de Información y de la Comunicación (TIC). Estas tecnologías, fundamentadas en el desarrollo de Hardware, Software y Redes, permitieron a la empresa contemporánea reinterpretar los conceptos referentes a los datos, la información y el conocimiento[109].

En efecto, estas categorías funcionales de la empresa, ya existentes desde el mismo origen de la sociedad, actualizaron sus significados. Se generó una nueva dinámica y una función de la empresa clásica – centrada en la producción de bienes y servicios –, convirtiéndose la empresa en una unidad productiva de información y de conocimiento, en el marco de una nueva economía (Van Reenen, 2001, págs. 307-336).

Las TIC, como se han denominado, han permitido el flujo de la información y del conocimiento no solo al interior de la cadena productiva de la empresa, sino también en los escenarios externos

---

108 Las comillas son propias.

109 Jan Van Dijk, (2005) en su artículo "Outline of a multilevel approach of the network society", analiza las formas de organización en red, dimensionando dos categorías la sistémica y la matemática en cuanto a las nuevas formas de estudio y de investigación de la información y la comunicación. P. 4

propios de la organización. Se generaron nuevas posibilidades de macroempresas, a manera de cadenas organizadas para la producción y la logística de un determinado sector (Aoyama & Ratick, 2007). Incluso, se traspasaron las barreras de la propiedad empresarial, reinterpretando los límites y las reglas de la competencia salvaje de las economías de mercado.

Podría establecerse que las TIC han sido causa y consecuencia de las necesidades informativas y de comunicación de la empresa contemporánea (Nelson & Winter, 1977), bien motivadas, especialmente, por aquellas del sector militar, educativo, de transporte aéreo y bancario. Esta última la veremos a profundidad en los siguientes capítulos.

1.3.12. La dinámica de las nuevas formas de trabajo

Las TIC, como uno de los principales determinantes de la empresa contemporánea, no solamente redefinieron las estructuras organizacionales y administrativas, sino que también redefinieron el concepto y la forma del trabajo tradicional (Levy & Murnane, 2002, págs. 432-447). Este se fundamentaba en la presencialidad, en la masificación y en el ejercicio de tareas operativas, y reservaba para la dirección y la alta gerencia las decisiones analíticas (Foss, 1999, págs. 725-755).

En esta carrera estructural del trabajo, la empresa y, en general, la organización de la sociedad industrial, principalmente en el siglo XX, estableció una estrecha relación estructural entre la universidad, la empresa y el sistema económico (Teece & Winter, 1984), sea desde el capitalismo salvaje hasta el comunismo puro.

Esta relación modeló el concepto de educación para el trabajo. Se tomó el modelo de la universidad napoleónica y se estableció el paradigma económico-empresarial del empleo y sus manifestaciones económicas: desempleo, subempleo (Becker & Hills, 1983, págs.

197-212; Becker & Hills, 1980, págs. 354-372; Olson & Becker, 1983, págs. 624-641), empleo informal, empleo formal (Osterman, 1995, págs. 681-700), e, incluso, el empleo nacional y transnacional (Stroh, Gregersen, & Black, 2000, págs. 681-697), derivado del ejercicio de la empresa multinacional, con operaciones diferentes a su lugar de origen y con la definida estrategia de la participación en los mercados de otros países (Foss, 1996, págs. 428-430).

Adicionalmente, la sociedad del siglo XX puso en evidencia algún tipo de frustración profesional de las personas. Así pues, no se podía ejercer el conocimiento adquirido si este no estaba certificado por las instituciones educativas superiores (Mintzbert & Rose, 2003, pág. 270). Esta ha sido una situación opuesta a las tendencias clásicas, medievales y renacentistas, que versaban sobre una educación para la vida.

En este contexto, la empresa organizó el trabajo humano de acuerdo con los niveles educativos (Gosling & Mintzbert, 2004, pág. 4). En general, esto se pueden clasificar en tres grupos: empleados de tercer nivel, segundo nivel y primer nivel.

El tercer nivel es el nivel inferior o básico. En él, se ordenan las tareas operativas, repetitivas y mecánicas. En este nivel, el conocimiento humano se limita a las habilidades y a las fortalezas físicas y se destin a las tareas repetitivas fundamentadas en la motricidad mecánica. En él, se agrupó el mayor rango de posibilidades educativas, a saber: analfabetas, personas con estudios primarios de lectura y escritura; con conocimiento de operaciones matemáticas básicas, de formación religiosa, de ubicación geográfica, de relaciones bióticas y abióticas de la naturaleza; y una habilidad primaria de pensamiento y de discurso analítico y lógico. También se incluyó en él a personas con educación secundaria, ya que esta les permitía profundizar en sus conocimientos, en las nociones de ciudadanía y de las relaciones sociales, en las ciencias naturales y en las ciencias sociales. Finalmente, se incluyó a los empleados con el título de técnicos, en el cual se ha venido certificando el dominio y la habilidad para la realización de tareas con el apoyo de herramientas específicas (Cunha, 2007).

En el segundo nivel, se organizaron aquellas tareas de supervisión, programación y control general de los procesos y del rendimiento de los empleados de tercer nivel. En este segmento, se concentraron los empleados con el título de tecnólogos, con la habilidad física y cognitiva para crear y mejorar procesos y herramientas propios de la empresa (Green & Riddell, 2003, págs. 165-184). Su nivel intelectual de pensamiento, analítico inductivo y deductivo, ha sido determinante en el avance y desarrollo de la empresa en todos los sectores de la economía, toda vez, en que ha sido promotor y participe de los alcances actuales de la tecnología. De este nivel educativo se desprendieron los estudios de ingeniería contemporánea, que por su alto grado de especificidad científica y tecnológica han sido reconocidos en el grado de profesiones o licenciaturas, que a su vez han permitido escalar hacia el primer nivel de empleados de la organización (Heckman, 2003).

Por su parte, el primer nivel ha organizado las habilidades cognitivas de análisis relacional entre las operaciones de la empresa y su impacto y desempeño en el mercado y en la sociedad en general (Gosling & Mintzbert, 2003, pág. 54), procurando el máximo rendimiento y optimización de los recursos materiales, físicos, humanos y financieros. En este nivel se agrupan los directivos y la alta gerencia. Comparten y a su vez se diferencian, generalmente, en títulos básicos de profesionales o licenciados, en los cuales se profundiza en una disciplina específica, con la habilidad particular de la formación del criterio ético y moral sobre los efectos del uso de los recursos, las herramientas y los procesos (Lynch & Black, 1998, págs. 64-81). Asimismo, se incorporan estudios diferenciadores de naturaleza global con el título de especializaciones, másteres o maestrías, en el campo de la administración de empresas (Gregersen, Morrison, & Black, 1998, pág. 21), de sus múltiples dimensiones estratégicas y tácticas[110], de las relaciones laborales y públicas, de planeación, organización, dirección y control, no solamente en la dimensión local geográfica, sino también en relación con el ámbito mundial, dada la naturaleza actual de la empresa global, y su rol en la nueva economía de la globalización (Black & Gregersen, 2000, págs. 173-184).

Organización del trabajo

Niveles	Tercer nivel	Segundo nivel	Primer nivel
Educativo	Analfabetas, estudios primarios, educación secundaria, técnicos	Tecnólogos, grado de profesiones o licenciaturas	Profesionales o licenciados, estudios diferenciadores de naturaleza global con el título de especializaciones, másteres o maestrías, en el campo de la administración de empresas
Habilidades	Fortalezas físicas, destinada a tareas repetitivas fundamentadas en la motricidad mecánica	Habilidad física y cognitiva para crear y mejorar procesos y herramientas	Habilidades cognitivas de análisis relacional entre las operaciones de la empresa y su impacto y desempeño en el mercado y en la sociedad en general. Habilidad particular de la formación del criterio ético y moral sobre los efectos del uso de los recursos, las herramientas y los procesos
Tareas	Tareas operativas, repetitivas y mecánicas, apoyo de herramientas específicas	Supervisión, programación y control general de los procesos y del rendimiento de los empleados de tercer nivel	Máximo rendimiento y optimización de los recursos materiales, físicos, humanos y financieros. Múltiples dimensiones estratégicas y tácticas, de las relaciones laborales y públicas, de planeación, organización, dirección y control, no solamente en la dimensión local geográfica, sino también en relación con el ámbito mundial
Conocimientos	Lectura y escritura; con conocimiento de operaciones matemáticas básicas, de ubicación geográfica, de relaciones bióticas y abióticas de la naturaleza, nociones de ciudadanía y de las relaciones sociales, de ciencias naturales y de ciencias sociales	Disciplina específica	Especialización en una disciplina específica
Discurso	Habilidad primaria de pensamiento y de discurso analítico y lógico	Habilidad primaria de pensamiento y de discurso analítico y lógico	Directivos y alta gerencia, toma de decisiones

---

110 Henry Mintzberg y Frances Westley (2000) en el artículo "Sustaining the Institutional Environment " analizan nuevas formas de dirección y de trabajo, que sumadas, llamarán "gestión", es decir pasar de la planeación y la organización a la acción, que en definitiva sería pasar de la estrategia a la táctica. El análisis lo realizan a través del estudio de las formas de gestión de la organización ambiental Greenpeace.

Esta forma de organizar el trabajo se sumó a la estructura formal de pago y remuneración del empleo. En esta línea, se destacan los estudios de Hellmann & Puri (2002) sobre impacto de la profesionalización del trabajo en el capital, a través de la firma del contrato laboral, reconocido por las legislaciones nacionales respectivas (Osterman, 1995, págs. 681-700), e, incluso, por los organismos multilaterales creados para el efecto como la Organización Mundial del Trabajo (OIT).

La naturaleza de este contrato se inspiró en el pago justo de las tareas, en la estabilidad del empleado, en el tiempo de servicio en la empresa y en la garantía de la subsidiariedad en la etapa no productiva de la adultez mayor (Piore & Safford, 2006). Estos hechos fueron producto de los ajustes sociales del conflicto laboral que suscitaba la relación entre el empleador y el empleado. En gran medida, estos logros se deben al papel del sindicato, de los órganos legislativos democráticos y al avance tecnológico (Beaudry & Green, 2005, págs. 441-463).

De tal forma, la modalidad de contratación de los empleados pudo evidenciarse a través de contratos a término indefinido y de tiempo completo. Otras versiones pulularon, principalmente después de la segunda mitad de siglo XX, como los contratos a tiempo parcial y tiempo definido, que fueron producto del aumento de la oferta de mano de obra calificada o titulada y del mismo crecimiento demográfico que aumentó significativamente la de mano de obra no calificada (Becker & Hills, 1981, págs. 60-70). Esto permitió que la empresa establezca criterios de competitividad y eficiencia interna en sus empleados, a través del logro de los puestos de trabajo que inversamente proporcional a la oferta de mano de obra, disminuyendo drásticamente el mercado de la oferta de puestos de trabajo.

Sin embargo, en la actualidad y particularmente en la empresa de la sociedad de la información y del conocimiento (Aoyama & Castells, 2002), esta estructura del empleo ha venido experimentando nuevas formas de organizar el trabajo diferente de las concepciones clásicas por funciones, tareas específicas, nivel educativo y modalidad de contrato (Beaudry, Collard, & Green, 2005). Actualmente, se realizan investigaciones empíricas, como la presente, con el fin de validar las hipótesis y las afirmaciones primeras de los teóricos especializados en el tema.

Estos cambios encuentran una atmósfera de acuerdo entre los teóricos respectivos. Así pues, una de las principales causas de la transformación del empleo contemporáneo es ocasionada por las Tecnologías de Información y Comunicación (Mintzbert, 2007, págs. 7-8). Estas fueron las encargadas de motivar la redefinición del espacio y del tiempo laboral, en consonancia con las nuevas formas de organización, planeación, dirección y control, generando un nuevo modelo de organización flexible, planar, que aprende y genera conocimiento, como se vio en el apartado anterior.

Esta transformación, más que una evolución, en principio reformula la presencialidad física proponiendo la presencialidad virtual que, en última instancia, supone el establecimiento de un nuevo escenario de confianza y fe sobre lo que no se ve.

El escenario laboral virtual, promovido por las posibilidades comunicativas e informativas de las nuevas tecnologías, redimensionan las relaciones laborales no solo en cuanto a la mera relación contractual y de asignación de funciones, sino también en cuanto suponen una nueva identidad de organización y de empresa (Wezel & Cattani, 2006, págs. 691-709) y un nuevo perfil de trabajador (Argyres, Bercovitz, & Mayer, 2007, págs. 3-19) suficiente en competencias comunicativas y habilidades tecnológicas de información.

Estas competencias, adquiridas en instituciones educativas o en los planes de aprendizaje de las empresas (Zollo y Winter, 2002, págs. 339-351), suponen una redefinición de los planes curriculares de los programas académicos proveedores de la mano de obra calificada. Esto se ha observado en las últimas dos décadas en los países de punta económica; específicamente, en la transición en la estructura del empleo de los mismos (Frechet, Langlois, & Bernier, 1992, págs. 79-99).

En este sentido, se marca una clara tendencia en la división del trabajo contemporáneo (Piore, 2004, págs. 23-44). Se modifican los tres niveles clásicos de empleados y se especifican a profundidad las competencias generales de todos los empleados en coherencia con los proyectos organizacionales. Asimismo, se establecen competencias particulares por puesto de trabajo alineadas con los estilos de dirección, sean participativos o por objetivos.

Esta modificación se evidencia en que de tres niveles de empleados se pasa a dos: nivel estratégico y nivel táctico. Esta modificación podría relacionarse como una transformación del primer nivel y del segundo nivel, respectivamente. Por su parte, el tercer nivel, tiende a desaparecer, producto de la robotización que reemplaza la mano de obra sobre las tareas mecánicas y de la automatización que reemplaza las tareas repetitivas del nivel operativo de los procesos y del flujo de información (Baldwin & Sabourin, 2001).

Los dos niveles que se observan en algunas empresas, el estratégico y el táctico, igualmente, se ven presionados por las TIC. Por ejemplo, en el desarrollo de la inteligencia artificial que expresa, a través del software inteligente, cómo se pueden reemplazar las funciones analíticas para la toma de decisiones actuales o futuras, estableciendo un jaque general a la facultad de la inteligencia humana, exclusiva hasta ahora de nuestra especie (Shostak, 2002).

Por su parte, la forma contractual también se ha venido transformando. Se ha pasado de contratos a término indefinido a contratos a término definido; de contratos directos a contratos a través de terceros; y de tiempo completo a tiempo parcial. Ahora, los trabajadores orbitan no solo entre empresas, sino entre países, trasladando su cultura y su forma de entender el mundo (Gregersen, Black, & Hite, 1996, págs. 711-738).

Estos dos escenarios, la redefinición del trabajo y de sus formas de contratación, motivados en gran medida por las TIC, han permitido el establecimiento de una nueva forma de trabajo: el "teletrabajo", conocido también como el trabajo a distancia. En él, la virtualidad que ofrecen las TIC supone nuevas formas de comunicación, de organización empresarial y social, y, sobre todo, una redefinición de la estructura económica empresarial, política y social, redefiniendo, incluso, la identidad de las personas y de las organizaciones, (Aragón, Bobino, & Rocha, 2004; Belzunegui, 2002). Este aspecto se verá en el siguiente capítulo y en las conclusiones del presente estudio.

Es importante reseñar las investigaciones de Alasoini (2001), sobre la organización de nuevas formas de trabajo y de formación de los trabajadores, las nuevas lógicas de organización, la caracterización de la economía del conocimiento, la rotación de la innovación y los retos en las políticas empresariales, en torno a las TIC. En esta línea, y profundizando sobre la productividad, se advierten los estudios de Barteslman & Doms (2002). Estos autores concluyen que las empresas que incorporan las TIC tienden a contratar trabajadores más calificados, descartando aquellos que no poseen competencias en el manejo de tecnologías.

1.3.13. La dinámica de las relaciones laborales de la empresa contemporánea y su relación empírica con las Tecnologías de Información y Comunicación

La empresa contemporánea, como organización humana, ha venido acumulando el conocimiento empírico, teórico y técnico, legado por los empresarios y estudiosos de la empresa. Este conocimiento se ha consolidado como el modelo productivo de organización humana, eje de los modelos de desarrollo de la sociedad actual.

Esta empresa, en su dimensión laboral, refiere la interconexión de relaciones sociales y personales que interactúan entre sí; por ejemplo, empledor-empleado o cultura-comportamiento organizacional. Esta interacción se basa en factores regularmente presentes. Para el efecto del interés del presente estudio, se organizan de la siguiente manera: dimensión social del trabajador (relaciones laborales, trabajo en equipo, clima organizacional, comunicación) y dimensión personal del trabajador (comunicación, compromiso, motivación, proyecto de vida, bienestar o calidad de vida).

Esta interconexión social se puede ver afectada por factores externos a la relación humana empresarial como en el caso de las tecnologías de información y comunicación. Estas no solamente podrían generar efectos directos sobre las relaciones humanas, sino que también podrían generar efectos sobre el espacio físico dispuesto para realizar las tareas de cada empleado. El espacio entendido en cuanto a tamaño, calidad, construcción, ampliación, reducción o eliminación.

En este mismo sentido, podrían generarse efectos sobre la evolución de la estructura organizacional y administrativa de la empresa bancaria. Por ejemplo, cambios de reestructuración a causa de las ventas o fusiones de algunos bancos, y la consecuente reestructuración del empleo de directo a indirecto o de término fijo a término indefinido. En esta línea, las nóminas y el salario promedio podrían afectarse en cuanto a número, calidad, bonificaciones, retribuciones en educación, salud o vivienda. Asimismo, podrían generarse nuevas formas de organización de trabajo en torno al uso de las tecnologías de información y comunicación.

Por otra parte, las TIC podrían incidir en la dimensión profesional de los trabajadores en cuanto a la calidad y a la cantidad del trabajo desempeñado por los empleados, en relación con sus compañeros o jefes, y en cuanto a cambios en el tiempo dedicado a las tareas.

De acuerdo con las anteriores inferencias, en este apartado, se señalan algunos de los estudios empíricos, registrados en las bases de datos ISI y EBSCO, que en los últimos años han estudiado estos temas en el marco de las relaciones laborales de la empresa. Algunos estudios harán parte de la discusión de los hallazgos y de las conclusiones señaladas en los capítulos IV y V del presente documento.

En este sentido, en relación con las relaciones sociales laborales (Schein, 1990, págs. 110-119), en el artículo "Organizational Culture, del American Psychologist", centrado en sus investigaciones sobre clima organizacional, define las relaciones laborales como la interacción social de los empleados respecto a la cultura organizacional. Establece las siguientes variables: ambiente y relaciones en la organización; la naturaleza de la actividad humana; la naturaleza de la verdad y la realidad; la naturaleza del tiempo; la naturaleza de las relaciones humanas; y la homogenización versus la diversidad.

Respecto al clima organizacional, Falkus Ashkanasy, define, en su investigación "Questionnaire Measures of Organizational Culture", publicada como apartado de *The Handbook of Organizational Culture and Climate*, el clima organizacional como el ambiente de la organización; es decir, como el estado de las relaciones sociales de la organización interna y externamente. En ese estudio, trabaja las variables de ambiente, innovación, planeación, socialización al interior de la personalización, humanización del lugar de trabajo, desempeño, estructura, liderazgo y comunicación (Ashkanasy, 2000, págs. 131-146). En esta línea han trabajado otros autores como Wanberg y Banas (Wanberg & Banas, 2000, págs. 132-142).

Sobre el componente del compromiso en la empresa (Lee, Allen, Meyer, & Rhee, 2001, págs. 596-614), Herscovitch & Meyer (2002, págs. 474-487), en la *University of Western Ontario*, han estudiado el compromiso en el cambio organizacional. El primer estudio se realizó en estudiantes universitarios. Complementariamente, se realizaron dos estudios con personal de enfermería de un hospital. Así se procuró la validez de tres conclusiones: (a) el compromiso de un cambio es el mejor predictor del comportamiento de apoyo a un cambio; (b) el compromiso afectivo y normativo de un cambio está asociado con mayores niveles de apoyo; y (c) los componentes de compromiso se combinan para predecir el comportamiento. Estos resultados se publicaron en el artículo "Commitment to Organizational Change: Extension of a Three-Component Model", en el *Journal of Applied Psychology by the American Psychological Association*. Definieron el compromiso como un "estado psicológico, o de actitud, como la probabilidad de que un empleado se mantendrá en una organización".

Los investigadores determinaron que los tres tipos de compromisos pueden presentarse en un mismo empleado de manera simultánea. Además, precisaron que la organización puede gobernar las tres dimensiones del compromiso, disminuyendo las posibilidades de deserción de los trabajadores. En esta línea, otros investigadores han aportado datos para la comprensión de este fenómeno como Armenakis y Bedeian, Armenakis & Bedeian (1999), Jaros (Jaros, 1997, págs. 319-337), Irving y Coleman (Irving & Coleman, 2000), Becker y Billings, Becker & Billings, (1993, págs. 177-190).

Por su parte, y en segunda instancia, el tema de las relaciones personales fue abordado por Gavin (1975, págs. 135-139) en la Universidad del Estado de Colorado. Se centró, específicamente, en investigaciones de empresas bancarias: en las percepciones de los empleados respecto al clima organizacional. Determinó variables de organización y diferencias individuales sobre la interacción -dominante/dominado-. En las variables personales utilizó elementos biográficos tales como capacidad, personalidad, y el rendimiento en el trabajo. Las variables de organización se basaron, en gran medida, en la taxonomía de organización de Sells (1968). Gavin determinó que el clima está compuesto por las percepciones del trabajador, las características de la organización y la interacción de ambas (Gavin, 1975, págs. 135-139). En esta línea, otros autores también han destacado. Por ejemplo, Schneider y Hall (1972, págs. 447-455), Litwin y Stringer (1968), Beer (Beer, 1971) Murdy (1972, págs. 447-455). Otras investigaciones han profundizado en variables de percepciones del clima organizacional como la enseñanza de educación y la pertenencia, el personal de la organización por niveles, la importancia de las actividades, el tiempo utilizado en las tareas, el tamaño, el liderazgo y el estilo de mando (Meltzer, 1973).

Respecto a las relaciones profesionales, se señalan las categorías utilizadas por Laura J. Taplin (2004, págs. 20-34), directora del grupo de Hawthorne, y Korin Kendra Lawrence, en su investigación sobre las competencias en Tecnologías de Información de los directores de organizaciones. Las categorías son comunicación, trabajo en equipo, proceso de gestión, liderazgo, capacitación, y aprendizaje continuo. Algunas de estas categorías son tomadas en el presente estudio y puestas a discusión en los capítulos IV y V. En esta misma línea se encuentran los estudios de Zimmerer y Yasin (1998, págs. 31-38); Varney, Worley, Darrow, Neubert, Cady y Gurner (1999, págs. 25-32), Leonard (2003, págs. 58-67), Hammer y Turk (1987, págs. 674-682).

Respecto a la relación trabajo y uso de las Tecnologías de Información y Comunicación, se retoma los aportes significativos de las investigaciones de Piva, Santarelli y Vivarelli (2005) en *Innovation And Employment: Evidence From Italian Microdata* y, del mismo año, *The Skill Bias Effect Of Technological And Organizational hange: Evidence And Policy Implications*. En esta última investigación, se establece que los cambios actuales en las economías avanzadas se caracterizan por procesos paralelos y directos de los cambios tecnológicos sobre el empleo, la estructura empresarial y la evolución de la demanda en el consumo. Esta información se amplía en el capítulo II, dedicado al objeto de estudio Tecnologías de Información y Comunicación.

Igualmente, resultan apropiadas las confirmaciones de Aragon, Bobino y Rocha (2004), en su estudio "El papel de las relaciones laborales en la difusión de las tecnologías de información y comunicaciones", para el Ministerio de Trabajo y Asuntos Sociales de

España. Respecto a la organización del trabajo, sostienen que las TIC no mantienen una relación directa entre una determinada herramienta y un determinado estilo de organización. Adicionalmente, se afirma que la efectividad de las TIC depende fundamentalmente de las relaciones laborales y no, necesariamente, de la capacidad recursiva de las herramientas tecnológicas, puesto que las relaciones laborales son, ante todo, relaciones sociales (Aragón, Bobino, & Rocha, 2004, pág. 22).

Respecto al trabajo en equipo, los estudios de Williams, Hoffman y Lamont, (1995), sostienen que la influencia de la alta gerencia en los equipos de trabajo, a partir de su reorganización y control, permite diseñar nuevas formas de estructuras organizacionales y operativas.

CAPÍTULO 2

2. UNA VISIÓN DE LA DINÁMICA DE LAS TIC Y SUS IMPACTOS EN LA ORGANIZACIÓN Y LA EMPRESA

INTRODUCCIÓN

En el presente capítulo, denominado UNA VISIÓN DE LA DINÁMICA DE LAS TIC y SUS IMPACTOS EN LA ORGANIZACIÓN Y LA EMPRESA, se establece una relación directa de impactos de las tecnologías de información y comunicación sobre la empresa, la organización y la sociedad. Para el efecto, en primera instancia, se aborda la dimensión natural de la tecnología, la información y la comunicación, y el estudio interdisciplinario de las TIC. En la segunda parte, se evidencia el despliegue y el papel fundamental de las TIC en la organización, sus usos y funciones, su interrelación entre tareas, procesos y productos, y los estudios de impacto publicados en la literatura científica encontrada.

Finalmente, a partir de estudios empíricos anteriores y estudios teóricos referenciales sobre el tema, se introduce la interrelación entre la empresa y las TIC, a manera de efectos e impactos simultáneos, como tipificación de la nueva sociedad de la información y del conocimiento. Con el ánimo de facilitar la interpretación de los lectores, se organiza la literatura consultada según ejes temáticos y, a juicio propio, en tablas referenciales que se exponen a continuación.

En la Tabla 8, y siguiendo la misma línea de análisis del capítulo uno, se evidencia el punto de partida conceptual en las categorías clásicas aristotélicas sobre el principio filosófico y la naturaleza de la tecnología, en las que se intenta establecer la tecnología como expresión del bien humano. En este sentido, se advierte el enfoque humanista definido para la revisión bibliográfica que, aunque imperceptible en algunos autores, se procura hilar, para presentar un argumento coherente y lógico sobre la tecnología.

Tabla 8. Dimensión natural de las TIC

Autor	*Línea de estudio*
Osorio, C. (2002)	Nociones de tecnología
Winner, citado por Osorio (1979)	Definición de tecnología
Séris, citado por Osorio (1994)	Articulación de ciencia y tecnología|
Ellul, citado por Osorio (1960)	El objeto de la tecnología
Mitcham citado por Osorio (1994)	La tecnología y el artefacto
ISO (1988)	Normas técnicas
Carrascosa, J. (2003)	Saturación de información
Aristóteles (384ac-322ac)	El movimiento
Aristóteles (384ac-322ac)	El bien en la tecnología
Llano, A. (2002)	Comunicación y conocimiento

Fuente: elaboración propia

La Tabla 9 señala la intención propia de establecer los orígenes de las llamadas nuevas tecnologías de comunicación e información a partir del desarrollo interdisciplinar de las tecnologías tradicionales de estos dos campos científicos.

Tabla 9. Desarrollo insterdisciplinar de las TIC

Autor	*Línea de estudio*
Gómez, A. y Suárez, C. (2004)	Finalidad del sistema de información
Torres, I. (1999)	Altos flujos de información
Cañedo, R. Andalia, R. y Guerrero, P. (2005)	Las disicplinas de las TIC

Vargas, E. A. (2004)	La articulación entre ciencia y tecnología
Bell, D. (1976)	El teléfono
Marconi, referencia histórica (1898).	La radio
Eckert, Mauchly, referencia histórica de Gómez y Suárez (1946).	La televisión y el ordenador
IntelHoff, referencia histórica de Gómez y Suárez (1971).	El microprocesador
Roberts, referencia histórica de Gómez y Suárez (1975).	La micro calculadora
Apple, referencia histórica de Gómez y Suárez (1976).	El microordenador comercial
PC IBM, referencia histórica de Gómez y Suárez (1981).	El ordenador personal
De Forest, referencia histórica de Gómez y Suárez (1906).	Los tubos de vacío
Laboratorios Bell, referencia histórica de Gómez y Suárez (1947).	Los transistores
Shallis, M. (1986)	El rol del silicio
Coll-Vinent, R. (1980)	Bancos de Datos
Texas Instrument, referencia histórica de Gómez y Suárez (1945).	Conductores de silicio
Shockley, referencia histórica de Gómez y Suárez (1951).	Conductores de contacto
Kilby, referencia histórica de Gómez y Suárez (1957).	Circuitos integrados
Fairchid, referencia histórica de Gómez y Suárez (1946).	Procesos planares
Laboratorios PARC, referencia histórica de Gómez y Suárez (1946).	Software
Microsoft, referencia histórica de Gómez y Suárez (1946).	Sistemas operativos

Shallis, M. (1986)	La tranformación de la informática
Castells, M. (2002)	La revolución de la tecnología
Brynjolfsson, E. Hitt, L. & Yang, S. (2002)	La informática y los costos en la empresa
Laboratorios Dell, referencia histórica de Gómez y Suárez (1946).	Tecnología análoga
ATT, referencia histórica de Gómez y Suárez (1946).	El conmutador digital
ATT, referencia histórica de Gómez y Suárez (1946)	Selectores de rutas electrónicos
Corning Glass, referencia histórica de Gómez y Suárez (1946)	La optoelectrónica
American Society of Civil Engineers (2005)	Redes de comunicación
De la Peña, J. (2003)	Historia de las Telecomunicaciones
Fondevila J. (2007)	Aplicaciones telemáticas

Fuente: elaboración propia

La Tabla 10 establece un recorrido por la literatura buscando el soporte conceptual sobre las nuevas tecnologías de información y comunicación que tipifican el interés de estudio de la presente investigación, a saber: hardware, software, redes y telefonía celular.

Tabla 10. Nuevas Tecnología de Información y Comunicación

Autor	*Línea de estudio*
Levy, F & Murnane, R. (2002), Mjos, R. Curtin, C., Masten, D. Glassrock, J. Wolff, S. Cahall, D. Bruand, B. McKenney, S. Elkeles, T, Shaw, V. Fish, I. (1997)	Intranet
Fidler, R. (1998)	Los nuevos medios
Matlow, E. (2000)	Rediseño de los programas curriculares

Estay, C. & Niculcar, A. (2002)	Ingeniería informática
Bustos C., Andrea C. & Manrique L. (2003)	Competitividad informática
Manovich, L. (2002)	Automatización de tareas repetitivas
Armentia, M. Aguado, J. (1995).	Tecnología de la información escrita
Gómez, Á. y Suárez, C. (2004)	Sistemas de Información. Redes electrónicas. Centralización de la información. Sistemas de Gestión de Flujos de Trabajo *Workflow*. *Business Intelligence*
Winter, S., Cattani, G., Dorsch., A. (2006)	La gestión del cambio
Mitchell, T. (1997)	Inteligencia artificial
McCorduck, P. (1991)	Robótica
Dodds, P., Watts, D. & Sabel C. (2003)	Tráfico de comunicaciones
Coveney, B. (2007).	Intranet
García de León, A. y Garrido, A. (2002).	Los sitios web
Urrego, G. (1998).	Servicios informáticos
Bresnahan, T. (2000)	Impactos TIC- Innovación tecnológica
Kent, C. (2004)	Programas de mercadeo

Fuente: elaboración propia

En la Tabla 11, se realiza una breve mirada sociológica sobre las dinámicas de las TIC en la estructura de la sociedad, sin dimensionar sus impactos, ya que estos se revisarán en la Tabla 12.

Tabla 11. Las dinámicas de las TIC en la sociedad

Autor	*Línea de estudio*
Castells, M. (2002)	Responsabilidad ética

Pimienta, D. (2000)	Trabajo colaborativo
Weber, M. (1922)	Cocepto de sociedad
Shaw, V. & Shaw, C. Enke, M. (2003)	Solidaridad y cooperación

Fuente: elaboración propia

Las Tablas 12 y 12b relacionan una serie una serie de estudios y visiones teóricas sobre los impactos de las TIC en la sociedad. Este recorrido busca contextualizar el estudio de los impactos que se realizará posteriormente sobre la empresa bancaria. Se advierte de la enorme influencia positiva y quizá negativa de las TIC sobre algunos sectores específicos de la misma.

Tabla 12. Impactos de las TIC

Autor	*Línea de estudio*
Puentes, E. (2001)	Impactos sociales de las TIC
Castells, M. (1999)	Cambio cultural
García, G. (2004)	El impacto de la privatización en las telecomunicaciones
Rodríguez, E. (2003)	Derecho a las comunicaciones
Shallis, M.l (1986)	Paradigma tecnoproductivo
Silva, U. (2001)	Acceso y uso de la información
Majó, J. (2003)	Impacto de los nuevos lenguajes audiovisuales
Tejada, J. (1999)	Nuevos roles y competencias profesionales
Encabo, E. (2003)	La lengua y la literatura ante las tecnologías
Almirón, N. (2002)	Inclusión en el sistema social
Bennasar, F. (2003)	Infopobres
Castells, M. (1999)	Posición bipolar

Martínez, R. (2007)	Transformación de los conceptos de espacio, tiempo y movilidad
Osterman, P. (2006)	Relativismo tecnológico
Beaudry, P. & Green, D. (2002)	Problemas comunes de carácter global
Van Alstyne, M. & Brynjolfsson, E. (2005)	La paz social
Howkins, J. (1997)	El rol de los gobiernos
Griffith, R., Redding, S & Van Reenen, J. (2004)	Desarrollo del conocimiento científico y tecnológico
Winter, (1984) (1982), Nelson (1982)	Modelo económico shumpeteriano
Chang, S. Chung, C. & Mahmood, I. (2006)	La innovación
Beaudry, P. (2003)	Los impactos de las TIC sobre la población
Piva, M. & Vivarelli, M. (2004)	Innovación tecnológica y empleo
Smith, M. Brynjolfsson, E. (2000)	Costos de producción
Gualtieri, M. (2000).	Control de la ciudadanía
Estallo, J. (2006).	Comportamiento del individuo
Berkhout, Frans. (2006).	Sistemas normativos de innovación
Marqués, P. (2000).	E-inclusión
D´Alós-Moner, A. (2003)	Cambio personal y colectivo
Polo, L. (1991)	Concepto de cultura
Held, D. McGrew, G. David, A. & Perraton, J. (2001)	Globalización cultural
De la Peña, J. (2003)	Historia de las telecomunicaciones

Fuente: elaboración propia

Tabla 12b. Impactos de las TIC

Autor	Línea de estudio
Apolonia, B. (2000)	El impacto y desarrollo de las tecnologías de información y comunicación en Argentina
Van Alstyne, M., & Brynjolfsson, E. (2005)	Nuevas redes culturales
Raposo, M. (2004)	Los educadores y las TIC
Marqués, G. (2000)	Características, fortalezas, frenos y oportunidades de las TIC
Viega, P.(1999)	Virtualidad es el militar
Souto, S. (2004)	Asimilación cultural mecánica
Hitt, L. (1999)	Cultura tecnológica
Castells, M. (2000)	La cultura red
D´Alós-Moner, A. (2003)	Oportunidades para los profesionales de la información
Urbina, R. (1999)	Informática y teorías del aprendizaje
Fondevila, J. (2004)	La banda ampla universal
Urribarrí, R. (2005)	Formación de maestros y TIC
Inciarte, M. (2004)	Aprendizajes significativos
Ávila, V. (2005).	El correo electrónico
Cañedo, R. Andalia, R. & Guerrero, P. (2005)	La informática, la computación
Manovich, L. (2002)	La vanguardia como software
Granero, R. (1997).	Derecho y TIC

Fuente: elaboración propia

La Tabla 13 ordena las visiones teóricas referidas para establecer un diálogo sobre la magnitud de la influencia de las TIC. No se trata, meramente, de un registro casuístico de impactos de una determinada tecnología, sino de la dimensión de sus efectos en la estructura natural de la sociedad.

Tabla 13. Determinismo tecnológico

Autor	Línea de estudio
Westera, W. (2005)	Transferencia de conocimiento y educación
Abello, R. Páez, J y Dacunha, C. (2001)	Atraso tecnológico y científico
Pierre, J. (2000)	El impacto de las nuevas tecnologías de la información y de la comunicación en perspectiva
Fondevila, J. (2000)	Redes de telecomunicaciones e intercambio cultural de la sociedad
Almirón, N. (2002)	La finalidad de la cultura
Muñoz, G y López, A. (1997)	Rapidez del cambio tecnológico
Castells, M. (1997)	La tecnología no determina la sociedad
Puentes, E. (2001)	Fatalismo y tecnología
Castells, M. (2002)	Estructura social dominante
Wellman, B. & Haythornthwaite, C. (2002)	Interconexión cultural
Rothschild, M. (1990)	Revoluciones de la humanidad
Drucker, P. (1992)	Nueva civilización
Toffler, A. (1997)	Cambios estructurales
McLuhan, M. (1989)	Esfera de la comunicación- la aldea global
Bell, D. (1986)	Sociedad postindustrial
Negroponte, N.(1995)	Ser digital
Lane, Robert, ciatdo por Bell, D. (1986)	Concepto de Sociedad del Conocimiento
Romero, P. (2007)	Industria integradora
Mann, Catherine (2004)	Interdependencia de las TIC y el comercio
Tapscott, D. (1995)	Motor de la nueva economía
Khun, T. (1992)	Nuevo paradigma
Castells, M. (1999)	Sociedad Informacional
Villanueva, E. (2004)	Sociedad Internet

Fuente: elaboración propia

En las Tablas 14 y 14b se relacionan las visiones teóricas y empíricas sobre los impactos de las TIC en la empresa contemporánea, específicamente en algunos sectores de su estructura interna, principalmente en la dimensión laboral, objeto de estudio de la presente investigación.

Tabla 14. Impactos de las TIC en la empresa

Autor	Línea de estudio
Aragon, J., Bobino, C. y Rocha, F. (2004)	Impactos en el trabajo
Turnage, J. (1990)	Impactos en el empleo
Braverman, H. (1974), Solow, R. (1987) y Brod, C. (1988), Buchanan, D. (1983).	Postura pesimista de impacto en el trabajo
Campbell, J.(1983) (1988), Cohen, B. (1984), Davis, D. (1986), Ettlie, J. (1986), McGukin, R. Srietweiser, M. Doms, M. (1998), Stolarick, K. (1999) y Milana C. Zeli, A. (2001), Baldwin, J. y Sabourin, D. (2001), Belzunegui, A. (2002)	Postura optimista de impactos en el trabajo
Hirschhorn (1992), Schwartz, H. (1990), Turkle, S. (1984), Crafts, N. & Triplett, J. (2001)	Postura moderada de impactos en el trabajo
Hirschhorn (1992), Schwartz, H. (1990), Turkle, S. (1984), Crafts, N. & Triplett, J. (2001)	Procesos estructurales de innovación
Belzunegui, A. (2002)	Flexibilización del trabajo y el teletrabajo
Baldwin, J. & Sabourin, D. (2001)	Mejoramiento de la competitividad
Baldwin, J. & Diverty, B. (1995), Sabourin, D. (2001)	Productividad en el trabajo
Atrostic, B. & Gates, J. (2001)	Precisión en el proceso productivo
Piva, M. & Vivarelli, M. (2005)	Mejoramiento del trabajo
Castells, M. (1998)	Redes del trabajo
Macau, R. (2004)	Generalización del uso de las TIC
Shallis, M. (1986)	Revolución de la oficina
Cuesta, F. (1998)	Soluciones e Instrumentos de Transformación
Uri, D. (2001)	Reducción de los costos operaciones
Paullier, J. (2004)	TIC para el desarrollo
Black, J. & Gregersen, H. (1996)	Trabajo global

Robertson, P. & Verona, G. (2006)	Empleados a tiempo parcial
Sosa, M., Eppinger, S, Pich, M, McKendrick D. & Stout, S. (2002)	Grupos de trabajo
Brynjolfsson, E. & Hitt, L. (2000)	Trabajo en casa
Osterman, P. (1995)	Flexibilización del espacio virtual
D´Alós-Moner, A. (2003)	Tareas repetitivas
Hortolano, J. (1999)	Diálogo entre la empresa y el trabajador

Fuente: elaboración propia

Tabla 14b. Impactos de las TIC en la empresa

Autor	Línea de estudio
Colom, A. (2004)	La figura del telecentro y el teletrabajo
Castells, M. (1998)	Globalización, tecnología, trabajo, empleo y empresa
Gregersen, H. & Black, J. (1992)	Desligamiento del compromiso
Castells, M. (1994)	La relación laboral tercerizada
Cuesta, F. (2002)	*Outplacement*
Ichniowski, C. & Shaw, K. (2003)	Adaptación a nuevos trabajos
Andrade L. (2005)	Tecnoanalfabetas
Becker, B. & Huselid, M. (1992)	Cambio en la estructura de la motivación
Shallis, M. (1986).	Nivel de empleo
Belzunegui, A. (2002)	Vigencia de los sindicatos
Carnoy, M. (2002)	Nueva estructura del trabajo
Black, S. & Lynch, L. (2001)	Convenciones laborales
Fukuyama, F. (2000)	Crisis del modelo tradicional organizacional
Macau, R. (2004)	Cambios organizativos
Hammer, M. & Champy, J. (1993)	Tecnología y reingenieria
D´Alós-Moner, A. (2003)	El cambio no solo por el cambio
Aragon, J., Bobino, C. & Rocha, F. (2004)	*Outsoursing*
Van Riel, C. (1997)	Formas básicas de comunicación
Islas, O. y Gutiérrez, F. (2003)	Ciberaudiencias
Park, K. (2007)	Estrategia de negocio
Bresnahan, Stern &Trajtenberg (1997)	Dualidad entre lo masivo y lo individual

D'Alós-Moner, A. (2003).	El nuevo cliente
Hogarth, Anguelov & Lee (2003)	Nuevo cliente-nuevo producto
Cao, Q., Maruping, L. & Takeuchi, R. (2006)	Comercio electrónico
Pianta, M, Michie, J. & Oughton, C. (2002)	Innovación tecnológica y desempleo
Piva, M. Santarelli, & Vivarelli, M. (2005)	Cambios actuales en las economías
Bresnahan, T. (2001)	Inversión tecnológica y productividad
Bruno, D. (2007)	Nuevos aprendizajes del empleado
Beaudry, A. & Pinsonneault, A. (2005)	Alfabetización tecnológica
Bresnahan, T., Brynjolfsson, E. & Hitt, L. (2002)	Crecimiento en el nivel de calificación
Black, S. & Lynch, L. (2001)	Las TIC y el aumento de la productividad
Osterman, P. (2006)	Cambios en el trabajo
Bresnahan, T., Greenstein, S., Brynjolfsson, E. & Hitt, L. (2002)	Las TIC y el aumento del bienestar
Chennells, L. & Van Reenen, J. (1997)	Las TIC y el incremento de salarios

Fuente: elaboración propia

La Tabla 15 señala los estudios empíricos sobre los impactos de las TIC en la empresa bancaria, realizados en algunos países. En ellos se evidencia la preocupación científica sobre la urgente necesidad del conocimiento de los efectos de las TIC. En este recorrido se advierte no solo la preocupación sobre la estructura laboral de la banca, sino también sobre el mercado electrónico.

Tabla 15. Impactos de las TIC en la empresa bancaria

Autor	Línea de estudio
Harden, G. (2002)	Relaciones virtuales con clientes -Reino Unido
Chong, Soo P., Scruggs, L.& Kiseok, N. (2002)	Banca en línea - USA
Luštšik, O. (2003)	Banca en línea - Estonia
Gurău, (2002)	Automatización de los servicios bancarios
Smith, M. & Brynjolfsson, E. (2001)	Nueva estructura bancaria

Hitt, C. (2004)	Confianza en la virtualidad
Bughin, Jacques (2003)	La difusión de *Internet Banking* - Europa occidental
Datamonitor (2001)	Transacciones bancarias
Bughin, J. (2001),	Banca en línea - afectaciones
Gruber,V. (2001)	Banca en línea - difusión
Apostolos, G. (2003)	Necesidades de transacción
Bradley, L. & Stewart, K. (2003)	La banca minoritaria
Liao, Z. y Cheung, T. (2003)	Ventajas comparativas de la banca electrónica para los bancos minoritarios
White, H. y Nteli, F. (2004)	Usuarios de servicios electrónicos bancarios
Sarel, D. & Marmorstein, H. (2006)	Seguridad bancaria
White, H. y Nteli, F. (2004)	El comercio electrónico a través de Internet
Al-Hawari, M. Hartley, N. & Ward, T. (2005).	Servicios bancarios por Internet
DeYoung, R. (2005)	Comportamiento complejo del comercio electrónico bancario
Singer, D. (2006)	Promoción de la banca electrónica
Abraham, A. (2007)	Banca electrónica. El caso de Hong Kong
Berger, A. (2007)	Dinámicas del control del riesgo
Delgado, J. & Nieto, M. (2005)	Dinámicas del control del riesgo. Caso español y europeo
Claessens, S. Glaessner, T. & Klingebiel, D. (2002), Han, Greene (2007), Hanley, A. Ennew, C. & Binks, M. (2006) Berger, A., DeYoung, R. Udell, G. & Genay, H. (2001)	Banca global
Gómez, D. y Sainz, D.(2008)	Reorganización interna y externa de entidad bancaria

Fuente: elaboración propia

2.1 DIMENSIÓN NATURAL DE LAS TIC

La naturaleza de las Tecnologías de Información y Comunicación "TIC", el *qué* y el *para qué* de las mismas, se puede establecer desde su principio y su finalidad sustantiva.

En primer lugar, la tecnología puede establecerse como la acción intelectual humana de condición aplicada, dedicada al mejoramiento de la técnica *(tecné),* que versa sobre el diseño y la utilización de las herramientas, no vistas meramente como artefactos, sino como aquella creación humana dirigida al perfeccionamiento del trabajo y a la mejora de la calidad de vida de los miembros de la sociedad frente a las condiciones establecidas del medio.

En sentido natural, la *tecnología* es a la *técnica* lo que la *ciencia* es a la *teoría.* El estudio de las herramientas para su respectivo mejoramiento se constituye en el principio natural de la *tecnología.* Su finalidad se establece en su uso como el *bien* que produce a las personas. Si la finalidad de la tecnología es producir bien a las personas y la tecnología es producida por las personas que buscan como finalidad natural su bien, se establece que la tecnología y las personas comparten la misma naturaleza: producir bien.

Carlos Osorio (2002), en *Enfoques sobre la tecnología*, realiza un recorrido de las diferentes nociones de tecnología en el intento de definir la naturaleza de la tecnología citando a Winner (1979) "en los siglos XVIII y XIX, *technology* tuvo un sentido estricto, limitado, en función de las artes prácticas o el conjunto de las artes prácticas y no el conjunto increíblemente variado de fenómenos, herramientas, instrumentos, máquinas, organizaciones, métodos, técnicas, sistemas y la totalidad de todas estas cosas y otras similares en nuestra experiencia". El mismo Winner propone una definición de tecnología: "por un lado, los aparatos con los cuales la gente comúnmente identifica a la tecnología -herramientas, dispositivos, instrumentos, máquinas, artefactos, armas- y que sirven para una gran variedad de funciones; en segunda instancia, *tecnología* agruparía también todo el cuerpo de actividades técnicas -habilidades, métodos, procedimientos, rutinas- empleadas por la gente para la realización de tareas y a lo que se puede llamar *técnica* en términos generales; además, *tecnología* se refiere también a algunas de las variedades de la organización social, aquellas que tienen que ver con los dispositivos sociales técnicos, que involucran la esfera racional-productiva". En esta definición, se advierte una confusión en la naturaleza de la técnica, en el sentido aristotélico aquí tratado, como el objeto de la *tecnología*. La confusión de Winner continúa: en un texto posterior (1985), citado por el mismo Osorio, la *"tecnología* en este caso hace referencia a todo tipo de artefacto práctico moderno, es más, *tecnología* serían piezas o sistemas más o menos grandes de hardware de cierto tipo especial" (Osorio, 2002, pág. 1).

Por su parte, Séris (1994) citado por Osorio, dirá "en Alemania y Francia, la tecnología al final del siglo XVIII denotaba una relación no tan empírica y descriptiva, más bien racional y crítica de la técnica, se utilizaba como referencia de las escuelas de ingenieros, de las revistas técnicas, de racionalización de la gran industria. Ella estaba confinada a la tarea de articular las ciencias y las técnicas" (Osorio, 2002, pág. 10).

En la definición de Séris se advierte cierta confusión de categorías, específicamente, en la noción de *la técnica sería a la ciencia.* Como se ha mencionado, la ciencia es a la tecnología, como sus objetos son *la teoría a la técnica.* Ellul (1960), define "la technique, como la totalidad de los métodos a los que se ha llegado racionalmente y que tienen una eficacia absoluta (para una fase de desarrollo dada) en todos los campos de la actividad humana. En esta definición se advierte el intento de magnificencia del objeto de la tecnología: la técnica, donde se precisa que la técnica es un método, y por tanto una acción, no una cosa" (Osorio, 2002, pág. 4).

Mitcham (1994) dirá "una tecnología como la computadora, denotaría poder para unos y alegría existencial para otros." Esta noción, más que una definición, evidencia una mayor confusión entre la tecnología y el artefacto, es decir, entre la acción y la cosa, que, como se mencionará párrafos adelante, son de naturaleza distinta (Osorio, 2002, pág. 2).

La *tecnología* se puede apartar de su naturaleza por causa de los sujetos, pero no por sí misma. No es un ente; es un acto de la inteligencia humana. Es el sujeto quien establece su uso, no ella misma. Es él quien, además, determina su existencia, puesto que es su acción investigativa la que da vida y vigencia a la tecnología. Fuera de él queda la herramienta, pero fuera de él no puede existir la *tecnología* porque esta es expresión del proceso intelectual de su hábito investigativo. La tecnología en sí misma no es producto de la *tecnología,* puesto que su producto es la técnica, así como el producto de la ciencia es la teoría, no la propia ciencia.

En segundo lugar, se debe revisar la naturaleza de la *información:* el *qué* y el *para* qué. La información se establece como una acción significante del sujeto sobre una cosa o sobre otra acción. Todas las cosas y todas las acciones son potenciales productoras de significados. Sin embargo, solamente significan algo cuando un sujeto establece una conexión de significante. Esto no quiere decir que los objetos solamente *son* cuando el sujeto define su existencia; quiere decir que los objetos proveen información cuando el sujeto toma algún significado de estos.

En cuanto al *qué es* de la *información*, es decir su identidad, se puede decir que esta se establece como la acción unilateral de un sujeto que dispone cierto interés sobre el significado de algo. Este significado, por la intención del sujeto, se convierte en un dato revelante para una determinada acción consecuente[111].

---

111 ISO, (1988) Organización Internacional de Normalización en *Recueil de Documentation et Information,* define desde un enfoque pragmático información "Es el hecho que se comunica", y "Es el mensaje utilizado para representar un hecho o una noción en un proceso de comunicación, con el fin de incrementar el conocimiento". Aunque estas definiciones demuestran profundas inconsistencias en cuanto a las identidades de *información,*

En este sentido, la abstracción del objeto – cosa o acción – en relación al sujeto toma un sentido de identidad propia, sobre el manifiesto del *estado* del objeto, al que se denomina *dato*. En coherencia, el *dato* es el objeto formal de la *información*.

La *información* es el acto de ser de *informar*. Puede ser que la información se establezca a partir de un objeto pasivo, en donde el sujeto hace suyo su *estado* y lo convierte en dato; o que el sujeto exteriorice, por su propia acción, datos dirigidos a otros sujetos, iniciando una acción diferente denominada comunicación. En ella, el *dato* evoluciona a *información*.

El principio natural de la *información* es la acción de la abstracción de las cosas o las acciones que logran significar algo, para el sujeto en un momento determinado, y que logran convertirse en un dato. Puede darse, por naturaleza, que en el mismo momento, las mismas cosas y las mismas acciones sean información para unos sujetos, pero para otros no, puesto que no en todos los sujetos se establece algún vínculo significante entre el sujeto y el objeto; o también puede ser se establezca otro tipo de significante muy diferente a la significación establecida por el primer sujeto[112].

La *finalidad* de la información se establece en la *utilidad* para producir bien. El significado del dato, como abstracción particular del sujeto, determina su utilidad por el carácter del bien que produce.

La información se establece a partir de un lenguaje común, conformado, a su vez, por signos, símbolos y señales comunes. Los sujetos definen un canal común de transmisión de los datos. Igualmente, definen el sentido o los sentidos naturales, para la abstracción del dato, y su correspondiente significación.

---

mensaje, hecho, noción, comunicación y conocimiento, se cita en este apartado, dado que muchas organizaciones en sus procesos de cumplimientos de normas ISO, asumen estas definiciones para el efecto.

112 Carrascosa, José Luis (2003). *Una reflexión filosófica y social sobre el impacto de las nuevas tecnologías de información y comunicación: nuevos roles y competencias profesionales,* ensayo publicado en InformACCIÓ/comunicACCIÓN, advierte sobre el exceso de información que caracteriza la actual sociedad, donde la "sobre-saturación informativa puede convertir ese falso conocimiento en un cementerio de información, porque podemos ahogarnos en un aluvión de datos sin sentido, de hecho sin explicación. A lo que algunos llaman *infoxicación*". P. 1

La organización de los datos estructura códigos comunes entre los sujetos. Estos códigos pueden ser constitutivos y dados por naturaleza propia de los sujetos o pueden ser creados a partir de las potencialidades y las facultades de los mismos. Esta dimensión del dato organizado se presenta como componente constitutivo del sujeto tanto en su dimensión individual como en su dimensión colectiva; dicho de otro modo, como individuo o como parte de un todo corpóreo.

El código de información tiene en sí mismo una finalidad natural, su propósito particular: *proveer información organizada*. Esta, a su vez, depende de un medio de transporte: vehículo y canal. Sin este el código de información no cumpliría su finalidad. El medio se establece como un puente entre el sujeto y el objeto, permitiendo que el dato sea significado por el sujeto.

En consecuencia, la cosa o la acción, por causa intrínseca o extrínseca, provista de un código de datos y un medio de transporte entre este y el sujeto, conforman un *sistema de información*.

En tercer lugar, para determinar la naturaleza de la comunicación es necesario el examen conceptual del *qué* y el *para qué*, comprendida la comunicación como una acción y no como una cosa. Sobre el qué *es,* en cuanto la esencia[113] de su identidad, se define como una acción final y no como una acción en proceso. Aquí radica una de las grandes diferencias entre información y comunicación. La primera es un proceso en constitución de la segunda, pero en sí misma no es la acción final, es todavía aún acción en proceso. Esta acción, por su significado y por la intención de quien comunica, se convierte en un mensaje. Por lo tanto, la acción no es lo mismo que el fin. El *para qué*, entonces, es determinado por la necesidad natural del ser social de poner en común algo entre al menos dos sujetos, para la

---

113 Aristóteles (384ac-322), en *Metafísica,* traducción directa del griego, por Hernán Zucchi, (1986) define "El ente como verdad y el no-ente como falsedad consistente en la combinación o separación y, en conjunto, comprende la participación de una contradicción, pues lo verdadero consiste en la afirmación de una composición efectiva y la negación de una separación; y lo falso en la contradicción de esa afirmación y de esa negación; (...) pues lo falso y lo verdadero no se dan en las cosas, sino en la razón discursiva, pero, en lo tocante a las nociones simples, es decir, a los que son esto (esencias), lo verdadero y lo falso ni siquiera se dan e la razón discursiva."

conformidad de una unidad, en consecuencia, una *común – unidad*.

De acuerdo con su naturaleza, la comunicación es la común conformidad de los sujetos sobre el mensaje – con identidad de información [114] –, establecida mediante el interés común para conformar una acción social buena. No se presume que conformidad sea consenso de los sujetos sobre posturas y opiniones. Se trata de la conformidad del entendimiento y de la comprensión del mensaje por parte de los mismos. El interés común supone el movimiento de la voluntad hacia el bien conjunto.

En consecuencia, comunicar es el acto de ser de la comunicación. A su vez, esta se dimensiona como la acción del lenguaje que permite la organización de la acción social. La comunicación se establece como potencia natural[115] del sujeto que posibilita al ser individual la conformación natural del ser social[116].

Este proceso refleja la evolución de la sociedad como escenario natural de realización de las personas. La comunicación se convierte en la interrelación de lo individual para la conformación de lo social como dimensión teleológica. La comunicación ha estructurado en sí misma la historia de la sociedad y los hechos sociales han sido la manifestación de la organización humana: progreso, desarrollo y perfección[117].

---

114   Aristóteles (384ac-322), en *Tratados de Lógica*, traducción de Miguel Candel Sanmartín, (1988), define seis niveles de movimiento. El primero: *Generación*; como el movimiento hacia el bien P. 75. (*bien* objeto de la voluntad – Aristóteles, en Ética Nicomaquea: Ética Eufemia, traducción de Julio Palli Bonet. Libro III P. 190. En este sentido, la información es el movimiento del sujeto que convierte los datos de la realidad en un significado para él. En este movimiento abstrae un significante de la cosa o de la acción, parte o todo de su esencia.

115   Aristóteles (384ac-322), en *Metafísica*, edición trilingüe de Valentín García Yebra (1987), define la *potencia* como el principio del movimiento o del cambio que está en otro, o en el mismo en cuanto otro; por ejemplo, el arte de edificar es una potencia que no está en lo que se edifica; pero el arte de curar, puede estar en el que es curado, pero no en cuanto es curado. Libro V, 12 P. 259.

116   Aristóteles (384ac-322), en *La Política*, (1978) Edición Espasa- Calpe, traducción de Patricio de Azcárate, define que toda "asociación no se forma sino en vista de algún bien, puesto que los hombres, cualesquiera que ellos sean, nunca hacen nada sino en vista de lo que les parece bueno. Libro primero, Capítulo 1. P. 21

117   Aristóteles (384ac-322), en *Metafísica*, edición trilingüe de Valentín García Yebra (1978), define la *perfección* como "aquello fuera de lo cual no es posible tomar parte de ello (...) perfectas aquellas cosas que han conseguido su fin. Libro V, 17 P. 276

La comunicación depende fundamentalmente de un acto de la inteligencia y de la voluntad. La verdad[118] y el bien se convierten en la sustancia[119] de la interrelación social de la comunicación, expresados como ejercicio de la libertad.

La comunicación es una acción terminada o una acción final[120] que implica un movimiento desde la voluntad y de la inteligencia, para tener en común algo que se comprende por el entendimiento y que pasa al nivel de conocimiento de quienes interactúan[121]. Es decir, que del simple dato que se convierte en información se pasa a la comunicación.

Finalmente, se establece que la naturaleza de la tecnología de información y comunicación es aquella acción intelectual humana de condición aplicada, dedicada al mejoramiento de las técnicas de los sistemas de información, y de la comunicación, para conformar una acción social buena: la organización.

La organización humana requiere del establecimiento natural de técnicas de información y de comunicación para su funcionamiento natural. Estas técnicas se determinan a partir de dos funciones que estructuran el sistema de información: la información que requiere la dirección para la organización de los procesos operativos en general

---

118   Ibíd. Define la *búsqueda de la verdad* como "la investigación de la verdad es, en un sentido, difícil; pero en oro, fácil. La prueba del hecho de que nadie pueda alcanzarla dignamente, ni yerra por completo, sino que cada uno dice algo acerca de su naturaleza; individualmente, no es nada, o es poco, lo que contribuye a ella; pero todos reunidos se forma una magnitud apreciable. Libro II 30 993b P. 84. "Sí todas las opiniones e impresiones son verdaderas y falsas al mismo tiempo (pues muchos creen o contrario que otros, y estiman que los que opinan lo mismo que ellos yerran; de suerte que, necesariamente, una misma cosa será y no será) y si es así, necesariamente serán verdaderas opiniones (pues los que yerran y los que dicen la verdad opinan cosas opuestas; por tanto, si los entes son así todos dirán la verdad)". Libro IV, P.p. 188-189

119   Ibíd. "Y puesto que *la sustancia* es de dos clases: el todo concreto y el concepto (en el primer caso la sustancia comprende el concepto junto con la materia, mientras en el segundo caso es el concepto en sentido pleno. Libro VII, 15. P. 394

120   Ibíd. Define la *acción final* con el vocablo *entero*, "se llama algo a lo que no falta ninguna parte de aquellas por las cuales se llama entero por naturaleza, y lo que contiene las cosas contenidas de manera que éstas sean algo uno; y esto puede ser de dos maneras: pues o bien son uno individualmente, o bien se componen de ella la unidad. Libro V, 26. P. 290

121   Alejandro Llano (2002) define, en *La vida lograda*, "como se puede apreciar, lo decisivo en la vida política no son las ideologías. No hay que tomarse demasiado en serio eso de ser progresista o conservador, de izquierdas o de derechas. Claro que existen esas distinciones, pero son relativas, variables y casi siempre muy superficiales. La clave está en distinguir el modo político de comportarse que sea humano/no humano de aquel que más bien es no humano. Este eje – humano/no humano- es más decisivo que el público/privado o Estado/mercancía." P.p. 113-114.

y la información que requiere cada uno de los trabajadores para el desarrollo de sus tareas y funciones; y el sistema de comunicación para la interrelación de ambos grupos.

La finalidad del sistema de información es "entregar la información oportuna y precisa, con la presentación y el formato adecuados, a la persona que la necesita dentro de la organización para tomar una decisión o realizar alguna operación y justo en el momento en que esta persona necesita disponer de dicha información" (Gómez & Suárez, 2004, pág. 4).

Por otra parte, la finalidad del sistema de comunicación en la organización es prestar el soporte estructural necesario, para el intercambio constante de mensajes entre los miembros de la organización, y para el desarrollo de las operaciones generales de esta.

Las dos finalidades anteriores evidencian la existencia de dos dimensiones de las tareas en la organización: unas repetitivas y otras de decisión. En ambos casos, los trabajadores requieren de un sistema de información y de un sistema de comunicaciones, dado que su tarea específica está inmersa en una estructura organizada de producción y depende de las tareas y las decisiones de otros trabajadores.

Las tareas organizadas de los trabajadores, unidas con las decisiones de la dirección (Winter, 2003, págs. 39-44), respecto a la finalidad específica de la organización, establecen los procesos operativos facilitados por los flujos de información y los flujos de comunicación que, a su vez, son soportados por los sistemas de información y de comunicación.

2.2. LA DINÁMICA DEL DESARROLLO INTERDISCIPLINAR DE LAS TIC

El desarrollo de las técnicas de información y comunicación ha sido motivado principalmente por los flujos de información y comunicación en la organización[122].

Ha sido la organización humana la responsable de impulsar el desarrollo tecnológico de la información y la comunicación en la búsqueda constante de la eficiencia del trabajador y la eficacia de los procesos operativos[123].

Este desarrollo, a su vez, ha sido logrado desde diferentes disciplinas de estudio tecnológico, que han centrado su atención en objetos de estudio definidos en sí mismos y complementarios entre sí, para la conformación de las tecnologías de información y comunicación. Estas disciplinas adquieren el estatus de tecnología por su naturaleza orientada al mejoramiento de las herramientas de la información y de la comunicación.

Cañedo, Ramos y Guerrero, en *La informática, la computación y la ciencia de la información: una alianza para el desarrollo*, definen el origen de la informática y de otras disciplinas, encausándolas, justamente, en la categoría de disciplinas. A mi manera de ver, se trata de un desacierto epistemológico que puede establecer confusiones en la orientación conceptual de las TIC: "la informática es una disciplina emergente-integradora que surge producto de la aplicación-interacción sinérgica de varias ciencias, como la computación, la electrónica, la cibernética, las telecomunicaciones,

---

122 Isabel de Torres Ramírez (1999), en *Las Fuentes de Información: Estudios teóricos-prácticos, Editorial Síntesis, Madrid,* establece la problemática presentada por los altos flujos de información. "Uno de los mayores inconvenientes asociados a los nuevos soportes de almacenamiento masivo de la información y sus sofisticados programas de recuperación es, justamente, la de producir un efecto desorientador en el usuario situado en el contexto informativo. La extensa gama de posibilidades que se ofertan puede motivar la pérdida del sentido de la dirección en la búsqueda" P. 78

123 Vargas, E. A. (2004) *The triad of science foundations, instructional technology and organizacional structure: la combinación de métodos científicos, tecnología de la instrucción y estructura organizacional,* Revista The Spanish Journal of Psychology, sostiene que "La ciencia y la tecnología no pueden funcionar bien si no se hace un trabajo conjunto entre ellas, el reto se encuentra en lograr una buena integración de estas herramientas con la organización." P.p. 141-142

la matemática, la lógica, la lingüística, la ingeniería, la inteligencia artificial, la robótica, la biología, la psicología, las ciencias de la información, cognitivas, organizacionales, entre otras, al estudio y desarrollo de los productos, servicios, sistemas e infraestructuras de la nueva sociedad de la información. La informática abarca múltiples aspectos como la fundamentación matemática, la informática teórica, el hardware y el software, la organización, el tratamiento de la información, el desarrollo de metodologías específicas, entre otros; así como un cierto número de disciplinas académicas como las anteriormente mencionadas. Cada una de ellas toma parte en la informática como si lo hiciera en sus dominios naturales" (Cañedo, Ramos, & Guerrero, 2005, págs. 3-4).

Además afirman que: "no podemos dejar de lado la ciencia de la información que surgió como producto de la necesidad de desarrollar un nuevo modelo o paradigma de trabajo capaz de responder a los cambios operados, como consecuencia del propio progreso científico y tecnológico, en el campo de las necesidades de información en la sociedad, ante las evidentes limitaciones de la Bibliotecología y la Documentación para responder con efectividad a los nuevos retos" (Cañedo, Ramos, & Guerrero, 2005, pág. 5).

Y reafirman categóricamente: "La Informática, Computación y Ciencia de la Información son disciplinas diferentes aunque íntimamente relacionadas. Pero, tanto la Informática y la Computación como la Ciencia de la Información están comprometidas con la entrega de información cada vez más adecuada a las necesidades de sus usuarios, así como con la creación de sistemas más amigables. En los momentos actuales, la tendencia es una aproximación entre la Informática y la Ciencia de la Información" (Cañedo, Ramos, & Guerrero, 2005, pág. 9).

En primera instancia, la información de la organización fue estudiada desde la informática[124], tecnología preocupada por

---

124 Michael Shallis, (1986) en *El ídolo del silicio*, establece que "la informática surgió en principio a partir de sus aplicaciones militares y ha sido desarrollada par este tipo de propósitos más que para objetivos de tipo civil, que es lo que suele ocurrir con la mayoría de las tecnologías. Los computadores fueron diseñados inicialmente para ayudar a dirigir los proyectiles de las armas

establecer el máximo aprovechamiento de la información a partir de su almacenamiento, procesamiento, recuperación y distribución[125]. Sus métodos se establecieron desde procesos microelectrónicos computarizados. Su inicio y desarrollo se favoreció gracias al avance significativo de la electrónica, tecnología centrada en el desarrollo y en el mejoramiento de artefactos como el teléfono, Bell (1876), la radio, Marconi (1898), la televisión, Baird (1925), el ordenador, Mauchly Eckert (1946), el microprocesador, Intel-Hoff (1971), la microcalculadora, Roberts (1975), el microordenador comercial, Apple (1976), y el ordenador personal, PC IBM (1981). Estos logros se dieron, específicamente, gracias al avance de una tecnología, la microelectrónica, enfocada en la investigación e inventiva de los componentes internos y la optimización de conductores y procesadores de información: tubos de vacío, De Forest (1906); transistores, Laboratorios Bell (1947); conductores de silicio; Texas Instrument (1945); conductores de contacto, Shockley (1951); circuitos integrados, Kilby (1957); y procesos planares, Fairchid (1959) [126].

El ordenador[127] como plataforma *hardware* permitió que la informática desarrolle la estructura del lenguaje interactivo entre

---

de artillería hacia su blanco; y han sido desarrollados hasta tal punto que actualmente un misil puede contener docenas de microprocesadores que le permiten dirigir su fuerza destructiva hacia un blanco de su elección". P. 66

125 Roberto Coll-Vinent, (1980), en *Bancos de Datos: Teoría de la tele documentación*, Editorial ATE, Barcelona, pronostica una de las principales razones para el desarrollo de la informática. "En la trilogía documental producción-almacenamiento-utilización este último aspecto será el más necesitado de innovaciones urgentes en las que la automatización va a jugar un papel decisivo. La documentación del futuro será una documentación fundamentalmente automatizada y a su manejo ágil habrán de prepararse no sólo los científicos de la información sino también los hombres y mujeres dedicados a tareas investigadoras. P. 15

126 Manuel Castells (2002), en la *Era de la Información*, en el segundo capítulo *La Revolución de la tecnología de la información*, organiza de forma secuencial "La breve aunque intensa historia de la Revolución de la tecnología de la información" fundamentado en los datos y fechas publicados por Barun y Macdonald (1982) en Revolution in Miniatuere: The History and Impact of Semiconductor Electronics Re-explored, publicado por Cambridge University Press y de Tom Forester (1980,1985,1987,1989,1993) citados por Rusell (1988) en *The Biotechnology Rovolution:An International Perspective*, Brighton, Sussex, Wheatsheaf Books. Y, Elkinton (1985) en The Gene Factory: Inside the Business and Science of Biotechnology, Nueva York, Carroll and Graf. Sin embargo, para la reorganización de los inventos en este caso, se utiliza un enfoque epistémico de la tecnología, que permita observar la participación y complementariedad de las nuevas tecnologías de la información y de la comunicación, en este sentido todos los datos y fechas son tomados textualmente del capítulo en mención.

127 Michael Shallis (1986), en *El ídolo del silicio*, establece un orden cronológico y secuencial de la aparición de artefactos e inventos."En 1944 el Harvard Mark I se convirtió en el primer computador moderno, aunque su funcionamiento no era completamente electrónico, puesto que parte del mecanismo funcionaba mediante engranajes y poleas. En 1946, sin embargo, se construyó el ENIAC, que puede ser considerado el primer computador de funcionamiento totalmente eléctrico. ENIAC son las siglas de Electronic Numerical Integrator and Calculator. Pesaba unas 30 toneladas, consumía 140 kilowatios de electricidad y ocupaba toda una gran habitación. El ENIAC podía sumar dos cantidades en un quinto de milésima de segundo y se componía de unas 18.000 válvulas de vacío". P. 43.

la máquina y el trabajador. Esto permitió que la organización pudiera *sistematizar la información* desde el almacenamiento, el procesamiento, la utilización, la recuperación y la distribución de la información por medio electrónico. Este lenguaje, compuesto de codificaciones y significaciones propias, fue denominado *software*, Laboratorios PARC (1973). El software permitió establecer los sistemas operativos para el hardware, Microsoft (1976).

La microelectrónica se enfocó en la reducción del tamaño de los componentes del ordenador y en la velocidad del procesamiento de los datos[128]. "El desarrollo del chip[129] ha transformado la informática, aunque también ha tenido un impacto sin precedentes sobre la sociedad y la experiencia humana. En diez años la microrevolución ha originado un proceso de transformación cuyo poder y alcance aún no somos capaces de apreciar" (Shallis, 1986, pág. 54).

Por su parte, la informática profundizó en la mejora de las técnicas para el desarrollo de las tareas repetitivas, incorporando en la organización, como elemento imprescindible para su ejercicio, la inversión permanente en hardware y software como nueva partida en la estructuras de costos (Brynjolfsson, Hitt, & Yang, 2002).

Sin embargo, el dinamismo propio de la organización, basado en el principio natural de compartir la información entre sus miembros, para la organización de tareas y el desarrollo de procesos,

---

128   Ibíd. "Hacia finales de la década de los años cuarenta se construyeron otros computadores basados en la válvula de vacío, pero la cibernética no hubiera podido progresar si no se hubiera inventado el transistor. Cuando un computador, como el ENIAC, necesitaba 18.000 válvulas para funcionar, se producían a diario fallos y averías en las mismas, y el tiempo se perdía en localizar y reponer los componentes fundidos aumentaba el tamaño del computador". (…) "Durante la década de los años sesenta se dio un proceso de consolidación; la sofisticación se hizo mayor en términos de un perfeccionamiento de la capacidad, velocidad y potencial de los grandes computadores. En 1964 tuvo lugar la instalación del computador Chilton Atlas en Rutherford Laboratory de Oxfordshire. Con un costo de un millón de libras esterlinas. Estaba instalado en un edificio de dos pisos: la unidad central en el piso inferior y los dispositivos de entrada y salida en el superior. El Atlas era un computador rápido, flexible y potente, pero era excesivamente grande, caro y bastante inaccesible". P.p. 44-45.

129   Ibid. "Un elemento que contribuyó a mejorar el funcionamiento de los computadores: el chip. " Los primeros chips contenían tan sólo unos cuantos componentes y servían para remplazar ciertas partes de los circuitos electrónicos. Hacia finales de la década de los sesenta los chips contenían ya varios centenares de componentes, los avances técnicos que hicieron posible esto dieron lugar a que se hablara de la integración a gran escala" (…) "Con la integración de cientos, o incluso miles, de componentes en un chip, toda la unidad central de proceso podía estar contenida en una sola pastilla de silicio, dando lugar a lo que se denominaría microprocesador. Se fabricaron chips que contenían series de transistores y que podían ser utilizados para almacenar datos o programas, actuando, por tanto, como memorias. Estas memorias podían se de dos tipos: ROM y RAM". P.p. 51-52.

estimuló una nueva tecnología: la telemática (redes informáticas) [130]. La telemática está fundamentada en los principios de la telecomunicación: transporte de información y mensajes a distancia a través de medios físicos basados en el cobre; el cable telefónico trasatlántico (1956), que a su vez sufrió una revolución en sus técnicas de transmisión gracias al desarrollo de la nueva tecnología del nodo: conmutadores, conmutador electrónico, Laboratorios Dell (1969); tecnología análoga y el conmutador digital, ATT (1970); el desarrollo por la tecnología del circuito integrado y selectores de rutas electrónicos (Modo de Transferencia Asíncrono (*Asynchonous Transfer Mode*, ATM); y el Protocolo de Control de Transmisión / Protocolo de Interconexión (*Transmission Control Protocol/ Interconnection protocol* (TCP/IP).

La necesidad de optimizar la velocidad y la capacidad en la transmisión de datos[131] permitió el desarrollo de nuevas tecnologías, como la optoelectrónica, gracias a los aportes de la fibra óptica, (Corning Glass 1970), y la transmisión por láser, que prestó soporte a la tecnología de la transmisión de paquetes digitales: Redes Digitales de Servicios Integrados de Banda Ancha (RDSI-BA) en la última década de los años 90. "La posibilidad de interconectar computadores está ampliando enormemente su potencia y el campo de sus aplicaciones. La conexión de computadores entre sí para procesar información y su vinculación a toda una gama de dispositivos tanto analógicos como digitales, ha originado una gran difusión de las aplicaciones de la informática, dando lugar a lo que se ha llamado invasión del chip" (Shallis, 1986, pág. 59).

---

130 American Society of Civil Engineers, (2005) en *Wireless Technology in the Construction Industry*, se amplia el desarrollo de redes de comunicación de datos, específicamente las redes inalámbricas (sistema PDA) que permite el acceso a información en general de cualquier corporación: transmisión de charlas, memorandos, avisos; el personal puede firmar o aprobar decisiones sin estar presentes en determinada reunión porque el contenido es transmitido, al instante, a un archivo seguro. PDA supone entonces que en el futuro se podrá supervisar con mayor rigor, los procesos y actividades. P.p.2-3

131 José De la Peña (2003) comenta en *Historia de las Telecomunicaciones* que "a mediados del siglo XIX se transmitieron las primeras señales de telégrafo y se explicó que la transmisión y la recepción eran instantáneas. ¡Se producían en el mismo momento, pese a cientos de kilómetros entre el emisor y el receptor! Desde el punto de vista de la comunicación, era como si hubiese cambiado la geometría del mundo y los puntos de origen y de destino estuviesen juntos. Esto era incomprensible para una época en la que el tiempo de los mensajes se había contado por semanas o meses durante cientos y miles de años. Entonces se explicó que esto era posible porque se había dominado la electricidad y se ponía al servicio de la humanidad." P. 209

De hecho, "la fibra óptica permite integrar y ofrecer los mejores servicios en tres campos: televisión (más canales), telefonía (que se convertirá, probablemente, en el servicio más rentable del cable) y telecomunicaciones (aplicaciones telemáticas, como Internet a alta velocidad)" (Fondevila, 2007, pág. 12).

El transporte de información, en principio desarrollado mediante artefactos periféricos del ordenador, rápidamente estimuló la creación de la estructura de ordenadores en red, establecida mediante el soporte técnico y la administración de un servidor de información para todos los ordenadores. Este escenario permitió interconectar a los trabajadores de la organización (Levy & Murnane, 2002, págs. 432-447) y ofreció un nuevo canal de comunicaciones para el desarrollo integral de las operaciones: *Intranet* (Mjos, y otros, 1997).

Simultáneamente, la telecomunicación, alimentada con los aportes de la telemática, intervino en la interconexión entre las redes particulares y privadas de las organizaciones. Se establecieron macroredes que, a su vez, se derivaron en redes públicas universales de transmisión de datos, información y comunicación: Internet.[132]

Estos nuevos canales, denominados Intranet e Internet, redefinieron la estructura interna y externa de la organización. La información se convirtió en el eje de la organización; la comunicación en su agente dinamizador; el conocimiento en parte de su naturaleza; y las nuevas tecnologías de información y comunicación en el soporte estructural para su subsistencia.

La información y la comunicación se consolidaron como el objeto material de las nuevas tecnologías, aportando a la sociedad un nuevo concepto cultural para su determinación: La sociedad de la información.

---

[132] Roger Fidler, (1998) en *Metaformosis: comprender los nuevos medios,* define Internet. "La Red es en realidad, una cadena internacional de bases de datos informáticas, conectadas por Internet, que usan una arquitectura de búsqueda de información creada en 1989 por Tim Berners-Lee, un especialista británico de computación, que trabaja en el laboratorio de física CERN, en Ginebra". P. 166

Sin embargo, el desarrollo de las TIC ha estado sujeto y ha complementado el avance de la investigación científica que, desde el estudio de sus objetos, ha aportado las bases fundamentales del conocimiento.

En este sentido, la física, la matemática, la química y las ciencias naturales han establecido el escenario ideal para el desarrollo de las TIC, desde los descubrimientos de los elementos y los compuestos para el desarrollo del hardware, la generación de energía para su funcionamiento y transmisión, hasta los procesos matemáticos y logarítmicos para el desarrollo del software.

Asimismo, las ciencias sociales han aportado para el desarrollo de las TIC. De hecho, la *información* y el *conocimiento* como hechos sociales han sido causa y consecuencia de su avance.

Desde la sociología, la comunicación, la filosofía, la psicología social, la antropología, la economía, la política, la lingüística, la pedagogía, la psicología se ha provisto de conocimientos a las TIC. Las ciencias sociales han orientado el diseño[133] y el lenguaje, la forma y el contenido, tanto del hardware como del software, en su desarrollo y presentación final.

En conclusión, el avance y el desarrollo de las TIC ha sido un esfuerzo interdisciplinario de sus propias disciplinas,[134] complementado con los aportes fundamentales de la ciencia en general.

---

133 Erica Matlow (2000), en "Navigating technology: beyond a critical theory", artículo publicado en la *Revista Digital Creativity* define como las nuevas tecnologías han influido en el Graphic Information Desig para el mismo rediseño de los programas curriculares como el de Diseño Gráfico de la Universidad de Westminster. P.p. 1-2

134 Cristian Estay, y A., Niculcar, (2002), en *El proyecto de la ingeniería informática: una declaración de intenciones*, artículo publicado en la revista electrónica del DIICC, exponen como el estudio interdisciplinario de las TIC ha llevado a la consolidación del campo de la Ingeniería Informática. "La sociedad se enfrenta al conflicto de poseer sistemas tecnológicos especiales que manejan información, o en otras palabras, que permitan trabajar con datos buscándoles una finalidad informativa y con la posibilidad de incorporar o no TIC." P. 6

2.3. LA DINÁMICA DE LAS TIC EN LA EMPRESA DE LA SOCIEDAD DE LA INFORMACIÓN

La nueva empresa debió soportar todas sus operaciones internas y externas en las nuevas tecnologías de la información y de la comunicación[135] como condición fundamental para su inclusión en la nueva sociedad de la información y del conocimiento. "Hasta hace pocos años las pequeñas y medianas empresas todavía podían competir sin tecnología informática y de comunicación. Hoy en día competir sin estos elementos básicos es imposible, y aquellas que se resistan a actualizarse están prácticamente condenadas al fracaso" (Bustos, Andrea, & Manrique, 2003, pág. 112).

La empresa debió reorganizar su estructura organizacional, sus procesos administrativos, de funciones, tareas e, incluso, del perfil de los empleados para el desempeño de los diferentes cargos[136].

La primera causa y el primer foco de atención del hardware fue el registro de la memoria de la empresa, expresado en el ordenamiento y la administración del archivo institucional. La complejidad y los altos costos de su mantenimiento estimularon el desarrollo del lenguaje electrónico del hardware como solución al problema de la optimización del espacio, del tamaño, la velocidad y la capacidad de almacenamiento, procesamiento, recuperación y distribución de la información.

Este lenguaje redefinió el lenguaje escrito, utilizado para el ordenamiento y el desarrollo de tareas de los trabajadores, y la

---

135 Lev Manovich (2002), en *La vanguardia como Software*, determina que "a partir de 1960 la informática se introduce en las organizaciones con el objetivo de automatizar tareas administrativas repetitivas (contabilidad, facturación y nómina, principalmente). La tecnología se basa en grandes ordenadores o *mainframes*. El hardware y el software son extraordinariamente caros. Sólo las grandes organizaciones con enormes volúmenes diarios de trabajo administrativo pueden permitirse dichos costes. ... La progresiva implantación de la informática en los años anteriores ha cambiado la situación. Muchos directivos comienzan a cuestionarse por qué, teniendo los datos de la empresa en el ordenador, no pueden acceder a la información realmente necesaria para dirigir el negocio." P. 12.

136 Jesús Alberto Andrade Castro, (2003), en *Tecnologías y sistemas de información en la gestión del conocimiento en las organizaciones*, formula que "la organización se convierte en un proceso que involucra una interacción mutua entre actores humanos y las propiedades estructurales de la organización, donde la acción humana se capacita a través de las estructuras y éstas, a su vez, son el resultado de la acción humana. Las TIC posibilitan la legitimación de las estructuras de la organización. De esta manera, las organizaciones son el sitio donde nosotros como seres humanos actuamos y, por medio de esas actuaciones, cambiamos las estructuras del ambiente donde nos desenvolvemos con el apoyo de sistemas, tecnologías y rutinas que legitiman la estructura de la compañía." P. 56

correspondiente administración de la información. Por otra parte, fue uno de las causales determinantes en la generación del carácter propio del ordenador. El lenguaje escrito sumado al papel[137] había permitido, hasta ese momento, reguarnecer en físico la memoria de las organizaciones, expresado en los documentos oficiales de estas. De igual manera, los procesos operativos y de administración se soportaban y se evidenciaban en el registro físico de manuales de procedimientos y de reglamentos institucionales. Este registro se había logrado gracias a la máquina de escribir de la que el ordenador había heredado su máximo aporte físico: el teclado *qwerty*. Desde la creación de la imprenta[138], el mundo no ha parado de desarrollarse. Por ejemplo, "el computador fue originalmente un idea que se adelantó a su tiempo. Cuando durante el segundo cuarto del siglo XIX Charles Babbage concibió una máquina computadora universal, todavía no existía la tecnología necesaria para construir su máquina analítica. En efecto, aún tuvo que transcurrir un siglo para que se empezaran a construir los modernos computadores, y estos eran lentos, aparatosos y poco fiables" (Shallis, 1986, pág. 43).

José Armentia y José Aguado, en *Tecnología de la información escrita*, estudian, desde un enfoque histórico, la evolución de las técnicas de información y de comunicación aplicadas a la escritura como soporte evolutivo de las actuales tecnologías de la información y la comunicación. Se destaca la capacidad inventiva del hombre y su aprovechamiento de los recursos naturales. En este recorrido se observa el paso del aprovechamiento primario de los recursos a una reflexión compleja de los mismos. "En la actualidad, disponemos de

---

137   Ver ampliación histórica a José Armentia y José Aguado (1995), en *Tecnología de la información escrita*, "En los primeros momentos, el hombre se valió de las cortezas de árboles y hojas de plantas como materia escritora. También utilizó piedras, huesos, conchas y metales, como el oro, el bronce y el plomo. Estos materiales serían sustituidos posteriormente por otros denominados blandos, como el papiro, el pergamino y el papel. Esta variedad de soportes se hace patente también en la forma material en que se presenta el mensaje o la información. (…) P. 27.

138   Ibid. "Johann Gensfleisch Gutenberg en 1441 concibió la feliz idea de sustituir las tablas xilográficas por caracteres movibles grabados en madera. Pero el tipo de madera se rompía con facilidad y entonces experimentó a partir del metal. Finalmente, se llegó a una aleación que es la que se ha utilizado hasta hace pocos años para la fundición de tipos: plomo, estaño y antimonio. También se fabricó su propia tinta, a base de negro de humo y aceite, los elementos básicos de las actuales tientas de impresión". P. 34. "Debido a su desarrollo económico y a su posición privilegiada en el aspecto religioso y cultural, Italia será la gran difusora de la imprenta, especialmente en la época de los incunables. Italia, y en particular Roma y Venecia, serían los lugares en los que se concentraron diversos prototipógrafos alemanes". P. 37.

potentes soportes, magnéticos y electrónicos, para almacenar voz, texto, imagen y datos, a los cuales podemos acceder a través de la pantalla de un ordenador. Sin embargo, en las culturas primitivas el hombre debió recurrir a materiales que tenía a mano para utilizarlos como soporte de la escritura. Estos materiales, como la forma y procedimiento para fijar y conservar el mensaje, han variado sustancialmente a lo largo de la historia" (Armentia & Aguado, 1995, pág. 27).

La segunda causa, foco de concentración del software en la empresa, fue la naturaleza de las tareas repetitivas de los trabajadores[139], orientadas a la finalidad organizacional del lenguaje (procesadores de texto), el cálculo matemático (hojas de cálculo), el diseño gráfico (graficadores) y las bases de datos.

Esta orientación permitió el desarrollo de sistemas de información más estructurados y dirigidos a prestar soporte a las áreas operativas de contabilidad, nómina, pedidos, y, en general, todas las dependencias encaminadas hacia la gestión empresarial (Gómez & Suárez, 2004, pág. 11).

Por su parte, las tareas de naturaleza de decisión y de control de la gestión, igualmente, estimularon el desarrollo del software. En este caso, la información no solamente estaba dirigida a la realización específica de una tarea, sino también al cúmulo máximo de datos de esa misma tarea, con destino a la toma de decisiones por otro trabajador en el nivel de gestión de la empresa[140].

En estos dos ambientes de la empresa surgieron dos grandes ramas en el desarrollo del software: los sistemas de información para la gestión (*Management Information Systems* –MIS-) y los sistemas de soporte para la dirección (*Decision Support System* –DSS-). "Las

---

139 Álvaro Gómez Vieites y Carlos Suárez Rey (2004), en *Sistemas de Información: Herramientas prácticas para la gestión*, clasifican dos tipos de sistemas de información, dirigidos hacia las actividades operativas y para la toma de decisiones. En el primer caso, establecen que a los primeros sistemas que permitían recoger los datos básicos en las operaciones empresariales se les denominó Sistemas de Procesamiento de Transaccionesm(Transaction Proccessing Systems- TPS) P. 13

140 Ibid. Establecen tres niveles organizacionales de trabajadores en virtud del diseño práctico de los sistemas de información, a saber: Nivel Operativo, Nivel de Gestión, y Nivel Estratégico. P. 12

nuevas organizaciones se estructuran alrededor de la información, y la usan no solamente como recurso estratégico para obtener ventajas, sino como objeto mismo de configuración de dinamismos gerenciales. El dominio de los sistemas de información es aquel que está orientado a proveer información; en ambientes organizacionales, trata de la colección, almacenamiento y diseminación de toda información relevante para la toma de decisiones, por intermedio de las tecnologías digitales" (Andrade, 2003, pág. 561).

Los MIS fueron dirigidos a la producción de informes y reportes a partir de los datos suministrados por las dependencias comprometidas. Su carácter de información para la decisión se fundamentó en la precisión, la fiabilidad y la rapidez de los datos reportados, dirigidos al perfeccionamiento de las decisiones de los responsables de esta función.

Por otra parte, los DSS ahondaron en el soporte estructural del proceso de la decisión de los directivos, permitiendo la simulación de resultados mediante la generación de alternativas y el análisis de riesgo (Gómez & Suárez, 2004, pág. 14).

La evolución en la toma de decisiones desembocó en los denominados sistemas de expertos, desarrollados a partir de las técnicas de la inteligencia artificial[141]. Estos sistemas permitieron la resolución de problemas específicos a partir del reordenamiento lógico de un conjunto de reglas preestablecidas, simulando aquello que una persona experta en el tema debería saber y hacer en una situación real[142].

---

141 Tom M. Mitchell, (1997), en *Machine Learning*, McGraw-Hill, Singapur, demuestra como a través de sus experimentos de inteligancia artificial, una cámara de imágenes puede establecer una elección autónoma sobre reglas preestablecidas de estados de ánimo de personas a través de la WWW. P.p. 112-113

142 Pamela McCorduck, (1991), en *Máquinas que piensan*, Tecnos, Madrid, efectuó un recorrido histórico desde la aparición de la robótica y de la inteligencia artificial, para la consolidación del concepto de la máquina que toma decisiones y actúa. "Somos más bien vagos en nuestro uso de la palabra robot, Procede de la palabra checa que significa servidumbre, o esclavitud, y fue introducida en el inglés por Karel Capek en su obra de teatro R.U.R., que tomó por asalto la escena londinense de 1921. La utilizanos para designar todo tipo de máquinas que suplen algún tipo de trabajo, desde los aparatos de lavado automático de coches hasta el instrumento, bastante más complicado que anduvo por Marte. El robot que importa en la investigación de la inteligencia artificial es un robot inteligente, uno que puede desenvolverse en situaciones nuevas fundamentalmente comprendiéndolas: comparándolas con situaciones con las que se ha encontrado anteriormente, generando cursos alternativos de acción razonables, e incluso cayendo en una situación inesperada y reconociéndola como tal." P. 218

En esta línea se desarrollaron los sistemas de información para ejecutivos (*Executive Information System* –EIS). Estos fueron complemento de los dos anteriores sistemas, pero incorporaron herramientas gráficas dirigidas al análisis comparativo entre los datos producidos internamente por la empresa y los datos suministrados por fuentes externas a esta (Gómez & Suárez, 2004, pág. 15).

Como consecuencia, los avances y las posibilidades de aplicación de las nuevas tecnologías de comunicación en el desarrollo del software específico para la empresa, es decir, dirigido a la gestión empresarial, generaron como resultado la urgente necesidad de reorientar sus procesos informáticos hacia la gestión del conocimiento, la gestión de proyectos, la gestión estratégica, la gestión de operaciones y la gestión del cambio (Winter, Andersen, Elvin & Levene, 2006). No solamente los expertos podían ahora ser portadores, generadores y formadores de conocimiento, sino que los sistemas de expertos también podían desempeñar estas funciones, convirtiéndose en sus directos complementos o rivales.

Este escenario tecnológico estableció una nueva forma de pensar la empresa desde la tecnología. Por una parte, desde la infraestructura tecnológica para el sistema de información, y por otra, desde la aplicabilidad de las herramientas informáticas en la gestión empresarial[143].

Adicionalmente, y de manera paralela al desarrollo de hardware y software especializado, se desarrollaron redes de comunicación interna y externa de la empresa. Inicialmente, las redes internas se dirigieron a prestar el soporte tecnológico para el flujo y el tráfico de las comunicaciones de naturaleza electrónica (Dodds, Watts, & Sabel, 2003), entre los ambientes de cliente–servidor, (*mainframe*), a través de la interconexión de sistemas. Para esto, se utilizaron tarjetas

---

143 Ibíd. Los autores realizan una clasificación de la existencia de las TIC en la organización, utilizando como criterio su uso (De Infraestructura: hardware, software básico, sistemas operativos, bases de datos, etc., y redes de comunicaciones), y de Aplicaciones Informáticas: aplicaciones de soporte a la gestión empresarial, ERP y CRM, herramientas ofimáticas, worflows, aplicaciones de *business intelligenge*, etc.)y no su naturaleza tecnológica expuesta aquí en los numerales anteriores. Sin embargo, se referencia, dado el aporte que realizan en la diferencia sustancial que proponen entre software básico y software específico, propio para la comprensión de las TIC en la organización.

de red (*Network Interface Card* -NIC-); cableado: par trenzado UTP, cable coaxial o fibra óptica; o en el caso de los equipos transmisores y receptores de radiofrecuencia, el sistema de redes inalámbricas; y finalmente, los dispositivos de interconexión para redes LAN y redes WAN: *bridges*, *routers*, *gateway*, entre otros.

Gracias al desarrollo del PC personal, la empresa dispone no solamente del modelo de *mainframe* para la interconexión de los ordenadores, sino que también dispone de la alternativa de interconexión en el modelo *peer to peer* (de igual a igual). En él, no se concentra la información en un servidor central, sino que cada uno de los ordenadores puede administrar su información y comunicarla simultánea y directamente al resto de ordenadores.

Este impulso de interconexión permitió la creación de las redes de área local, LAN, afines a la naturaleza privada de la información de la empresa, y circunscrita a su ubicación espacial, generando altos niveles de seguridad y fiabilidad. Entre las más conocidas se encuentran las redes *ethernet* (utilización general), *token bus* (automatización de fábricas), *token ring* (sector bancario).

En este mismo escenario local, se desarrollaron las redes inalámbricas *wireless* (*Local Area Networks* o LAN). Este tipo de red utiliza la interconexión de ordenadores a través de la transmisión y la recepción de ondas electromagnéticas o de puertos de señales infrarrojas.

Por otra parte, se desarrollaron las redes de área amplia, *Wide Area Networks* (WAN), caracterizadas por el cubrimiento de grandes extensiones geográficas. Su naturaleza de uso permite el aprovechamiento público y privado de su servicio de interconexión: ficheros de ordenador, correo electrónico, voz, imágenes, entre otros.

El despliegue de este tipo de red ha sido posible gracias a la creación de los protocolos de las redes de Área Amplia: X.25 (conmutación de paquetes); *frame relay* (retransmisión de tramas, *Committed Information Rate* -CIR-); y, ATM (modo de transferencia asíncrono, *Asynchronous Transfer Mode*).

Se encuentra también las redes privadas virtuales (*Virtual Private Network* -VPN-). Esta se define como una red cerrada de usuarios y de uso restringido para el intercambio de datos, soportada, sin embargo, en una red de uso público. "Es decir, la extensión de la red privada de una organización usando una red de carácter público" (Gómez & Suárez, 2004, pág. 43). El modo de acceso a las VPN puede darse de dos maneras: accesos dedicados (líneas dedicadas punto a punto, *frame rekay*, ATM.); accesos conmutadas (red telefónica básica RDSI, constituyendo una *Virtual Private Dial In Network* -VPDN-).

Por otra parte, se encuentran las redes y servicios IP, desarrollados en el ambiente de Internet, que utilizan los protocolos TCP/IP. Esta red de origen telemático ha permitido la interconexión de redes, estructurando la red de redes *Internet*, mediante la homogenización de un protocolo común en ellas: TCP/IP. Este protocolo está dividido en dos protocolos: TCP, *Transport Control Protocol*, RCF 791 (fragmentación de la información en paquetes, seguridad, confiabilidad, control de flujos, reagrupamiento, detección de errores); e IP, protocolo Internet, RFC 793 (encadenamiento de paquetes de datos y seleccionador de ruta).

Esta red fue desarrollada a partir de la tecnología de conmutación de paquetes de datos que, una vez fragmentados en pequeños paquetes denominados datagramas, permitieron la transmisión de los mismos a través del direccionamiento y del enrutamiento de las redes de destino. Para este efecto, se desarrolló el protocolo *http: World Wide Web*; el *https: World Wide Web* seguro; el smtp; el correo electrónico; el *nntp*; el grupo de noticias, entre otros.

Adicionalmente, se encuentran las redes denominadas Intranet. Estas utilizan la misma tecnología de Internet para la mejora del sistema de comunicaciones entre los trabajadores de la empresa (Coveney, 2007, págs. 26-27). Esta red se soporta en el protocolo IP y en los servicios de la World Wide Web, -www- a través del correo electrónico establecido como propiedad de la empresa[144].

---

144 Ver ampliación en Alicia García de León y Adriana Garrido Díaz, (2002)

Alicia García de León y Adriana Garrido Díaz, en *Los sitios WEB como estructuras de Información: un primer abordaje en los criterios de calidad*, definen que "el trabajo con sitios Web es una práctica obligatoria para cualquier persona, ya sea para un navegador inexperto como para cualquier individuo con las capacidades básicas para ponerlo en función. También es un elemento obligatorio para cualquier organización ya que aquella que no cuente con este servicio quedará relegada a las nuevas demandas del mercado" (García de León & Garrido, 2002, pág. 2).

Igualmente especifican las características del 'portal www' que debe tener cada organización: "Los portales digitales, como cualquier producto, tiene especificaciones y características que lo hacen un servicio de calidad. Todo sitio Web debe responder siempre a un plan, pensarse y administrarse en términos de proyecto. Si un sitio está desarrollado sin éste, en forma empírica, presentará inconsistencias por doquier y decepcionará al usuario una desconfianza que terminará alejándolo" (García de León & Garrido, 2002, págs. 10-11).

La interactividad del soporte tecnológico entre las redes de Intranet y de Internet permiten a la empresa disponer de software basados en los formatos web: gestión documental, *workflow*, herramientas DSS para el soporte de decisiones, etc. Igualmente, permite la evolución de la Intranet a Extranet: la red privada soportada en las redes públicas, integrando la empresa con sus proveedores y clientes, a través del Internet.

Las perspectivas de corto plazo sobre el futuro de las redes pueden explicarse desde la tendencia de las empresas informativas en la conformación de la arquitectura de tres niveles, "en las que intervienen el navegador Web que actúa como cliente universal, el servidor Web corporativo y el servidor de aplicaciones de gestión y de acceso a base de datos" (Gómez & Suárez, 2004, pág. 50).

Por otra parte, y retomando el concepto de software específico para la empresa y la necesidad propia de establecer un sistema de información integral, se citan algunas tendencias en la tecnología de punta del mencionado software. "Tradicionalmente la informática se ha aplicado en alta proporción a los servicios administrativos internos: Administración de personal, manejo de activos y almacenes, mantenimiento de vehículos, administración de las instalaciones físicas, manejo financiero y contable. Labores estas, no relacionadas directamente con los productos y servicios, que con ayuda de la informática y de las tecnologías nuevas pueden alcanzar altos niveles de sofisticación, pero lejos de los procesos de los productos y servicios, que constituyen la real esencia de la empresa, justificando así, su viraje radical hacia la contratación externa de los sistemas de información y de múltiples servicios informáticos centrados en sus procesos esenciales, y hacia la eliminación de todo lo que no les agregue valor" (Urrego J. , 1998, pág. 6).

En primera instancia, se encuentra el *Enterprise Resource Planning* -ERP-. Este fue concebido como un Sistema Integrado de Gestión, producto de las experiencias de fragmentación informativa que tuvo el desarrollo y la aplicación de software para el cumplimiento independiente de cada departamento o unidad en la empresa.

El sistema ERP se fundamenta en la centralización de la información en una sola base de datos, ofreciendo la descentralización modular en la aplicación y en el manejo de la información de acuerdo al número de unidades o departamentos de la empresa que lo requieran.

Este sistema permite integrar todas las áreas de la empresa, optimizando procesos, tiempos y recursos. "Entre las principales plataformas de diseño de ERP se cuentan, Microsoft, MT, Server, y Windows 2000, UNIX, y AS 400, mientras que en las bases de datos más utilizadas son Oracle, Microsoft SQL Server e IBM DB2" (Gómez & Suárez, 2004, pág. 60).

Una de las más importantes particularidades del ERP es su disposición al cliente final, mediante la alineación de procesos internos y externos de la empresa, optimizando los esfuerzos de información para el logro de los objetivos comerciales.

En este sentido, los ERP han permitido el desarrollo del marketing digital en la nueva economía[145] y han estimulado el desarrollo de las aplicaciones SCM, *Supply Chain Management*, dirigidas a prestar soporte a la gestión de suministros y proveedores; y los CRM, *Customer Relationship Management*, encaminados al conocimiento del perfil y del comportamiento de los clientes[146].

Por su parte, la estandarización de procesos al interior de la empresa en las cadenas de producción ha permitido el desarrollo del software de Sistemas de Gestión de Flujos de Trabajo, *Workflow*. Este ha permitido la automatización de los procesos y las operaciones intensivas de negocios como la gestión de pólizas, la tramitación de partes accidentes, la aprobación de créditos de la banca o de la administración pública en general, la tramitación de expedientes, la atención de reclamaciones, etc. (Gómez & Suárez, 2004, pág. 91).

En el ámbito del conocimiento, igualmente, son significativos los avances y las aplicaciones del software para su desarrollo. Una de las posibilidades que se presentan son los sistemas de *datawarehousing*, constitutivos de las aplicaciones de *Business Intelligence*, y que constan principalmente de tres técnicas: *datawarehousing*, gestión de grandes volúmenes de datos; OLAP y *datamining*, análisis de datos; y software de consulta amigable al usuario (Gómez & Suárez, 2004, pág. 114).

---

145 Timothy F. Bresnahan (2000) en el artículo *"Prospects for an Information-Technology-Led Productivity Surge"* analiza los posibles efectos de las TIC en la nueva economía, **y clasifica 2 posibilidades principalmente:** **"1.** Innovación, en el modelo tradicional, los nuevos productos y servicios son desarrollados por los proveedores en respuesta a la demanda del mercado o las nuevas oportunidades tecnológicas, y el valor creado por la innovación surge como pasivamente elegir a los usuarios comprar las nuevas tecnologías intrínsecamente valiosos; 2. En el contexto de tecnologías de la información, es una tecnología que permite a los usuarios inventar nuevos usos valiosos. Aunque la mayoría de los análisis de la "nueva economía" tienden a asumir que los impulsores de la innovación son similares, en realidad hay dos tipos fundamentales de la demanda de los sectores de TI, cada una de las cuales implica una serie de desafíos y de las formas políticas." P.136

146 Chistopher Kent, (2004), en *The Bang for your marketing back*, publicado en Business Week Online, precisa sobre los programas específicos de mercadeo que se han desarrollado gracias a la tecnología, los cuales permiten analizar la conducta del cliente. "Consiste en rastrear datos del consumidor para extraer conocimiento real sobre éste. Así, es posible conocer sus movimientos y cuánto cuesta llegar a este target." P. 1

2.4. LA DINÁMICA DE LOS IMPACTOS DE LAS TIC EN LA SOCIEDAD, LA EMPRESA Y EL TRABAJADOR

En cuanto a su dimensión cultural, la tipificación de una sociedad puede darse de diferentes enfoques. Esto significa que, a pesar de que la sociedad humana cuenta con una naturaleza específica única, se pueden establecer diferentes nociones para su determinación, a partir de sus situaciones, hitos, características, comportamientos, creencias, entre otros factores.[147]

Esta determinación ha estado ligada al desarrollo de la historia del hombre. En cada suceso, época o era, el hombre ha sido escrito y descrito por sus acciones, y, en su conjunto, dichas acciones han conformado la sociedad actual.

En el afán de explicar y comprender las acciones de nuestra sociedad actual, sociólogos, antropólogos culturalistas, comunicólogos, economistas, políticos, lingüistas, pedagogos, sicólogos sociales y, en general, los académicos e investigadores sociales, encuentran como características principales para su tipificación a la *información* y al *conocimiento*, causa y consecuencia de la investigación científica y tecnológica de las Nuevas Tecnologías de Información y Comunicación (TIC).

No se trata de la propuesta teórica de uno o dos académicos en alguna universidad. Se trata de la presencia de la comunidad científica de investigación social sobre la Sociedad de la Información y del Conocimiento que estudia los componentes generales y particulares de esta nueva sociedad. Y son precisamente la *información* y el *conocimiento* los factores que han impactado con mayor significación

---

147 Manuel Castells (2002), en *La Era de la Información*, establece su postura, en rechazo profundo a dos líneas de pensamiento, no sólo, frente los pilares de su propuesta teórica, sino frente a la responsabilidad política y moral del intelectual que propone y profesa, "y que son parte del marco referencial ideológico del ejercicio propio, "La negación del nihilismo intelectual posmoderno que renuncia a la explicación y se regocija con los desvanes de lo efímero como experiencia y la negación de la ortodoxia teórica, ya sea neoclásica o neomarxista, que categoriza sumariamente la investigación y encorseta el debate necesario sobre las nuevas tendencias históricas, cuando ni siquiera hemos identificado los términos básicos del debate. (...) En los albores de la era de la información, nos encontramos en un nuevo principio de una nueva historia, que también, como en otras épocas, será hecha por los hombres y mujeres a partir de sus proyectos, intereses, sueños y pesadillas, pero en condiciones radicalmente distintas." P. 25.

la vida de la sociedad actual, de tal manera, que todas sus acciones tienen una relación directa con estos aspectos.

Para el efecto, en el presente numeral se efectúa un breve recorrido por visiones, nociones y estudios que se han realizado sobre el tema, desde la aparición del concepto de Sociedad de la Información y del Conocimiento hasta su influencia, efectos e impactos en la sociedad, la empresa y el trabajador.

El concepto de *impacto* se toma aquí como la consecuencia de una acción, sin elementos acusatorios de juzgamiento sobre lo bueno o lo malo de este.

Daniel Pimienta, en *La "Mística" del Trabajo Social Colaborativo en la Internet,* Fundación Redes y Desarrollo, sostiene que "los datos cuantitativos sobre el impacto de estas tecnologías siguen siendo escasos y se hace entonces urgente pensar en esfuerzos movilizadotes que puedan a la vez fortalecer el sector y permitir la creación de mecanismos para un real conocimiento de los impactos de estas tecnologías en la sociedad a partir del cual se puede establecer estrategias para un impacto social positivo" (Pimienta, 2000, pág. 2).

2.4.1. Las dinámicas de los impactos de las TIC en la dimensión natural de la sociedad

Los principios y la finalidad de la sociedad humana experimentan impactos asociados al uso de las TIC. Sin embargo, el enjuiciamiento y el determinismo sobre lo bueno o lo malo, o lo positivo o negativo, no procede como calificativo absoluto, dado que no es suficiente para explicar el fenómeno en su conjunto. "Los estudios de la tecnología se han mostrado especialmente críticos con los análisis de *impactos sociales* de la tecnología. En primer lugar, el término *impacto* sugiere un proceso casi mecanicista en el que *causas* y *efectos* se enlazan mediante una relación simple o, incluso, automática. (…) En segundo lugar, los impactos son claramente relativos a su contexto social. Una misma tecnología tiene efectos muy distintos en configuraciones sociales y culturales diversas. (…) En resumen, los impactos de la tecnología están mediatizados por factores no puramente tecnológicos" (Puentes, 2001, pág. 5).

La naturaleza de la sociedad, comprendida como el *qué es* y el *para qué*, se define como la entidad corpórea que representa y constituye las acciones sociales de los sujetos, acciones encaminadas a un fin mediante la cooperación, la determinación de la libertad y la complementariedad de los esfuerzo a pesar de la divergencia de intereses[148].

Este fin se ha ordenado hacia el *bien* para todos sus miembros. Los impactos de las TIC sobre la naturaleza de la sociedad pueden orientarse a partir de los cambios bruscos que ha generado la llamada Revolución de las Tecnologías de la Información y de la Comunicación en ella. "La revolución de la tecnología de la información, de forma medio consciente, difundió en la cultura material de nuestras sociedades el espíritu libertario que floreció en los movimientos de la década de los sesenta. No obstante, tan pronto como se difundieron las nuevas tecnologías de la información y se las apropiaron diferentes países, distintas culturas, diversas organizaciones y metas heterogéneas, explotaron en toda clase de aplicaciones y usos, que retroalimentaron la innovación tecnológica" (Rindova & Petkova, 2007, págs. 217-232), "acelerando la velocidad y ampliando el alcance del cambio tecnológico, y diversificando sus fuentes" (Castells, 1999, pág. 32).

---

148 Max Weber (1922), en *Economía y Sociedad*, edición 1997, por el Fondo de Cultura Económica, México, traducción de Carlos Gerhard, define Sociedad cómo "Una relación cuando y en la medida en que una relación social se inspira en una compensación de intereses por motivos racionales (de fines o de valores) o también en una unión de igual motivación. La sociedad de un modo típico, puede especialmente descansar (pero no únicamente) en un acuerdo o pacto racional, por declaración recíproca." Sin embargo, el mismo autor algunas premisas para su mejor comprensión de F. Tonnies en Gemeinschaft und Gesellschaft ("Comunidad y Sociedad"), Los tipos más puros de sociedad son: a) el cambio estrictamente racional con arreglo a fines y libremente pactado en el mercado: un compromiso real entre interesados contrapuestos que, sin embargo, se complementan; b) la unión libremente pactada y puramente dirigida por determinados fines (Zweckverein), es decir, un acuerdo sobre una acción permanentemente orientada en sus propósitos y medios por la persecución de los intereses objetivos (económicos u otros) de los miembros partícipes de ese acuerdo; c) la unión racionalmente motivada de los que comulgan un una misma creencia (Gesinnungsverein): la secta racional, en la medida en que se prescinde del fomento de intereses emotivos y afectivos, y sólo quiere estar al servicio de la "tarea" objetiva (lo que ciertamente, en su tipo puro, ocurre sólo en casos especiales. P. 33

En primera instancia, es posible identificar algunos de los principios estructurales de una sociedad en la definición que realiza Max Weber. Weber define a la sociedad como "una relación, cuando y en la medida en que una relación social se inspira en una compensación de intereses por motivos racionales (de fines o de valores) o también en una unión de igual motivación. La sociedad de un modo típico, puede especialmente descansar (pero no únicamente) en un acuerdo o pacto racional, por declaración recíproca." En ella se advierte, como principio, la *relación,* la *compensación de intereses,* lo *racional;* y, como finalidad, la *igual motivación hacia fines o valores* (Weber, 1997, pág. 33).

En este sentido, la categoría de Sociedad de la Información y del Conocimiento, entendida desde la definición de Max Weber, no se podría explicar, dado que no es explicable el hecho de que la sociedad universal se haya organizado desde sus *principios* para producir conocimiento o los adelantos en las TIC. Se entiende que este concepto es una descripción universal de los componentes estructurales de la sociedad actual, producto de la vivencia de su cultura tecnológica y científica.

Sin embargo, la lectura del concepto de Sociedad de la Información y del Conocimiento desde su naturaleza, es decir buscar y producir *bien* para sus individuos, permite comprender que la sociedad actual tiene la oportunidad histórica de utilizar las TIC para el logro de este bien[149], sin el *acuerdo* preestablecido por Weber, sino gracias a la *racionalidad* propia de la humanidad de buscar el bien común.

---

149 Manuel Castells, (1999) en *La Era de la Información*, define no sólo la distinción entre las nuevas tecnologías de comunicación e información y las tecnologías de la revolución industrial, situando la actividad cognitiva de la persona en una dimensión superior interactiva y comunicante con la máquina a diferencia de la pasividad del hombre-máquina que se dio durante la mencionada revolución, sino que establece una oportunidad inaplazable para la búsqueda del bien común, fruto de los nuevos atributos de las TIC, "Desde una mirada más amplia, que involucra economía, sociedad y cultura, a propósito del cambio generado por la introducción de tecnologías de información en el paisaje sociológico, estas tecnologías no son sólo herramientas a aplicar, como fue el caso de las tecnologías industriales, sino, además, conllevan procesos a desarrollar en los que interviene el usuario como una especie de co - creador. (...) Por primera vez en la historia, la mente humana es una fuerza productiva directa, no solo un elemento decisivo del sistema de producción son todos amplificadores y prolongaciones de la mente humana. Al utilizarlos, lo que pensamos y como pensamos, ahora más que nunca, queda expresado en bienes, servicios, producción material e intelectual, que a su vez decanta en cosas concretas como alimento, refugio, sistemas de transporte y comunicación, computadores, mísiles, salud, educación o imágenes. P. 58

Este bien común como finalidad natural supone la existencia de principios facilitadores y condicionantes: la solidaridad, la comunicación y la cooperación entre sus partícipes (Shaw, Shaw, & Enke, 2003, págs. 489-499).

La solidaridad supone la acción social libre de apoyo, manifiesto de los más fuertes a los más débiles, en todas las esferas de la sociedad, en lo político y en lo económico, en lo emocional y en lo espiritual, en lo físico y en lo personal. Sugiere, además, el abandono del individualismo y del colectivismo, y propende la subsidiaridad, si esta es el caso[150].

La comunicación sugiere la libre disposición de la tecnología y de sus contenidos – la información – a servicio de todos los integrantes de la sociedad en procura del bien común. La libre disposición se construye desde el equilibrio entre el derecho y el deber de los ciudadanos. "El Derecho a la Información es el Derecho que garantiza el conocimiento, el Derecho a las Comunicaciones es el Derecho que garantiza el desarrollo" (Rodríguez, 2003, pág. 16).

La cooperación se presenta como la suma de las fuerzas de los individuos, proporcionales a los recursos de los mismos para el logro de las tareas y los objetivos propuestos en coherencia con el bien común. La cooperación se determina a través del balance social del impacto de la operación de la empresa (Heckman, 2001, págs. 654-699).

En consecuencia, se abordan las conclusiones y las posturas de algunos de los estudiosos, a manera de impactos, desde un enfoque fenomenológico, sin ahondar en los métodos de sus conclusiones, sino en las afirmaciones expositivas de cada uno de ellos, ordenadas en las categorías anteriormente expuestas.

---

150 Gilberto García (2004), en *El Impacto de la privatización en las telecomunicaciones*, Gestión y Política Pública, Centro de Investigación y Docencia Económicas de México, sostiene que en el sector de las TIC y su acceso por los sectores más bajos de la población de acuerdo a estudios previos, "no se requiere la subsidiaridad" para el efecto, que seguramente, no sería propia aplicar a los demás países de América Latina, África y Asia, que se encuentran en su gran mayoría, bajo la línea de pobreza. P. 41

Desde un enfoque causa-efecto, Shallis afirmará que el nuevo paradigma tecnoproductivo[151] se articula en torno a las comunicaciones. "El mundo está siendo redefinido en términos de información. Hay una explosión de la información, que se debe en parte a la aceleración de una serie de proceso cuyo origen se remonta hasta las causas de la Revolución Industrial, y en parte a la tecnología que procesa información y que, por tanto, transforma las cosas en más información" (Shallis, 1986, pág. 149).

En la misma línea, Silva encuentra en el acceso y en el uso de la información dos condicionantes arriesgados para el logro del bien común de la sociedad. "La información ha adquirido un renovado valor que, según el acceso que se tenga a ella, puede significar integración o dominación, oportunidad o marginación. Este fenómeno comunicacional se integra a un contexto nacional específico, con características particulares, entre las cuales una de las más dramáticas es la desigualdad" (Silva, 2001, pág. 3).

Sobre el lenguaje para la comunicación, Joan Majó advierte el impacto de los nuevos lenguajes audiovisuales sobre el lenguaje tradicional escrito. Se requiere una nueva alfabetización del individuo en un nuevo lenguaje universal multimedia, a causa de la nueva información predominante en formato audio y visual [152]: "Es necesario aprender a analizar el lenguaje audiovisual ya que en el futuro nos llegará toda la información en este lenguaje, y de una manera especial, en el lenguaje visual. Estamos pasando de una sociedad donde la transmisión de información ha sido

---

151 Michael Shallis (1986), en El *ídolo del silicio*, profundiza en el origen de la nueva economía desde la información y la comunicación "En todos aquellos campos en donde la información es un "producto" esencial su volumen aumenta continuamente. La Revolución Industrial no sólo fue consecuencia de la nueva tecnología de la época, sino que también del desarrollo del comercio y las transacciones económicas, y del aumento de la importancia de la información. Lo que ocurrió en esta revolución fue que la fuerza muscular y determinadas habilidades humanas fueron sustituidas por máquinas, haciendo surgir una nueva economía que estaba basada en la información." P. 150 "La tecnología moderna contribuye a este fin reemplazando casi completamente las habilidades humanas, liberando a las fuerzas que generan la riqueza de las restricciones que suponen la falibilidad, fragilidad e inseguridad humanas. Es indudable que este último estadio del desarrollo tecnológico representa un giro decisivo; tanto es así, que muchos observadores lo relacionan con el propio proceso de evolución biológica". P. 151

152 José Tejada Fernández (1999), en *El Formador ante las Nuevas Tecnologías de la Información y la Comunicación: Nuevos roles y competencias profesionales*, amplia y profundiza en la necesidad de formar los orientadores o formadores profesionales que guiaran el manejo de las nuevas herramientas tecnológicas en todos los ambientes de la sociedad a partir de las exigencias de las nuevas competencias profesionales.

fundamentalmente escrita a una sociedad donde ésta transmisión ya no será escrita". El papel de las TIC en este escenario puede resultar alarmante si se observa solamente los impactos mediáticos[153], como en su momento se efectúo con la televisión, estudiada como medio y no como producto tecnológico de una era de transformaciones innovadoras a gran escala en todas las esferas de la sociedad (Majó, 2003, pág. 3).

Precisamente, el advenimiento de nuevos lenguajes[154] y de nuevas maneras tecnológicas de comunicación ha hecho posible que miembros de la sociedad que, por limitaciones físicas a las condiciones del medio, se habían aislado en el pasado, gracias a las TIC, sean incluidos en el sistema social actual. "Un tetrapléjico mudo que se comunica con el mundo a través de un ordenador en el que puede escribir gracias a un mecanismo sensible al parpadeo y a la mirada (esto es, al punto focal en el que se posan sus ojos en la pantalla) respondería indudablemente que sí a la pregunta anterior. Un campesino que trabaja completamente sólo centenares de hectáreas de duro campo probablemente también respondería afirmativamente, sin su tecnología biomecánica no podría sobrevivir, esto es, no conseguiría sacar el suficiente rendimiento al campo, necesitaría más manos y si tuviera que compartir con otros el fruto de la tierra ésta ya no le daría para vivir decentemente" (Almiron, 2002, pág. 7).

En esta línea, Bennasar afirmará que "la sociedad de la información debe ofrecer nuevas oportunidades y permitir que los ciudadanos

---

153 Eduard Aibar Puentes (2001), en *Fatalismo y tecnología: ¿es autónomo el desarrollo tecnológico?*, advierte sobre la dualidad de las posturas fatalistas, "La imagen del desarrollo tecnológico que se desprende de los estudios de tecnología es, sin embargo, muy diferente de ésta que se asocia a la tesis del determinismo tecnológico y de la autonomía de la tecnología. En lugar de un desarrollo lineal y de una estructura arborescente, la evolución de la tecnología se parece más a una red de caminos entrecruzados, de distintas anchuras, algunos de los cuales quedan de repente truncados para siempre mientras que otros se retoman al cabo de un tiempo o se fusionan con otros. Se trata, en resumen, de un modelo multidireccional que, en ningún caso, puede ser representado por la imagen de las vías de un tren: no existe una línea directa que lleve de las herramientas de sílex neolíticas a las estaciones orbitales actuales" P. 7

154 Eduardo Encabo Fernández (2003), en *La lengua y la literatura ante las tecnologías: Hacia la superación de la antinomia clasista letra-imagen*, Facultad de Educación, Universidad de Murcia, estudia como a pesar del predominio de la imagen y la letra en nuestro tiempo, la lengua y la literatura siguen superando el lenguaje de la sociedad. P. 1.

asuman un papel más activo en la sociedad. En estos momentos saber leer, escribir y calcular ya no es suficiente, por lo cual es función de los profesionales del campo de la discapacidad comenzar a estudiar las bases para evitar que estas personas se conviertan en "infopobres". Debe prepararse tanto a los centros educativos como a la sociedad para dar respuesta a la diversidad de personas, en el caso de los educadores, a los alumnos. De este factor nace la necesidad urgente de introducir las TIC a los planteles, para así satisfacer las demandas de cualquier tipo de población, especialmente los discapacitados" (Bennasar, 2003, pág. 9).

Al respecto, Castells afirmará "además, un nuevo sistema de comunicación, que cada vez habla más un lenguaje digital universal, está integrando globalmente la producción y distribución de palabras, sonidos e imágenes de nuestra cultura y acomodándolas a los gustos de las identidades y temperamentos de los individuos. Las redes informáticas interactivas crecen de modo exponencial, creando nuevas formas y canales de comunicación, y dando forma a la vida a la vez que ésta les da forma a ellas" (Castells, 1999, pág. 28).

Por otra parte, la solidaridad constituye la acción social que identifica plenamente la naturaleza de la sociedad: su razón de ser. El apoyo de los fuertes a los débiles es un acto de responsabilidad con los fines de la especie. Y el ejercicio de la libertad responsable constituye el pilar para el ejercicio de la justicia social.

Sobre la solidaridad, Castells advierte la bipolarización entre el yo y la sociedad, distanciándose el individuo de la misma, y generando una nueva identidad individual y cultural. "Es cada vez más habitual que la gente no organice su significado en torno a lo que hace, sino por lo que es o cree ser. Mientras que, por otra parte, las redes globales de intercambios instrumentales conectan o desconectan de forma selectiva individuos, grupos, regiones o incluso países según su importancia para cumplir las metas procesadas en la red, en una corriente incesante de decisiones estratégicas. De ello se sigue una división fundamental entre el instrumentalismo abstracto y universal, y las identidades particularistas de raíces históricas. Nuestras sociedades se estructuran cada vez más en torno a una posición bipolar entre la red y el yo" (Castells, 1999, pág. 29).

En esta preocupación se evidencia, más que una percepción tendencial[155], una advertencia profunda sobre el impacto de la naturaleza y la estructura de la sociedad.

Se ha dicho que la naturaleza de la sociedad surge del principio natural de cooperación que requieren las personas para el logro de un fin, e involucra los principios de solidaridad y comunicación. En este marco, las personas disponen y generan medios de carácter presencial o virtual para la asociación y la socialización.

La virtualidad tecnológica actual involucra una transformación de los conceptos de espacio, tiempo y movilidad, sobre la presencialidad tradicional (Martínez R. , 2007, págs. 24-28). Esta evolución concentra al individuo en un nuevo escenario relacional: la red. En ella los espacios tradicionales de relación presencial de la persona, la familia, la organización y el Estado encuentran nuevas formas virtuales para su desarrollo.

En este desarrollo, la disminución de la presencialidad en sí misma podría no presentar un impacto relevante si no fuese por la confluencia de tendencias sociales de diferente tipo, en el momento histórico actual, como el relativismo liberal y el auge tecnológico de las TIC y, específicamente, la red de Internet.

Igualmente, la tecnología en sí misma y la facilidad para la comunicación global que ofrece Internet, por sí solas, no generan la estructura bipolar entre la red y el yo que menciona Castells, sino

---

155 Manuel Castells (1999), en *La Era de la Información*, estudia el surgimiento de una nueva estructura social, manifestada bajo distintas formas, según la diversidad de culturas e instituciones de todo el planeta. Esta nueva estructura social está asociada con el surgimiento de un nuevo modo de desarrollo, el informacionalismo, definido históricamente por la reestructuración del modo capitalista de producción hacia finales del siglo XX". "Las nuevas tecnologías de la información están integrando al mundo en redes globales de instrumentalidad. La comunicación a través del ordenador engendra un vasto despliegue de comunidades virtuales. No obstante, la tendencia social y política característica de la década de 1990 es la construcción de la acción social y la política en torno a identidades primarias, ya estén adscritas o arraigadas en la historia y la geografía o sean de reciente construcción en una búsqueda de significado y espiritualidad." P. 48

que es alimentada por las corrientes de pensamiento y de tendencias de comportamiento social como el relativismo y la libertad cultural que estimulan su máxima expresión en el individualismo y la anarquía[156]. En este escenario, la individualización podría atentar contra la naturaleza solidaria del individuo y, como consecuencia de esto, en un impacto directo en la sociedad[157].

Igualmente, la individualización, expresada en el establecimiento de normas particulares con carácter de universalidad en virtud de la autonomía y la autodeterminación de la persona, como pilares de la libertad, se desarrolla en un ambiente de relativismo que irradia la comunidad (Osterman, 2006), en contraposición a las tendencias del estado y la oligarquia[158]. Mientras la primera propende por su identidad comunitaria, el estado persigue la universalidad de los derechos y deberes de las personas constituyendo y proclamando un nuevo miembro de la sociedad global: el ciudadano planetario.

Este miembro, surgido de la posibilidad de comunicación global que ofrece las TIC, establece, a través de las comunidades, una agenda de necesidades que procuran la atención solidaria de las

---

156 Nuria Almirón (2002), en *Sobre el progreso en una era de revolución científico-tecnológico-digital*, se referirá a la separación conceptual ideológica sobre el ser social, "Pero la Revolución Francesa también marca el punto de inicio a partir del cual la idea de progreso nos dividirá. Frente a los que pretenden primar la igualdad social se encontrarán aquellos para los que lo más importante es la libertad individual. La separación entre socialismo y liberalismo marcará la concepción de progreso tanto o más a como lo hará la gran ruptura filosófica de la historia del pensamiento occidental: la nueva filosofía de la existencia (existencialismo)". P. 8

157 Ibíd. Tipifica la sociedad desde la revolución tecnodigital, donde subraya la dualidad y el temor por su desarrollo de algunos visionarios sobre el uso de las TIC en la sociedad, "llegados a la segunda mitad del siglo XX advertimos la consolidación de una disyuntiva radical en la valoración que los individuos hacen del presente y del futuro. El determinismo tecnológico es un viejo amigo del ser humano desde que la fe en la razón se instauró en los corazones de los ciudadanos de la Ilustración. A partir de ese momento, lo decía antes, se creó un vínculo inextricable entre la nueva religión, la ciencia, y el progreso social. La innovación tecnológica ha sido interpretada desde entonces por muchas personas como fuente de transformación social. P. 8

158 Manuel Castells (1999), en *La Era de la Información*, expone cómo a través la historia, aquellas revoluciones sufridas por la sociedad, con relación a la industria y a la tecnología han tenido un proceso evolutivo característico y cómo han tenido incidencia e influencia en revolución tecnológica contemporánea. "Así, la disponibilidad de las nuevas tecnologías constituía un sistema en los 70 y era base fundamental para el proceso socio-económico que se estaba reestructurando en los 80. Y los usos de esas tecnologías en los 80 condicionaron mucho los usos y las trayectorias en los 90. El surgimiento de la sociedad "enredada", no pueden ser entendidos sin la interacción entre estas dos tendencias relativamente autónomas: el desarrollo de nuevas tecnologías de información y el intento de la vieja sociedad de reinstrumentarse a sí misma utilizando el poder de la tecnología para servir a la tecnología del poder. Sin embargo, la salida histórica de esta estrategia parcialmente consciente no está determinada, desde que la interacción entre tecnología y sociedad depende de las relaciones estocásticas entre un número excesivo de variables cuasi independientes. Sin tener que rendirnos necesariamente al relativismo histórico, puede decirse que la Revolución de la Tecnología de la Información fue cultural, histórica y espacialmente contingente en un conjunto de circunstancias muy específico cuyas características marcaron su evolución futura". P.79

comunidades y de los estados con posibilidad de responder a estos llamados.

Estas agendas son públicas y publicadas. Y es gracias a las TIC y al avance científico en todos los campos del conocimiento[159] que se ha evolucionado de los problemas locales de una comunidad a los problemas comunes de carácter global como la pobreza y la distribución de la riqueza, el medio ambiente y los recursos naturales, la superpoblación y su disminución (Beaudry & Green, 2005, págs. 749-774), la salud pública y la extensión de la vida, y, sobre todo, la causa de su ejercicio responsable, la justicia y la consecuencia de la misma: la paz entre sus miembros, entre los pueblos y entre los estados (Van Alstyne & Brynjolfsson, 2005, págs. 851-868).

En este sentido, para referirse a las posibilidades de las TIC por los estados, dirá Howkins, "Los gobiernos pueden actuar inmediatamente en algunas áreas (por ejemplo, acceso para sus ciudadanos, pero con otras áreas son más complejas y problemáticas (como los asuntos relativos al impacto). De este modo, los países en desarrollo deben mejorar la capacidad nacional para aprender, identificar áreas aptas para la formulación de políticas, realizar las acciones que correspondan y tomar una parte activa en el desarrollo de la sociedad mundial de la información" (Howkins, 1997, pág. 53).

En esta línea, Castells, desde su enfoque informacionalista, identificará los impactos de las TIC sobre la estructura orgánica y funcional de la sociedad: "Una revolución tecnológica, centrada en torno a las tecnologías de la información, está modificando la

---

159 Ibíd. Expone como las TIC y el avance del conocimiento han hecho posible descubrimientos y avances inesperados siglos atrás en la sociedad humana. "las nuevas tecnologías de información se han expandido por todo el mundo a la velocidad del relámpago en menos de dos décadas, entre mediados de los 70 y mediados de los 90, desplegando una lógica que yo propongo como característica de esta revolución tecnológica: la aplicación inmediata para su propio desarrollo de las tecnologías que genera, conectando al mundo a través de tecnología de la información. P. 60 (…) Los efectos positivos de las nuevas tecnologías industriales sobre el crecimiento económico, el nivel de vida y el dominio del hombre sobre la Naturaleza hostil (reflejado en la dramática prolongación de la expectativa de vida, que no había mejorado antes del siglo dieciocho) a largo plazo son indisputables en el registro histórico. Sin embargo, no llegaron temprano, a pesar de la difusión de la máquina a vapor y la nueva maquinaria. P. 63 (…) A pesar de todo, el registro histórico parece indicar que, en términos generales, cuanto más estrecha sea la relación entre los lugares de la innovación, producción y uso de las nuevas tecnologías, cuanto más rápido se da la transformación de las sociedades, y cuanto más positivo sea el feedback de las condiciones sociales sobre las condiciones generales mas innovaciones pueden ocurrir." P. 64

base material de la sociedad a un ritmo acelerado. Las economías de todo el mundo se han hecho interdependientes a escala global, introduciendo una nueva forma de relación entre economía, estado y sociedad en un sistema de geometría variable" (Castells, 1999, pág. 27).

Esta interrelación natural de la sociedad, economía, Estado y sociedad, se complementa con la interrelación natural entre comunicación, solidaridad y cooperación. En esta última interrelación, la evidencia del desarrollo tecnológico puede no tener solo una causa evolutiva y consecuente con las revoluciones anteriores,[160] sino que, adicionalmente, puede considerar una causa íntimamente ligada al modelo económico shumpeteriano (Winter, 1984; Nelson & Winter, 1982, págs. 114-132), soportado en la innovación (Chang, Chung, & Mahmood, 2006, págs. 637-656), como motor del desarrollo de las economías y sus organizaciones[161], en donde se evidencia que el desarrollo del conocimiento científico y tecnológico (Griffith, Redding, & Van Reenen, 2004), se lidera y se gestiona desde la cooperación en las organizaciones, aunque su finalidad no siempre haya sido la solidaridad y la comunicación.

Por tanto, la innovación como dimensión tecnológica no sólo es un factor determinante en la aplicación del conocimiento en la búsqueda de solución a los problemas sociales, sino que es también un factor inseparable del sistema económico de mercado. En él, la variedad del producto se constituye en un atributo adicional a su uso y a la estructura de valor del mismo, y desde el desarrollo de conocimiento para la protección del poder en todas sus dimensiones y visiones[162]. "Desde los estudios de la tecnología, se favorece una

---

160 Eduard Aibar Puentes (2001), en *Fatalismo y tecnología: ¿es autónomo el desarrollo tecnológico?* , basándose en análisis que afirma que el desarrollo tecnológico evoluciona autónomamente, respecto a otros ámbitos sociales, reforzando además el determinismo ecológico, muestra los grandes problemas que tienen los estudios más recientes sobre el dinamismo relacionado con el cambio tecnológico. "La inexorabilidad que actualmente se atribuye a la tecnología se puede constatar en el énfasis que se pone en las *regularidades* de su crecimiento. En el caso de las TIC, incluso, el proceso de innovación parece estar sometido a *leyes* que certifican su carácter inapelable. P. 2

161 María Cristina Piva y Marco Vivarelli (2004) en su artículo "Technological change and employment: some micro evidence from Italy", realizan un análisis microeconómico sobre la relación entre la innovación tecnológica y el empleo, demostrando, no sólo en sus estudios, sino con referencias de otros similares en Alemania, (Entorf y Pohlmeier,1990) y Holanda, (Brouwer y otros,1993), cómo evidentemente, las empresas innovadores contribuyen al aumento de los puestos de trabajo y del empleo nacional y por ende al desarrollo.

162

posición menos pesimista que destaca la posibilidad efectiva de intervenir sobre el desarrollo tecnológico, desde ámbitos ajenos en principio al mundo ingenieril, científico o empresarial" (Puentes, 2001, pág. 9).

Por otra parte, y respecto a los impactos de las TIC sobre la población, los estudios de Paul Beaudry, desde la Universidad de Británica Columbia en Vancouver, y de Fabrice Collard, en la Université de Toulouse, Francia, encontrarán, a través de sus observaciones estadísticas, correlaciones entre la población económicamente activa y el desarrollo. Dirán que las diferencias en las tasas de crecimiento de la población en edad de trabajar puede ser una clave para entender las diferencias en los resultados económicos en los países industrializados en el período de 1975-1997 frente al de 1960-1974. En particular, sostienen que "los países con tasas más bajas de crecimiento de la población adulta adoptaron nuevas tecnologías intensivas en capital más rápidamente que sus homólogos de alto crecimiento de la población, por lo tanto, lo que les permite reducir su tiempo de trabajo sin deterioro del crecimiento de la producción por cada adulto" (Beaudry & Collard, 2003, pág. 443).

Finalmente, Brynjolfsson y Smith (2000, págs. 563-585), advierten, en su estudio *Frictionless commerce? A comparison of Internet and conventional retailers,* la tendencia en el ajuste o nivelación del bien común entre las empresas y los consumidores. Resulta evidente la disminución de los costos de producción, comercialización y venta de los productos y servicios, ofrecidos tradicionalmente por las empresas, en el nuevo escenario de comercio electrónico.

Por otra parte, los impactos de las TIC en aspectos estructurales de la sociedad, que se comparten tanto en la naturaleza de la persona como en la naturaleza de la sociedad como la vida y el comportamiento de sus miembros, es posible establecer efectos profundos en una relación de causalidad. El avance de las TIC facilitan el conocimiento de la estructura y de las relaciones bióticas, no como un mero avance del conocimiento por el conocimiento, sino como una respuesta a la disminución dramática de la población que se prevé para después de la segunda mitad del siglo XXI[163], especialmente en los países europeos, Canadá, Australia, Estados Unidos etc., y de manera proporcional en los países que actualmente se consideran sobrepoblados. "La revolución científico-tecnológico-digital de los últimos años no sólo ha mejorado drásticamente nuestra esperanza y calidad de vida sino que también ha convencido a muchas personas de que, con las nuevas tecnologías, aumenta su poder individual y colectivo. Al menos en teoría y en potencia somos seres mucho más proclives a entender el mundo (y, por lo tanto, a entendernos a nosotros mismos), a relacionarnos los unos con los otros y a vivir más extensa e intensamente que lo fueron cualquiera de nuestros antepasados. Para algunos esto significa que somos más proclives a ser felices" (Almirón, 2002, pág. 6).

En coherencia, se advierte en la reflexión deAlmirón que la tecnología no tendría razón de ser sino estuviese al servicio del bien común de la sociedad. No se puede perder de vista los preceptos fundamentales de la naturaleza humana, ya que estos permitirán identificar hasta donde pueden llegar las tecnologías de la vida con el apoyo de las tecnologías de la información y de la comunicación.

Así mismo, los estudios sobre el comportamiento del individuo profundizan la *psiquis* y su relación de impacto con las TIC[164]. Se establece un cambio estructural en su escenario motivacional

---

163 Delvin Gualtieri, M. (2000), en *Forum on Science and Technology: Thechology's assault on privacy*, ponencia del Foro de Ciencia y Tecnología, en manifiesta que la "intimidad personal ha sido asaltada a medida que los adelantos tecnológicos permiten a los gobiernos de los países desarrollados tener mayor control sobre la ciudadanía." para fundamentar su tesis expone ejemplos como el análisis de ADN desde antes del nacimiento de la persona, lo que permite detectar enfermedades. (...) "Las compañías de seguros han sacado ventaja de esto para asegurar, sólo ciertos perfiles de información genética, con el riesgo de reducir el riesgo financiero." P. 1

164 Juan Alberto Estallo Martí (2006) en *Impacto sobre la conducta de las "Tecnologías de la Información" - Ansiedad ante el computador vs. "Computerphobia"*. Estudia los impactos de las TIC sobre la psiquis del individuo, "Desde hace tiempo se ha relacionado la ansiedad en el uso de ordenadores con la ansiedad frente a las matemáticas y las actitudes hacia las actividades numéricas y de cálculo en general. Investigaciones anteriores señalaron algún tipo de relación entre el éxito en el uso de ordenadores (Fennema & Sherman, 1976) y con el nivel de ansiedad general (Betz, 1978). Respecto a este último punto parece jugar un especial papel la variable de la autoconfianza o seguridad en sí mismo". P.p. 1-2

y de preocupación del mismo[165]. "Con el tiempo los ordenadores han modificado muchas de nuestras actividades cotidianas (la compra de entradas para espectáculos, las gestiones en el banco y numerosas tareas administrativas), casi todo se realiza hoy día mediante tecnología que trata grandes volúmenes de información y que permite acceder al dato necesario desde cualquier punto y a cualquier hora. El crecimiento de la tecnología de los ordenadores se ha visto acompañado de un incremento del número de individuos que se muestran ansiosos o intimidados frente a los ordenadores. Algunos autores consideran la ansiedad frente a los ordenadores como el resultado de un diálogo interno subyacente al sistema de creencias, acciones y conductas movilizadas en el trabajo con un ordenador" (Estallo, 2006, pág. 1).

Al respecto, se advierte en la reflexión de Estallo, el comportamiento complejo de un nuevo individuo que frente a un escenario mediatizado por las TIC debe enfrentar un proceso pedagógico de alfabetización si no quiere ser excluido del sistema tecnológico digital, en donde la nueva causalidad de ansiedad se convierte en la posibilidad o no de acceso. O, expresado en términos de Marqués, "hay que trabajar en aras de la "e-inclusión", entendida como el acceso a las tecnologías y adecuación a las necesidades de los colectivos más vulnerables. Para ello se debe escoger en cada caso la tecnología más apropiada a las necesidades locales, proporcionar una tecnología asequible económicamente a los usuarios, fomentar su uso preservando la identidad sociocultural y potenciando la integración de los grupos con riesgo de exclusión. (…) En cualquier caso, no cabe duda que la sociedad de la información comporta nuevos retos para las personas" (Marqués, 2000, pág. 7).

En esta línea, D´Alós-Moner, desvirtuará estas premisas preventivas y algo deterministas, en pos de la naturaleza del trabajo

---

165 Frans Berkhout , (2006) en el artículo "Expectativas en los sistemas normativos de Innovación" analiza las expectativas del cambio tecnológico, en cuanto a la sostenibilidad de su estructura. En ese sentido, clasifica las visiones futuristas al respecto de la siguiente manera: "1. El mapeado de un espacio de posibilidad; 2. Un dispositivo heurístico; 3. Un marco estable para la fijación de objetivos y el seguimiento de los progresos; 4. Metáforas de la construcción de redes de actores; 5. Una descripción de reunir y concentrar los recursos (bienes de capital, conocimientos. redes, competencias)" P. 305

y de su función comercial: "Dejadme decir que la tecnología tiene un papel muy perverso. Cada vez está más extendida la creencia de que si sabes moverte muy bien en el lenguaje HTML o XML, navegar, crear una Intranet o montar una web, eres un buen profesional. Sin embargo, la base de la profesionalidad pasa por una cuestión muy antigua: las personas. El trabajo tendrá sentido si está 100% orientado a nuestro cliente, tanto si es interno como externo. Hay que repensar el servicio, reinventarlo. Para ello necesitamos un cambio personal y colectivo, saber gestionar la propia carrera profesional, saber aceptar el propio ámbito laboral y saber moverse a escala profesional y social" (D'Alós-Moner, 2003, pág. 10).

2.4.2. La dinámica de los impactos de las TIC sobre la dimensión cultural de la sociedad

Toda acción del hombre en sociedad en coherencia con su búsqueda del bien común se comprende como cultura humana. Las acciones que atentan contra su finalidad se conciben como anticultura. De allí se desprende el estado de relatividad cultural del bien. Si el bien es relativo, la cultura se relativiza. Por tanto, debe existir un referente universal sobre el bien que produce cultura, que es, precisamente, el bien natural de la sociedad: producir bien para sus miembros, es decir, producir un bien común.

Leonardo Polo, en *Quién es el Hombre*, define la cultura como una acción relativa del hombre: "La cultura, aunque sea imprescindible para el ser humano, es un mundo relativo, pálidamente real: un mundo de sentido que puede adquirir muchas variantes. Por eso el espíritu objetivo no es una categoría homogénea. Hegel se refiere a él sin absolutizarlo, y lo coloca entre el espíritu absoluto y el espíritu del pueblo; cada pueblo tiene su espíritu. Hegel construye su historia universal de acuerdo a la idea de pueblo dominante, que es distinto a los largo del tiempo. (…) Esta interpretación de la pluralidad es demasiado rígida" (Polo, 1991, pág. 175).

La cultura puede expresarse como todos los bienes que constituyen valor para una sociedad tanto aquellos morales como físicos. La memoria histórica testifica la creación humana, producto de su organización social. La ética, la política, las artes, las ciencias, las construcciones, la economía, la religión y las tecnologías son patrimonios culturales de la sociedad.

David Held, Anthony McGraw & Jonathan Perraton, en *Global Transformations: Politics, Economics and Culture*, exponen algunas de las características de la globalization cultural: *"Contemporary cultural globalization is associated with several developments: new global infrastructures o fan unprecedented scale, generating an enormous capacity for cross-border penetration and a decline in their cost of use; an increase in the intensity, volume and speed of cultural exchange and communication of all kinds; the rise of Western popular culture and interbusiness communication as the primary content of global cultural interaction; the dominance of culture industry multinationals in the creation and ownership of infrastructures and organizations for the production and distribution of cultural goods; and a shift in the geography of global cultural interaction departing in some significant ways from the geography of the pre-Second World War global order"* (Held, McGraw, & Perraton, 2001, pág. 341).

Las tecnologías hacen parte de la cultura como consecuencia de su naturaleza innovadora. Y las nuevas Tecnologías de la Información y la Comunicación hacen parte de la nueva cultura de la Sociedad de la Información y del Conocimiento como expresión máxima del bien de la cultura y del bien de la sociedad actual.

José de la Peña, en *Historia de las Telecomunicaciones*, precisa cómo la sociedad y la cultura adoptan rápidamente las ofertas innovadoras en el campo de las telecomunicaciones, dadas las demandas de servicios en general: "La introducción de innovaciones en telecomunicaciones sigue la misma norma. Cuando las ventajas superan a los inconvenientes, los usuarios aceptan masivamente las innovaciones. ¿Podemos imaginarnos ahora la vida sin una comunicación en todo momento y en todo lugar como la que nos da la telefonía móvil? Seguramente, no. Nos costaría incluso más si pensamos en todo lo que había que hacer hace unos años si uno se quedaba en medio de una carretera con el coche averiado y sin nadie alrededor, o si no nos encontrábamos con alguien con el que habíamos quedado en la calle. La seguridad y la comodidad que ha incorporado a nuestra vida se impondrán a toda esa sobre reacción de temor infundado, como lo hizo el automóvil sobre el caballo". José de la Peña (2003).

Bibiana Apolonia Del Brutto, en *Sociedad y Red. El impacto y desarrollo de las tecnologías de información y comunicación en Argentina,* define el potencial de las TIC en la República Argentina desde los estudios del Observatorio de Cibersociedad: "El potencial del desarrollo social como la telemedicina, el aprendizaje a distancia, el teletrabajo, las bibliotecas digitales pueden contribuir a mejorar los niveles de salud, de educación, de capacitación y aumentar la transparencia de las decisiones y acciones de los agentes públicos y privados, apoyando la comunicación entre la sociedad civil, las instituciones del Estado y las del mercado. En este sentido las TIC poseen un potencial interno de generar sociedades menos excluyentes y permitir que los países más rezagados avancen hacia el mundo del conocimiento y la información" (Del Brutto, 2000, pág. 1).

Por tanto, la división entre naturaleza, cultura y sociedad procede para ordenar el principio y el fin que, en última instancia, resulta ser el mismo: el bien de la cultura para el bien común de la sociedad. "Es incorrecto idolatrar la cultura, cuyo valor positivo dependiente del espíritu, reside en la continuación de la naturaleza; esta continuación es adecuada al hombre, está a su servicio, pero no es algo absoluto" (Polo, 1991, pág. 175).

En este sentido, las TIC se ordenan para producir bien a los miembros de la sociedad y todos las acciones dirigidas a tal fin constituyen una nueva cultura tecnológica. De esta manera, los impactos que estas producen en la sociedad deben observarse con un criterio justo sobre el comportamiento del fenómeno cultural en cuestión, y no como mera causalidad positivista de hechos casuísticos con pretensiones teóricas de universalidad.

Marshall Van Alstyne y Erik Brynjolfsson, en el artículo *"Global Village or Cyber-Balkans? Modeling and Measuring the Integration of Electronic Communities"*, reflexionarán sobre los presupuestos sociales que entran en juego en la conformación de las nuevas redes culturales basadas en las TIC. Al respecto se dirá: "Si la diversidad de la interacción o la igualdad de los recursos representan objetivos que se atribuyen a los planificadores sociales, tenemos que considerar qué nivel de integración consideran más adecuados para equilibrar los intereses privados como individuos y nuestros intereses compartidos, como miembros de una comunidad. La fragmentación en uno o más aspectos de nuestras interacciones pueden o no ser deseable, pero una vez conseguido, puede ser difícil de revertir. En cualquier caso, en esta etapa relativamente temprana del desarrollo de la infraestructura de la información, ni un solo escenario es inevitable" (Van Alstyne & Brynjolfsson, 2005, págs. 864-865).

La nueva cultura tecnológica abarca todos los sectores de la sociedad,[166] y se constituye no solamente en la aplicación de herramientas técnicas de información y comunicación, sino también en la reformulación de conceptos básicos en el nuevo escenario de virtualidad, en donde el espacio y la presencia física son irrelevantes para el logro del fin específico[167].

---

166 Pere Masqués Graells (2000), Las TIC y sus aportaciones a la sociedad desde una perspectiva equilibrada entre las características, fortalezas, frenos y oportunidades de las TIC, como elementos que hacen parte de una cultura tecnológica, con la que debemos convivir, y que, además, están presentes en nuestro diario vivir sostiene que: "se puede establecer que *siguiendo el ritmo de los continuos avances científicos y en un marco de globalización económica y cultural, contribuyen a la rápida obsolescencia de los conocimientos y a la emergencia de nuevos valores, provocando continuas transformaciones en nuestras estructuras económicas, sociales y culturales, e incidiendo en casi todos los aspectos de nuestra vida: el acceso al mercado de trabajo, la sanidad, la gestión burocrática, la gestión económica, el diseño industrial y artístico, el ocio, la comunicación, la información, la manera de percibir la realidad y de pensar, la organización de las empresas e instituciones, sus métodos y actividades, la forma de comunicación interpersonal, la calidad de vida, la educación."* P. 2

167 Paulo Fernando Viegas Nunes, Capitán del Ejército Portugués (1999), en declaraciones publicadas en la página www.airpower.maxwell.af.mil/apjinternational/, explica como uno de los escenarios de la cultura que mejor explica el

De esta manera, la nueva cultura asume las TIC para perfilar una forma de coexistencia, de diálogo y de convivencia. El acceso, la alfabetización y el lenguaje predominan en la participación de la cultura. Sus miembros[168] adoptan las posibilidades benéficas de la técnica para la misma construcción de la cultura.

Manuela Raposo Rivas, en el artículo *"¿Es necesaria la formación técnica y didáctica sobre Tecnologías de la Información y la Comunicación?"*, publicado por la Revista *Píxel Bit*, demuestra, a través de la investigación realizada en la Universidad de Vigo, las razones que tienen los educadores para aplicar las TIC dentro del proceso educativo. Cree que las nuevas tecnologías son fundamentales para los docentes y que aquellos que no estén actualizados en este ámbito no son profesionales capacitados para formar una sociedad que exige su transformación hacia una nueva realidad académica. Rivas expone lo siguiente: "las TIC's en el proceso académico necesitan tener un proceso de formación respecto a las personas que las utilizan, en este caso los maestros, los cuales son: técnico, que abarca este aspecto como un proceso tecnológico que posee complejidades al momento de su uso, y didáctico, el cual se refiere a la herramienta como un complemento facilitador dentro del proceso de enseñanza y aprendizaje. Es bastante habitual que en las actividades de formación que se realizan confluyan ambos tipos de aspectos, aunque también es cierto que, en ocasiones, se presenta la técnica como didáctica y viceversa. La comunidad académica dentro de las organizaciones está dividida en cuanto al uso o no de las TIC. En la educación, hay algunos autores que están a favor del aspecto técnico y en contra del didáctico, o al contrario, o

---

concepto de virtualidad es el militar, donde incluso, las incontables guerras físicas de los ejércitos se traslada al campo de batalla de las TIC. "Si analizamos el ámbito militar nos damos cuenta que la amenaza de la guerra de información estratégica elimina por completo la distinción entre los sistemas militares y civiles. La conexión entre ellos complica el proceso de detección de un ataque de información y el desarrollo de una defensa eficaz. Por lo tanto, la pregunta que se desarrolla a través de esta tesis es la siguiente: ¿cómo el gobierno puede proteger su infraestructura de información, que ni le pertenece ni controla? P. 17

168 Michael Shallis (1986), en *El ídolo del silicio*, analiza como desde la familia, como miembros de ella y de la cultura se irradian los hábitos tecnológicos en cuanto a su uso desde un enfoque alarmador, "El poder transformador de los procesadores basados en el silicio está desplazando el centro de la vida familiar hacia el monitor de televisión. El computador controla el funcionamiento del hogar e integra a la familia en sus circuitos. Las máquinas que "piensan" están remodelando el mundo en términos electrónicos. P. 84

también creen que es necesaria una formación de los dos ámbitos o que ninguno es indispensable; Formación técnica: necesaria, según algunos educadores, la formación siempre es necesaria para un aprovechamiento óptimo de los recursos. Este aspecto es vital porque se facilita y se promueve el uso correcto de la tecnología, además de que las TIC's son complejas en su utilización y funcionamiento, por lo cual hay que aprender a manejarlas; No necesaria: Los medios son fáciles de manipular y son aparatos que no son aplicables a la docencia o la materia de la educación; Formación didáctica: este comportamiento se relaciona con el campo de acción y fundamento de la profesión, por eso muchos educadores piensan lo siguiente: somos maestros, no tecnólogos, es lógico pensar que el centro de interés se encuentra en la didáctica y no en la técnica" (Raposo, 2004, pág. 51).

"Las TIC, fruto del desarrollo científico, influyen a su vez en su evolución, contribuyendo al desarrollo socioeconómico y modificando el sistema de valores vigente. (...) Por otra parte, aún queda camino por recorrer hasta que las TIC constituyan un instrumento convivencial" (Marqués, 2000, pág. 4). En palabras de Souto, "...la incorporación de las tecnologías representa, una oportunidad para difundir el conocimiento entre un mayor número de ciudadanos, pero -al mismo tiempo- supone un riesgo de una asimilación cultural mecánica, poco crítica y que forme más a clientes que a ciudadanos" (Souto, 2004, pág. 8).

En este sentido, uno de los factores más relevantes de la caracterización de la nueva cultura es la adaptación que deben realizar los individuos de sus estructuras sociales para participar en la cultura tecnológica (Hitt, 1999, págs. 134-149). Participan no solamente, como se ha denominado al fenómeno, de la "brecha informacional"[169], sino como fenómeno de una brecha cultural, en

---

169 Adela D´Alós-Moner (2003), en *Oportunidades para los profesionales de la Información*, advierte la no plena existencia de la sociedad de la información en la región más desarrollada de España, como premisa aplicable a todos los países y toda la población mundial, donde se establece un estatus de brecha informacional, "Yo diría que hoy en Cataluña no podemos hablar de sociedad de la información, ya que echo en falta varios elementos, como una visión real, un cambio cultural, un cambio de base en las organizaciones. Las tecnologías de la información avanzan muy rápidamente y exigen un cambio de fondo en las organizaciones. En cambio, las organizaciones son muy viejas, están

donde algunas culturas se pueden aislar de otras culturas por diferentes factores de aislamiento tecnológico[170]. Esto anuncia la posibilidad de gestar una cultura universal, producto de la convergencia tecnológica[171], sin abandonar las identidades culturales de cada grupo cultural que participe en ella. A este fenómeno Castells lo ha denominado "La Sociedad Red" que, en última instancia, podría ser "La cultura Red". El mismo Castells, en la lección inaugural del programa de doctorado para la UOC de Barcelona, denominada *Internet y la sociedad red*, proclama la participación desde la inclusión de las culturas con urgente necesidad: *"Hay que trabajar en aras de la "e-inclusión", entendida como el acceso a las tecnologías y adecuación a las necesidades de los colectivos más vulnerables. Para ello se debe escoger en cada caso la tecnología más apropiada a las necesidades locales, proporcionar una tecnología asequible económicamente a los usuarios, fomentar su uso preservando la identidad sociocultural y potenciando la integración de los grupos con riesgo de exclusión"*. Castells (2000).

El fenómeno de aislar[172] unas culturas de otras a causa de la tecnología no es un fenómeno nuevo para la humanidad. Sin embargo, la oportunidad histórica de compartir la riqueza cultural de los pueblos en beneficio de todos, tal vez, sí sea el principal impacto de las TIC en la cultura de la sociedad: el compartir el conocimiento

---

anquilosadas, jerarquizadas, y los directivos son reticentes, tienen miedo al cambio y a dar poder a las personas que trabajan en las organizaciones. ". P. 2 (...) En lo que concierne a la formación, no tenemos una población formada en relación con las oportunidades que dan las tecnologías de la información. (...) La apuesta por la formación en las TIC debe concentrarse, por un lado, en la gente joven, mediante la escuela, pero sobre todo en las personas de mediana edad, que pueden quedar absolutamente descolocadas y marginadas dentro del mundo laboral. (...) No hay una igualdad de acceso a la información. (...) Por lo tanto, hay personas que tienen más información y más oportunidades que otros. No hay transparencia en la información ni estamos en las mismas condiciones de acceso". P. 3

170 Santos Urbina, Ramírez (1999), en *Informática y teorías del aprendizaje*. Universitat de les Illes ballears, artículo publicado en la revista Pixelbit, se deduce que una nueva cultura tecnológica supone la adopción y manejo de nuevas técnicas para evitar el aislamiento tecnológico, "La utilización de un determinado vehículo o medio para la aprehensión de significados supone tener en cuenta las características específicas de ese medio" P. 9.

171 Joan Francesc Fondevila G. (2004), en *La banda ampla universal, clau per a la ciberigualtat*, artículo publicado en cibersociedad, en el grupo de estudio, GT-1 La Fractura Digital: ¡Hacia una Cibersociedad Dual? sustenta como la principal causa de la brecha informacional de la sociedad es el acceso a una banda ancha de transmisión de datos, "(...) el principal i reparable causant de la desigualtat i exclusió social envers Internet: la carestia d'una xarxa de banda ampla d'accés universal i a preus assequibles." P.1

172 Urribarrí, Raisa (2005), *Formación de maestros y TIC: inventamos o erramos*, Revista Educere, sostiene que a pesar de los esfuerzos de reducir la brecha digital, el acceso limitado a Internet es todavía una abrumadora realidad. P.p. 77-82

como uno de los principales valores de la cultura[173]. Al respecto, Howkins precisa que "si bien es cierto que las diferencias entre países desarrollados y en vía de desarrollos son abismales y "el futuro de las tecnologías de información y comunicaciones es incierto, pero esas incertidumbres no justifican una política de brazos cruzados. Cada país tiene una prioridad clara: crear una sociedad y economía de la información que refleje sus necesidades y cultura, y a la vez de ser capaz de elegir su función óptima dentro de la comunidad mundial. Crear una sociedad de información es más importante que utilizar cualquier tecnología específica" (Howkins, 1997, pág. 53).

Las TIC han permitido que una cultura se beneficie de los conocimientos de otra cultura en todos los campos de la sociedad: la economía, la educación, las artes, la política y las ciencias en general, especialmente, las ciencias de la salud.

Mercedes Inciarte, en "Tecnologías de la Información y la Comunicación: un eje transversal para el logro de aprendizajes significativos", artículo publicado en la *Revista Reice*, ejemplifica, a través de las organizaciones educativas y la comunidad estudiantil, "cómo debe transformase un currículo académico por medio del uso de las TIC's y cómo evolucionan los profesores y alumnos con su incorporación. Con la utilización de esta experiencia demuestra que los docentes que aún estén marginados de la tecnología no tendrán oportunidades futuras, esto por medio de comparaciones de dos modelos: vertical (tradicional) y transversal (moderno)". Según Inciarte, "este nuevo siglo se caracteriza con un periodo histórico donde nunca se han experimentado cambios vertiginosos desde distintos planos, especialmente en la educación, sobre todo en lo que concierne a las tecnologías, fenómeno que jamás había vivido la humanidad" (Iniciarte, 2004, pág. 1).

---

173 Victor Rolando Ávila Cruz (2005), en *El correo electrónico y su uso óptimo en la búsqueda de información: cinco años de experiencias*, artículo publicado en Acimed (revista cubana de los profesionales de la información y de la comunicación en salud, sustenta como el compartir ese conocimiento es posible desde la educación a distancia, donde ésta "ha alcanzado un notable avance debido a la rápida evolución de las nuevas tecnologías de la información y de la comunicación, que posibilitan grandes masas de estudiantes, acortar las distancias y acercar cada vez más al profesor con los alumnos y a los alumnos entre ellos. P. 2

Lev Manovich, en *La vanguardia como Software,* define como el arte se ha nutrido de las TIC, incorporando los nuevos medios en el lenguaje del nuevo arte digital: "En la década de los años noventa se pone en marcha el cambio tecnológico por el cual toda la comunicación cultural pasa a los *media*. Podríamos pensar que al final las técnicas de vanguardia de los años veinte no serán suficientes y que empezarán a aparecer técnicas totalmente nuevas. Pero, paradójicamente, la "revolución informática" no parece ir acompañada de ninguna novedad significativa en lo que respecta a las técnicas de comunicación. Aunque hoy en día contamos con los ordenadores para crear, almacenar, distribuir y acceder a la cultura, seguimos utilizando las mismas técnicas desarrolladas en los años veinte". (Manovich, 2002, pág. 2).

Ruben Cañedo, Raúl Ramos & Julio Guerrero, en *La informática, la computación y la ciencia de la información: una alianza para el desarrollo,* sustentan la magnitud de los impactos de las TIC en la medicina, de tal manera que se ha abierto un nuevo campo de estudio multidisciplinario denominado "informática médica" (Cañedo, Ramos, & Guerrero, 2005, pág. 10).

Estos conocimientos han permitido la acción comparativa entre culturas, identificando las potencialidades y los aciertos de unas, y los equívocos de otras, para consolidar o al menos proponer un ideal de bienestar social, en donde los derechos y los deberes de los ciudadanos propenden por la universalización de ciertos valores culturales en virtud de la libertad. Granero lo ha expresado así: "en la rama del Derecho el gran vacío que propone la alta tecnología se presenta como un borroso mundo de computadores interconectados entre sí, sin precedentes valederos ni experiencia suficiente para dar opiniones con un grado de certeza por lo menos aceptable dentro de lo prudente. Mientras los legisladores y tribunales luchan por mantenerse a tono con la tecnología, la precaución y el sentido común deberían ser los principios de guía. "Una cosa es "Universalidad de conocimientos" o mera "informatización" para lo cual nos servimos de computadores y otra diversa es "universalidad del conocimiento" que consiste en encontrar lo verdadero y saber otorgar un sentido a lo poco que se sepa" (Granero, 1997, pág. 4).

No es la cultura tecnológica un traspié o un impedimento para la realización y la preservación de las culturas tradicionales, por el contrario, es un escenario para su identificación y reconocimiento[174]. El temor por el transculturalismo o el intervencionismo cultural no depende de la cultura tecnológica, depende de la fragilidad e inconsistencia de los principios y de los valores fundamentales de cada una de ellas[175].

Las TIC están al servicio de la cultura[176], dicho de otro modo, no la cultura al servicio de las TIC. Estas, como afirma Castells, no determinan la sociedad, por tanto, no determinan la cultura. Igualmente, la cultura tecnológica no prescinde de la cultura tradicional[177], por el contrario, la dimensiona a su finalidad[178].

---

174 Wim Westera, (2005) en *Beyond functionality and technocracy: creating human involvement with educational technology. (head of educational implementation educational technology expertise centre open university of the Netherlands,* afirma que la educación es uno de los caminos más importantes en la transferencia de conocimiento entre una cultura y otra, sin perjuicio de la utilización de la tecnología, "No solamente el conocimiento es una construcción dinámica que cubre penetraciones avanzadas y establecidas. El desafío para la educación es resolver las necesidades continuamente que cambian dentro de una sociedad" P. 35.

175 Raimundo Abello, Javier Páez y Claudia Dacunha (2001), en el artículo ¿Son la ciencia y la tecnología un instrumento de desarrollo? Revista *Investigación y Desarrollo de Colombia,* publican los resultados de su investigación sobre los efectos de las TIC's en Latinoamérica, donde evidencian el atraso tecnológico y científico de esta parte del continente. Adicionalmente, "el valor agregado a la pobreza y la miseria que se vive en el continente y una dificultad para acoplar la tecnología a la academia. El promedio de inversión en ciencia y tecnología en Latinoamérica, de acuerdo con el PIB, no supera el 0.7%, mientras que los países desarrollados, en promedio, invierten 1.74% de acuerdo con el PIB. En cuanto a la inversión privada, las naciones desarrolladas se caracterizan por un sostenido y significativo incremento en este ámbito, dado que la observan como una estrategia para alcanzar y mantener la competitividad empresarial en los mercados del mundo, los países de América latina no tiene la misma concepción". P. 377

176 Johnson, Pierre, (2000) en *El impacto de las nuevas tecnologías de la información y de la comunicación en perspectiva,* Comunidad Virtual de la Gobernabilidad CGV, sostienen que "Las TIC pueden ser herramientas para la restauración de la memoria cultural, para realizar inventarios lingüísticos, ecológicos, etc. Éste uso se opone a la uniformación inducida por la sociedad del consumismo." P. 4

177 Joan Francesc Fondevila G. (2000), en *Cable or the Essential Tchnology to foster Intercultural Communication in the European Broadcasting: A comparison of the European and the American Models,* director de CECBLE (Centre d'Estudis sobre el Cable) de España, en el Congreso de comunicación Barcelona 2002, sustenta a través de un estudio comparativo entre los Estados Unidos y la Unión Europea como las redes de telecomunicaciones por cable contribuyen al intercambio cultural de la sociedad, específicamente en los contenidos de la producción audiovisual.

178 Nuria Almirón (2002), en *Sobre el progreso en una era de revolución científico-tecnológico-digital* establece la finalidad de la cultura desde el progreso de la misma, que "Para muchas personas, todos estos avances tecnológicos se traducen en progreso. Y es entre 1750 y 1900 cuando la idea de progreso alcanza su máximo apogeo. La concepción actual de progreso debe casi todo a este periodo. Tras la explosión informacional ocasionada por el nacimiento de la ciencia moderna en el siglo XVII, los intelectuales del Siglo de las Luces creyeron ver en los primeros descubrimientos científicos el camino para el perfeccionamiento máximo de la humanidad. Los hallazgos y las promesas de la ciencia otorgaron confianza ilimitada a la razón humana para conseguir una mejora indefinida a partir de ese momento. Gracias a la razón el hombre podía vencer a las fuerzas de la naturaleza e iniciar un camino ascendente en el que la

2.4.3. La dinámica del determinismo tecnológico como impacto de las TIC en la sociedad: entre la natura y la cultura

El desarrollo y la aplicación de las TIC en la sociedad actual han fomentado la discusión sobre la determinación y la noción de su nueva estructura. Este podría ser, en principio, el principal impacto en la sociedad. Sin embargo, está claro que esta medición debe verse en conjunto, es decir, en todas las dimensiones de la esfera pública y de la esfera privada de la sociedad. "La necesidad actual de la evaluación externa o social de tecnologías es evidente por muchas razones: porque las tecnologías actualmente afectan de muchas maneras a la sociedad, porque la rapidez del cambio tecnológico obliga a realizar una previsión de las consecuencias que una tecnología puede tener para el futuro, o porque el desarrollo tecnológico está vinculado a la actividad humana y se necesita una orientación en una determinada dirección" (Muñoz & López, 1997, pág. 24).

Para el efecto, inicialmente, se establece un diálogo entre las diferentes posturas teóricas que han abordado el tema en el intento de su definición. A continuación, se citan algunos de los estudios sobre los impactos de las TIC en diferentes sectores de la sociedad.

Manuel Castells profundiza en este debate estableciendo su propia naturaleza: "la tecnología no determina la sociedad: la plasma (…) La sociedad tampoco determina la innovación tecnológica: la utiliza" (Castells, 1999, pág. 31).

Eduard Aibar Puentes, en *Fatalismo y tecnología: ¿es autónomo el desarrollo tecnológico?*, sobre la determinación de impactos, establece lo siguiente:

> "La evidencia empírica acumulada a lo largo de estos años desmiente la existencia de alguna lógica interna en el desarrollo tecnológico o de trayectorias naturales en la evolución de la tecnología. En ningún sentido puede

idea de progreso ya no se desvincularía jamás, hasta hoy, de la ciencia y sus aplicaciones técnicas" P. 7

considerarse una innovación tecnológica específica como inevitable ni, consecuentemente, se puede ver la historia de la tecnología como una sucesión de pasos necesarios. La tecnología no es, en absoluto, autónoma. Por lo que respecta a la tesis del determinismo, sin negar la existencia obvia de efectos sociales del desarrollo tecnológico, hoy sabemos que, por un lado, la tecnología no impacta en el medio social como un factor externo caído del cielo y que, por otro, la relación entre tecnología y sociedad es, en cualquier caso, *simétrica* y mucho más compleja de lo que pensábamos. La posibilidad de introducir modificaciones en una trayectoria tecnológica siempre está presente, pero es inversamente proporcional a la cantidad de recursos (humanos, materiales, cognitivos, sociales, etc.) que se han invertido o asociado. Por otra parte, de la misma forma que desde la nueva perspectiva se critica la existencia de elementos puramente técnicos, también se pone en duda la existencia de un ámbito de relaciones "puramente" sociales. Toda relación social está mediada por artefactos o elementos no-humanos —pese a que este extremo haya sido notoriamente desatendido por los científicos sociales." (Puentes, 2001, pág. 8).

En ese sentido, resulta evidente que las TIC, como toda tecnología, es un producto de la acción humana, y es un medio para el logro del fin de la sociedad. No es acción y fin en sí misma. Por tanto, resulta natural que la discusión conceptual sobre su determinación no sea tecnológica sino social[179]; y que el debate no gire en torno a propuestas como la Sociedad de las Tecnologías de la Información y de la Comunicación.

---

179 Manuel Castells (1999), en *La Era de la Información*, "no obstante, si bien la sociedad no determina la tecnología, sí puede sofocar su desarrollo, sobre todo por medio del estado, de forma alternativa y sobre todo mediante la intervención estatal, puede embarcarse en un proceso acelerado de modernización tecnológica, capaz de cambiar el destino de las economías, la potencia militar y el bienestar social en unos cuantos años. En efecto, la capacidad o falta de capacidad de las sociedades para dominar la tecnología, y en particular las que son estratégicamente decisivas en cada periodo histórico, define en buena medida su destino, hasta el punto de que podemos decir que aunque por sí misma no determina la evolución histórica y el cambio social, la tecnología (o su carencia) plasma la capacidad de las sociedades para transformarse, así como los usos a los que esas sociedades, siempre en un proceso conflictivo, deciden dedicar su potencial tecnológico". P. 33 Tomo I

Sin embargo, Castells no encuentra propio el concepto de "Sociedad de la Información", y sustenta la pertinencia del concepto de "Sociedad Informacional". "El término sociedad de la información destaca el papel de esta última en la sociedad. Pero yo, sostengo que la información, en su sentido más amplio, es decir como comunicación del conocimiento, ha sido fundamental en todas las sociedades (…) En contraste, el término informacional indica en el atributo de una forma específica de organización social en la que la generación, el procesamiento y la transmisión de la información se convierten en las fuentes fundamentales de la productividad y el poder, debido a las nuevas condiciones tecnológicas que surgen en este periodo histórico. Mi terminología trata de establecer un paralelo con la distinción entre industria e industrial" (Castells, 2002, pág. 47).

En efecto, Castells, a lo largo de su obra *La Era de la Información,* sustenta cómo en la sociedad mundial actual, y en sus diferentes formas de clasificación económica: informacionalismo, industrialismo, capitalismo y estatismo, la *información* irradia todos los escenarios de la sociedad. La información irradia desde la estructura productiva: política, economía, empresa, trabajador y familia; evidenciando que la información no es un dispositivo nuevo para la sociedad humana mientras que sí lo es la forma tecnológica de su aplicación. En este sentido, la información se aplica para producir más información, como el conocimiento se aplica para producir más conocimiento.

Sin embargo, la propuesta de *la información, en su sentido más amplio, comunicación del conocimiento,* no se desarrolla, y queda expuesta a la crítica constructiva. Dado que la categoría natural de la información es una *acción en proceso*, y la categoría natural de la comunicación es una *acción final*, y la del conocimiento es un *fin*; esta afirmación supone una categoría superior de la información sobre el conocimiento, en donde éste, una vez comunicado es información, y en donde la comunicación se convierte en un mero medio.

Sobre el papel de la información en la sociedad, Castells dirá, refiriéndose a las formas de utilización, es decir, referiéndose a la tecnología de la información, que su carácter adquiere la dimensión de revolución tecnológica de la información, dado que los cambios bruscos que sufre la sociedad son producto de un intervalo "raro" de la historia, de igual importancia que aquellos que han marcado la misma, como la revolución industrial, la revolución francesa, etc.

En la misma línea, esta revolución tecnológica de la información, en palabras de Melvin Kranzberg, puede expresarse como "la era de la información ha revolucionado los elementos técnicos de la sociedad industrial" (Citado por Castells, 2002, pág. 55).

En este sentido, puede evidenciarse que la revolución de la tecnología de la información ha ocasionado una revolución en la sociedad industrial, conformando un nuevo espacio histórico, determinado como "La Era de la Información". La categoría superior de era, como el espacio de tiempo histórico, se identifica por una estructura dominante. Es el paradigma mayor. La Sociedad de la Información, por otra parte, es la denominación del momento concreto de las últimas décadas, tipificado por lo que Castells ha denominado "la emergencia de la sociedad red, como nueva estructura social dominante en la era de la información" (Castells, 2002, pág. 24), en la presentación de la edición castellana de su obra *La era de la Información*. En esta obra también se advierte que el principal impacto de las TIC ha sido la interconexión[180] de la sociedad que ha permitido el diálogo y la comunicación de la cultura y el conocimiento. Expresado en palabras de Almirón, "por el camino hemos empezado a digitalizar el contenido del mundo, lo que significa que pronto podremos acceder a todo el conocimiento acumulado por la humanidad a través de cualquier nodo conectado a la Red planetaria en que se ha convertido Internet" (Almirón, 2002, pág. 5).

---

180 Barry Wellman, y Caroline Haythornthwaite (2002), en *The Internet in Everyday Life*, dismitifica los aspectos negativos asociados a la Internet que han querido validar algunos investigadores, reivindicando su papel posibilitador de interconexión cultural, "Speculation and publications on the impact of the Internet have tended to focus on social life, personal communication, and mass communication. Again, the content of communication in both types of channels can be seen to be equivalent, and more effctively or attractively conveyed by the Internet, so that we should exped to find the same sorts of changes as found for television" P. 34

Sobre los motivos que han dado lugar a estos cambios tecnológicos y a sus consecuentes revoluciones, Michael Rothschild ha dicho: "podríamos decir que la humanidad ha pasado hasta hoy por al menos seis grandes revoluciones que se corresponden con lo que algunos han llamado certeramente "explosiones informacionales". Cada nuevo paso dado por la sociedad es fruto de una información previamente adquirida y convertida en conocimiento, y produce a su vez más información nueva" (citado por Almirón, 2002, pág. 3). En esta visión, queda evidente no solo la rareza de las revoluciones tecnológicas frente a la larga historia de la humanidad, sino también la propuesta de Castells sobre su denominación de "Sociedad Informacional".

Peter Drucker, desde la óptica de la sociología de las organizaciones, ha definido la nueva sociedad de la siguiente manera: "Y ahora nos encontramos en otra oleada, la cuarta, cuya espoleta son la información y la biología. Como las anteriores oleadas empresariales[181], la presente no se limita a la alta tecnología. Comprende asimismo las tecnologías bajas y medias y el mundo de lo no tecnológico" (Drucker, 1992, pág. 369).

Igualmente, advirtió el cambio estructural en la organización del trabajo y el papel de la información en la organización: "En 1946, con la llegada del ordenador, la información se convirtió en principio organizativo de la producción. Con ello se ponían las bases de una nueva civilización" (Drucker, 1992, pág. 366).

Esta nueva civilización[182] es abordada por Drucker desde la tecnología: "La tecnología moderna estableció una civilización

---

181 Peter Drucker (1992), en *Las Nuevas Realidades*, editorial Suramericana, traducción de Purificación Suárez y José María Suárez, define las anteriores oleadas así: "La primera comenzó a mediados del siglo XVII (...) su espoleta fue la revolución comercial; La segunda *entrepreneurial* comenzó en el siglo XVIII, llamada la Revolución Industrial; (...) Después alrededor de 1870, la tercera oleada *entrepreneurial* fue puesta en marcha por las nuevas industrias: las primeras no sólo en aplicar diferentes fuentes e energía, sino las que pusieron realmente en circulación productos que nunca, o sólo en cantidades minúsculas, habían existido antes: electricidad, teléfono, electrónica, siderurgia, productos químicos y farmacéuticos, automóviles y aviones." P. 367

182 Ibíd. (1972), en *Tecnología, Administración y Sociedad*, Galve, S.A. México. describe la nueva civilización una sociedad integrada por diferentes comunidades inmersas en diferentes épocas, edades o etapas del pensamiento, y que sin importar ello, tienen acceso a la tecnología de información y a su debida utilización. "En todo el mundo la existencia de la civilización tecnológica es un hecho que el hombre moderno da por descontado. Hasta los pueblos primitivos de las selvas de Borneo o de los Altos Andes, que tal vez aún viven en la Primitiva Edad de Bronce y en chozas de lodo, como ha sido desde hace miles de años, no necesitan que alguien le explique, cuando en la película que están viendo escuchan el chasquido de un interruptor de luz eléctrica, ven el movimiento de levantar un auricular del teléfono, el momento en que arranca un automóvil o despega un aeroplano, o el lanzamiento de otro satélite." P. 87

tecnológica mundial". El autor enfoca la finalidad natural de la tecnología como un posible facilitador de los males de la humanidad. "La esperanza de que la tecnología pueda llegar a desterrar de la humanidad la milenaria maldición de la enfermedad y la muerte prematura, de la agobiante pobreza y de la faena incesante. Y cualquier otra cosa que esto pueda requerir, exige que la sociedad acepte una civilización enteramente tecnológica" (Drucker, 1972, págs. 98-99).

Desde un enfoque sociológico futurista y apocalíptico, Alvin Toffler realiza un seguimiento a los cambios estructurales posibles en una implantación desordenada e irresponsable del poder, producto de las visiones relativistas, liberales y positivistas de la nueva sociedad. "Nos hallamos en el albor de la *Era del Cambio del Poder*. Vivimos unos momentos en los que toda la estructura del poder que mantuvo unido al mundo se desintegra, y otra, radicalmente diferente, a tomando forma. Y lo está haciendo en todos y cada uno de los niveles en que habíamos estratificado la sociedad humana" (Toffler, 1997, pág. 25). Toffler denunciará la intromisión del poder político y estatal en todos los ámbitos sociales, realizando un recorrido por la información, la tecnología y el conocimiento [183]

El mismo Toffler, refiriéndose al "motor tecnológico" de nuestro tiempo, advierte sobre los rápidos cambios que la tecnología podría ocasionar en la sociedad, limitando las posibilidades de adaptación de algunas economías nacionales. A estos cambios rápidos y vertiginosos los llamará "Shock del Futuro"[184]. También afirmará: "Detrás de estos prodigiosos hechos económicos se oculta el rugiente y poderoso motor del cambio: la tecnología. Con esto, no quiero decir que la tecnología sea la única fuente para el cambio en la sociedad. Las conmociones sociales pueden ser provocadas por una transformación de la composición química de la atmósfera, por alteraciones del clima, por variaciones en la fertilidad y por otros muchos factores. Sin embargo, la tecnología es, indiscutiblemente,

---

183 Alvin Toffler (1997), en *El Cambio del Poder* , Plaza y Janes, Barcelona, describe y tipifica la agenda de la información en los estados "El orden del día de la información", P. 371-380, "El poder de la red" P.p. 150-160, "Conocimiento una riqueza hecha de símbolos" P.p. 87-95.

184 Alvin Toffler (1971) Barcelona Plaza y Janes, en *El Shock del Futuro*, analiza los cambios extremos a los que se abocaba la nueva sociedad en todos sus ambientes, desde el individuo, la familia, la organización y la estructura política de los estados.

una fuerza importante entre las que promueven el impulso acelerador" (Toffler, 1971, pág. 39).

Como consecuencia del análisis sociológico formulará "La Tercera Ola",[185] entendida como el determinismo del momento histórico de la sociedad actual. "La tercera ola sostiene que una civilización hace uso también de ciertos procesos y principios y que desarrolla su propia *súper ideología* para explicar la realidad y para justificar su existencia" (Toffler, 1980, pág. 20). Y, especificará su significado: "La tercera ola trae consigo una firma de vida auténticamente nueva basada en fuentes de energía diversificadas y renovables; en métodos de producción que hacen resultar anticuadas las cadenas de montaje de la mayor parte de las fábricas; en nuevas familias no nucleares; en una nueva institución, que se podría denominar el *hogar electrónico*; y en escuelas y corporaciones del futuro radicalmente modificadas" (Toffler, 1980, pág. 26).

Por su parte, Marshall McLuhan, desde la esfera de la comunicación, analiza el papel de los medios de comunicación masiva en la sociedad y como estos determinan la naturaleza interactiva entre los productores y los consumidores. Encuentra una estrecha relación entre el medio y el mensaje, evidenciado por la estructura del poder mediático en las audiencias. La descripción analítica realizada en sus investigaciones aportó el concepto de "aldea global" como alcance sociológico del impacto de los medios en la comunicación mundial, facilitando la integración de los pueblos a través de las tecnologías de comunicaciones[186]. *"The Chinese, Japanese, Koreans, Arabs, Lebanese, mexicans, Central Americans, and Indians who are washing up on U.S. shores by the thousands,*

---

185 Alvin Toffler (1980) Barcelona Plaza y Janes en *La Tercera Ola,* amplía su concepción sobre los cambios estructurales de la sociedad debido al avance del conocimiento y de la tecnología, atacando las estructuras naturales de las diferentes identidades y entidades sociales.

186 Marshall McLuhan (1989), en *The Global Village: transformations in word life and media in the XXI century,* emplea el concepto de Era de la Información, para referirse al desarrollo tecnológico originado en Silicon Valley con destino a las diferentes áreas de la economía estadounidense con aplicación mundial " In the information age, however, we shall see whole regions devoted to a balancing combination of industries in the same sense that "Silicon Valley", south of San Francisco, is keyed to all the products of photonics and microelectronics and the Orlando area resolves around the transportation, travel, and tourism complex of Disney Word.". P. 89 Oxford University Press, New York.

legally and illegally, Will be well served by the new Technologies. Hundred channel cable systems will be divided up by culture and language" (McLuhan, 1989, pág. 85).

En la misma línea de análisis de los medios tecnológicos, Nicholas Negroponte propone el concepto postinformacional[187] para determinar el momento histórico de la sociedad actual: "La Era de la Postinformación". Sustenta que la era de la información ya ha pasado y ha dado lugar a un nuevo concepto de sociedad y de individuo, en donde lo más importante y determinante es la extrapolación social. "En la era de la postinformación, a menudo tenemos un público unipersonal. Todo se hace a pedido y la información está personalizada al máximo. Una suposición muy difundida es que la individualización es la extrapolación de la sectorización: se va de un grupo grande a un grupo más pequeño y de ahí a otro más pequeño aún. Hasta que, por último, el destinatario es un solo individuo" (Negroponte, 1995, pág. 168).

Sobre los límites o el fin de la sociedad postindustrial y el surgimiento de una nueva sociedad, Daniel Bell encontrará, como determinantes en su configuración, el conocimiento y la tecnología, dados los indicadores de crecimiento exponencial en el mundo de ambos fenómenos sociales: "En los últimos años nos hemos acostumbrado a la afirmación de que la cantidad de conocimiento se incrementa según un índice exponencial". Sobre la tecnología, dirá: "las revoluciones en el transporte y en la comunicación, como consecuencia de la tecnología, han creado nuevas interdependencias económicas y nuevas interacciones sociales. Se han formado nuevas redes de relaciones sociales (de forma preeminente el paso

---

187 Nicholas Negroponte, (1995), en *ser digital*, sustenta que la sociedad postindustrial es la misma *era de la información*, y que realmente vivimos una era de *postinformación*, "La etapa de transición entre la era industrial y la postindustrial o era de la información, ha sido discutida tanto y durante tanto tiempo, que no hemos dado cuenta de que estemos pasando a la era de la postinformación. La era industrial, básicamente era una de átomos, nos legó el concepto de la producción en masa, con economías basadas en a producción realizada con métodos uniformes y repetitivos, en cualquier espacio y tiempo dado. La era de la información, la era de las computadoras, nos mostró la misma economía de escala, pero con menor énfasis en el espacio y en el tiempo. Y en el futuro, la fabricación de bits podría llegar a realizarse en cualquier lugar, en cualquier momento y permitiría, por ejemplo, moverse con toda libertad entre los mercados bursátiles de Nueva York, Londres y Tokio como si fueran tres máquinas adyacentes." P. 167 Editorial Atlántida, Buenos Aires.

del parentesco a los lazos ocupacionales y profesionales); nuevas identidades, físicas y sociales, se convierten en la matriz de la acción humana" (Bell, 1986, págs. 208, 222).

Sobre el componente de la tecnología, Bell centrará su análisis en lo que llamará "la tecnología intelectual": el computador. "Lo característico de la nueva tecnología intelectual es el esfuerzo por definir una acción racional e identificar los medios para llevarla a cabo". En su propuesta analítica, encontrará una fusión entre conocimiento y desarrollo tecnológico. Esta fusión, según el autor, se puede ver en diferentes momentos de la sociedad, sin embargo, nunca como ahora, esta fusión ha crecido de manera exponencial tipificando una nueva sociedad, *la sociedad del conocimiento*, con un motor evidente, la *tecnología intelectual* (Bell, 1986, págs. 48-49).

Daniel Bell, en *El advenimiento de la sociedad post-industrial*, cita a Robert Lane como el autor del concepto de "Sociedad del Conocimiento". Lane define: "Como primera aproximación a una definición, la sociedad dedicada al conocimiento es aquella en la que, en mayor grado que otras sociedades, sus miembros: a) investigan las bases sobre sus creencias sobre el hombre, la naturaleza y la sociedad; b) se guían, tal vez (inconcientemente) por normas objetivas de verificación y, en la educación superior, siguen reglas científicas de comprobación y de deducción en la investigación; c) dedican importantes recursos a esa investigación, y cuentan por tanto con una amplia reserva de conocimiento ; d) acumulan, organizan e interpretan el conocimiento en un esfuerzo constante para sacar consecuencias de utilidad inmediata; e) emplean ese conocimiento para iluminar (y quizá modificar) sus valores y metas, así como para avanzar en ellos. Lo mismo que la sociedad democrática se fundamenta en relaciones intergubernamentales e interpersonales, y la sociedad opulenta en la economía, así también la sociedad dedicada al conocimiento tiene sus raíces en la epistemología y la lógica de la investigación" (Bell, 1976, pág. 207).

La suma de tendencias universales de comportamiento social con injerencia directa de la tecnología produjo una nueva visión para entender los hilos comunes de la nueva sociedad, en donde la política, la economía, las comunicaciones y la cultura se masificaron y mundializaron, encontrando una nueva manera de describir el mundo: la globalización[188]. Así lo afirma Tapscott: "en la dialéctica del desarrollo actual del capitalismo, consideramos las comunicaciones y las tecnologías de la información como el corazón de la globalización. Por un lado, porque la convergencia tecnológica ha transformado a las comunicaciones en una industria que integra computación -hardware, software, servicios (Romero P. , 2007, págs. 44-45); comunicaciones (telefonía, cable, satélites) y contenidos (publicaciones, entretenimiento, publicidad), dando lugar al llamado sector " Multimedia Interactiva" que, como señalo "es el motor de la nueva economía" (Tapscott, 1995, pág. 209).

Frente a este debate teórico sobre el concepto de sociedad actual y, específicamente, sobre el conceto de sociedad de la información[189], Castells dirá: "confundidos por la escala y el alcance del cambio histórico, la cultura y el pensamiento de nuestro tiempo abrazan con frecuencia un nuevo milenarismo. Los profetas de la tecnología predican una nueva era, extrapolando las tendencias y organizaciones sociales la lógica apenas comprendida de los ordenadores y el ADN. La cultura y la teoría posmodernas se recrean en celebrar el fin de la historia y, en cierta medida, el fin de la razón, rindiendo nuestra capacidad de comprender y halar sentido, incluso al disparate. La asunción implícita es la aceptación de la plena individualización de la conducta y de la impotencia de la sociedad sobre su destino" (Castells, 2002, pág. 30).

---

188 Catherine Mann, L., (2004), en *This is Bangaore calling: hang up. What technology.enable international trade in services U.S. Economy and Workforces.* Federal Reserve Bank of Cleveland. Research Department. P.O. Ebsco- Academia- Search Premie, sustenta como la globalización trae consigo problemas asociados a las TIC, "La tecnología y el comercio se han vuelto tan interdependientes y se esfuerzan tanto entre sí, que es difícil separarlos. Ambos conllevan a una profunda integración global y al aumento de la circulación de productos y servicios, lo que produce mayores ganancias a los negocios internacionales." P.p. 1-2

189 Manuel Castells, (1999), en *La Era de La Información*, amplifica y esclarece las condiciones para una sociedad de la información, el autor resalta los "Rasgos que constituyen el núcleo del paradigma de la tecnología de la Información. Tomados en Conjunto, constituyen la base material de la sociedad de la Información" Las características son: tecnología para actuar sobre la información. La capacidad de penetración de los efectos de la nuevas tecnologías; La lógica de interconexión; La flexibilidad; La convergencia creciente de tecnologías específicas en un sistema altamente integrado. P. 88

Esta afirmación castellslariana, a manera de conclusión categórica, podría explicarse desde la historiografía de la ciencia y de las revoluciones científicas de Thomas Khun: "Guiados por un nuevo paradigma, los científicos adoptan nuevos instrumentos y buscan en lugares nuevos. Lo que todavía es más importante, durante las revoluciones los científicos ven cosas nuevas y diferentes al mirar con instrumentos conocidos y en lugares en los que ya habían buscado antes. Es algo así como si la comunidad profesional fuera transportada repentinamente a otro planeta, donde los objetos familiares se ven bajo una luz diferente y además, se les unen otros objetos desconocidos" (Khun, 1992, pág. 176).

Sin embargo, es necesaria la alerta de los estudiosos sobre este debate teórico que encuentra con regularidad divergencias estériles frente a la confusión de conceptos, expresados sin ninguna prevención y juicio por quienes intentan su estudio. Así se evidencia en la siguiente afirmación: "Hablamos especialmente de Internet porque es la madre de todas las sociedades de la información, no de las académicas, sino de las políticas y técnicas, de las que hoy por hoy entendemos como tales, y no por cuestiones solo atribuibles a la tecnología, más bien por el rediseño, y la consiguiente expansión, modificación y general alteración de las posibilidades de comunicación y de relaciones sociales y humanas" (Villanueva, 2004, pág. 74).

2.4.4. La dinámica de los impactos de las TIC en la empresa

En España, en el año 2004, se publicó el estudio "El papel de las relaciones laborales en la difusión de las tecnologías de información y comunicaciones", dirigido por Jorge Aragon Medina, en colaboración con Carla Bobino Covas y Fernando Rocha Sánchez, y patrocinado por la Fundación 1 de Mayo y el Ministerio de Trabajo y Asuntos Sociales. El informe, basado en datos estadísticos del INE y del propio Ministerio, señala que la incorporación de las TIC no se realiza de manera uniforme en las empresas; por tanto, los impactos derivados de ellas en los trabajadores son diferentes y relativos a las formas organizativas y a factores ajenos a las TIC. En segundo lugar, sostiene que las TIC cada vez más afectan la prestación laboral, puesto que en la medida en que se incorporan las TIC a la empresa se generan cambios en la naturaleza de las tareas de los trabajadores. En tercer lugar, presenta cómo el teletrabajo es incipiente en España. En cuarto lugar, demuestra cómo los cambios tecnológicos demandan no solo nuevos contenidos sino nuevos ámbitos de interlocución y de negociación. Por último, muestra cómo las TIC fomentan la subcontratación y la externalización de funciones y de tareas en las empresas de modo que en algunos sectores empresariales se ha disminuido el tamaño de las plantillas laborales (Aragón, Bobino, & Rocha, 2004, págs. 198-208).

Estas afirmaciones categóricas son acompañadas de múltiples recomendaciones a las políticas públicas sobre el sector laboral y empresarial español. Entre estas se precisan el fortalecimiento de la infraestructura tecnológica para el acceso de toda la población vía información pública y el comercio electrónico; el impulso a la campaña de "alfabetización digital" en el marco del fomento a la educación básica para toda la población (infraestructura, educación a distancia, formación de profesores, promoción de la formación ocupacional en TIC); el impulso de la innovación en ciencia-tecnología-empresa, en el marco del V Plan Nacional de I+D+I; el fomento de la administración electrónica como servicios públicos en línea; el impulso a la integración de las TIC a la empresa (aplicación y contenidos, asesoramiento y formación, y gestión de trámites a las PYMES). Sobre el papel de las TIC en las relaciones laborales, los autores recomiendan el involucramiento de las negociaciones colectivas como organizaciones dinamizadas de las relaciones laborales respecto a la potenciación de participación de las políticas nacionales y regionales sobre la sociedad de la información; el aprovechamiento de los acuerdos interconfederales como escenarios de discusión que tengan en cuenta la regulación del uso de las TIC en la empresa; el fomento, la anticipación y la gestión del cambio tecnológico, orientaciones sobre la incidencia de las TIC en el empleo, clasificación profesional, formación, promoción, retribución o salario laboral, constitución de redes nacionales o europeas, para el intercambio de experiencias y la formulación de recomendaciones al respecto (Aragón, Bobino, & Rocha, 2004, págs. 199-200).

Seguidamente, el informe recomienda, respecto a los agentes sociales a nivel sectorial, que se debería potenciar los observatorios laborales que permitan analizar los cambios tecnológicos y sus incidencias. En relación con la información, la consulta, la participación y la negociación, recomienda la constitución de un modelo dinámico del estado más allá de la legislación, que permita mejorar la productividad mediante el uso de las TIC. Respecto a la formación profesional en relación con las nuevas formas y la organización del trabajo, se recomienda reforzar los sistemas de aprendizaje para mejorar las competencias de los trabajadores cada vez más determinadas por el uso de las TIC y que fueron consagradas en el acuerdo firmado en el año 2002 en la Unión Europea por las organizaciones sindicales europeas (CES, UNICE, CEEP), en la línea de las directrices del Observatorio Europeo de Tecnología de Información (Aragón, Bobino, & Rocha, 2004, págs. 203-204).

Por otra parte, frente al teletrabajo, se recomienda la pronta adaptación al escenario español del Acuerdo Marco Europeo del Teletrabajo. Con respecto de la contractualización de las condiciones laborales, a falta una norma específica que la precise, y frente a la salud laboral, se recomienda el monitoreo de una nueva "nocividad" de las TIC, que se fundamente en factores físicos, químicos y biológicos, expresados en riesgos de seguridad electrónica, ergonomía visual, y factores psicosociales como aislamiento, ritmo de trabajo, claridad de las tareas y los procesos, y horarios de trabajo de interferencia familiar. En cuanto al tiempo de trabajo, se indica la incidencia sobre el mismo, la presencialidad y el trabajo efectivo, y se recomienda la flexibilización del trabajo en coherencia con la armonización de la vida laboral y la vida familiar. Sobre el empleo, la subcontratación y la externalización, el informe recomienda la recualificación de los trabajadores con miras a la reubicación laboral; esto no implica una disminución de las plantillas, evitando la terminación de los contratos laborales. También se recomienda compatibilizar las demandas de flexibilización de las nuevas formas de trabajo con las exigencias de seguridad laboral de los empleados. Finalmente, frente al ámbito relacional de los empleados, el informe dicta que es necesario formular normas de control, inspiradas en la dignidad y en la intimidad de las personas frente al uso de las TIC (Aragón, Bobino, & Rocha, 2004, págs. 198-208).

En esta línea, los pronósticos de Turnage, en el *Department of Psychology, University of Central Florida,* sobre los impactos de las nuevas tecnologías en el lugar de trabajo de los empleados y en el marco de la gestión humana para la productividad, determinarán que la innovación tecnológica no mejorará la calidad del trabajo y, por tanto, no mejorará la productividad nacional de los EEUU. Esta apreciación la publicará en el artículo "The Challenge of New Workplace Technology for Psychology" en el *American Psychologist.* En las conclusiones se advierte que "en el lugar de trabajo, la tecnología no puede garantizar una mayor productividad" a pesar de los múltiples ejemplos que demuestran el aumento de la misma (Turnage, 1990, pág. 177). En este sentido, se han desarrollado dos posiciones al respecto: la pesimista y la optimista. En la línea pesimista, se puede ver Braverman (1974), Solow (1987), Brod (1988), Buchanan & Boddy (1982); en la línea optimista, en cambio, a Campbell (1983, págs. 6-10), Campbell & Campbell (1988), Cohen (1984, págs. 127-136), Davis (1986), Ettlie (1986, págs. 135-144), McGukin, Strietweiser, & Doms (1998), Milana & Zeli (2001), Baldwin & Sabourin (2001), Belzunegui (2002).

Autores de mayor moderación sostienen que las nuevas tecnologías de información a menudo fracasan porque los ingenieros de sistemas ignoran la complejidad psicológica del empleado y las dinámicas del cambio organizacional y de la innovación: "La transferencia y la innovación es un proceso humano, no sólo de carácter técnico"; así lo demostró Diamond (1993), de la University of Missouri, Columbia, en sus investigaciones en el gobierno, publicadas en el artículo *"Innovation and Diffusion of Technology. A Human Process"* (Diamond, 1996, pág. 228).

Entre algunos de los investigadores de esta línea se encuentran Hirschhorn (1988), Schwartz (1990), Turkle (1984), Crafts (2001), Triplett (1999). Estos últimos profundizaron en la "paradoja de la productividad de la tecnología", planteada por el premio nobel de economía Robert Solow, al final de la década de los años 80. En estos años, recién se habían incorporado los computadores a los procesos productivos de las empresas, de modo que Slow sostenía que mientras las empresas invertían en computadoras, con el ánimo de aumentar la productividad, no era posible lograrlo, dada la imposibilidad de establecer una medición real de la información y del aumento productivo de las empresas, a pesar de su enorme difusión en todo el mundo (Triplett, 1999, págs. 310-333).

Triplett ordenó la discusión tomando como puntos críticos lo siguiente: la medición de las TIC son difíciles de cuantificar, puesto que los sistemas nacionales de estadísticas no cuentan con metodologías que determinen el nivel de productividad de TIC ni la evidencia real de sus aportes, considerando que estos son, principalmente, de carácter intangible; los beneficios derivados de las TIC en las empresas como la optimización y la flexibilización de nuevas formas organizativas no son homogéneas en todas ellas, y resulta un proceso lento y dispendioso; los beneficios de las TIC en la empresa no serían tan evidentes si se considera los costos de adaptación y de mantenimiento que esta debe contabilizar permanente (Triplett, 1999, págs. 309-333).

Adicionalmente, los estudios de Greenan, Mairess & Toipol-Bansaid, (2001), determinaron una mayor probabilidad de mejora en los efectos de las TIC en la empresa cuando estas son acompañadas de procesos estructurales de innovación que permiten articular y dinamizar los cambios organizacionales en conjunto.

Otro estudio en el campo de la flexibilización del trabajo y el teletrabajo es el de Belzunegui, publicado por el Consejo Económico y Social. Belzunegui determina los impactos positivos, observados en la última década, de las TIC en la empresa: la posibilidad de acumulación de datos que ha permitido generar los llamados bancos de datos; el aumento de la productividad y la calidad en procesos y productos de la industria; la optimización y el ahorro de los costos de producción; la disminución de tiempo de tenencia del capital, aumentando la reproducción; la creación de redes de información en clientes y proveedores que ha permidito optimizar la administración de la producción y los *stock,* reduciendo los costos de almacenamiento y de inventarios; la complementariedad del modelo de economía a escala con el modelo de economía de ámbito, la cual permite producir pequeñas series para públicos masivos, personalizando la producción; y la evolución a organizaciones horizontales. Belzunegui, (2002).

Por su parte, desde una mirada alentadora del impacto de las TIC en la empresa, Baldwin y Sabourin (2001) realizaron un estudio longitudinal comparativo de las empresas canadiense que adoptaron las TIC y las que no, entre los años 1988 y 1997. Las conclusiones del estudio determinaron que la competitividad ofrecida por las TIC a la empresa mejoró de tal manera que aquellas que no lo hicieron desaparecieron del mercado; las empresas que adoptaron las TIC tuvieron que someterse a cambios organizacionales acelerados que, en última instancia, produjeron mejores resultados operativos; el éxito productivo de algunas empresas es posible asociarlo a la utilización de las TIC; la adopción de las TIC puede asociarse al aumento de la productividad general de la empresa, el aumento del trabajo, y de la participación en el mercado sectorial de cada una de ellas. Corroboraron, además, una de sus hipótesis planteadas en 1995: "la adopción de las TIC es una de las claves para el crecimiento", (Baldwin & Diverty, 1995). Así las TIC estuvieron asociadas a las mejoras en la productividad del trabajo.

Además, encontraron que las TIC, en los procesos de fabricación, permiten la precisión en las diferentes etapas del proceso productivo y la acumulación de información útil para el seguimiento, la evaluación y el control de resultados, permitiendo, de esta manera, el crecimiento de las empresas. Se logró, también, la efectiva interacción entre las capacidades humanas y los recursos de las máquinas, formulando nuevas competencias cognitivas y habilidades físicas humanas. Sin embargo, los autores advierten que estos efectos no son siempre efectivos dado que dependen de las habilidades de cada una de las empresas, de sus estrategias de desarrollo y de la capacidad de sus trabajadores. Igualmente, precisan que la tecnología es un componente del éxito, pero que no lo es todo. Otros investigadores en línea con este enfoque son Atrostic y Gates (2001).

Por su parte, las TIC han permitido dimensionar la capacidad de mejoramiento del trabajo (Piva & Vivarelli, 2005) y la formulación de una nueva noción relacional de la empresa con el trabajador, en donde ésta encuentra factible y favorable la aceptación de un ambiente de teletrabajadores para el desarrollo de sus actividades operacionales.

Por otra parte, algunos autores evidencian los impactos desde su estructura organizacional y funcional hasta el ejercicio del trabajo y del empleado[190]. En el primer caso, se ha denominado a la organización, en su máxima expresión de adopción de las TIC: la empresa red[191]. En el segundo, la manifestación de eficiencia del trabajador y su trabajo en un escenario de distancia física: el teletrabajo. Castells identificará la empresa red en el marco de la sociedad red, frente a la tercera característica de la sociedad informacional, de la siguiente

---

190 Michael Shallis (1986), en *El ídolo del silicio* "El tratamiento de la información se asocia a menudo con la denominada revolución de la oficina, causada por la progresiva invasión de todo tipo de oficinas por maquinaria controlada por chips. El procesador de textos está sustituyendo a la máquina de escribir convencional y el sistema de archivos y, por tanto, a los mecanógrafos y administrativos." P. 72

191 Félix Cuesta Fernández (1998), en *La Empresa Virtual: La estructura Cosmos. Soluciones e Instrumentos de Transformación*, identificará a esta nueva organización desde "la Estructura Cosmos", evidenciando que a pesar de la incorporación tecnológica la organización no abandona su naturaleza, "Podemos definir el modelo Cosmos como una estructura basada en tres grupos de funciones, con diferentes grupos de personas, con diferente nivel de involucración en el proyecto, con diferentes expectativas y con un modelo de gestión basado en la cooperación, la confianza y la excelencia." P. 118

manera: "… La tercera característica es que funciona en red. Y esto es relativamente nuevo: que las redes, son las redes del trabajo. Las redes empresariales es un término antiguo. Lo que ha cambiado con las redes también es la tecnología" (Castells, 1999, pág. 3).

En estas dos dimensiones es evidente el papel de las TIC en el avance de la empresa en la carrera por la optimización de recursos operativos[192]: físicos, financieros y humanos[193]; en el crecimiento económico: consolidación y ampliación de mercados; y en el desarrollo social: innovación, conocimiento y responsabilidad[194]. Sin embargo, como lo advierte Macau, esta constante tiene sus limitaciones. "El uso masivo de las TIC en el funcionamiento diario de las organizaciones se ha generalizado. La capacidad de definición y gestión de una estrategia TIC acorde con los objetivos y la estructura organizativa de una institución se ha transformado en una obligación inexcusable para su personal directivo. Éste se enfrenta a una tarea para la que no ha recibido suficiente formación, y la adquirida en su experiencia profesional es generalmente contradictoria" (Macau, 2004, pág. 1).

---

192 Noel D. Uri (2001), en el artículo *"Technical Efficiency, Allocative Efficiency And The Implementation of A Price Cap Plan In Telecommunications In The United States"*, propone la creación de un modelo matemático llamado análisis de envolvimiento de datos DEA (por sus siglas en inglés), con el fin de hacer una regulación incentiva en las organizaciones norteamericanas a través de un modelo de precio estándar que reduzca los costos operaciones de las organizaciones. En él, se evidencia en un aspecto, el afán corporativo de las organizaciones por optimizar los recursos "Incentive regulation is typically defined as the implementation of rules that encourage a regulated firm to achieve desired goals by granting some, but not complete discretion to the firm. Three aspects of this definition of incentive regulation are important. First, regulatory goals must be clearly specified before incentive regulation is designed. The properties of the best incentive regulation plan will vary according to the goals the plan is designed to achieve. Second, the regulated firm is granted some discretion under incentive regulation. For example, while the firm may be rewarded for reducing its operating costs, it is not told precisely how to reduce these costs. Third, the regulator imposes some restrictions on relevant activities or outcomes under incentive regulation (Baron, 1991, and Bernstein and Sappington, 1999)". P.p. 166-167

193 Manuel Castells (1998), en *Globalización, tecnología, trabajo, empleo y empresa* –relata cómo se ha transformado el orden económico y tecnológico en la actualidad. Además, habla de las incidencias que éstos han tenido en la sociedad, a nivel de información. Parte de conceptos económicos para caracterizar la economía en informacional, global y funcionaria en red; sin embargo, enfatiza en la primera. Además, resalta las dos características fundamentales de la economía: la productividad y la competitividad. Castells afirma que "Información y conocimiento son las variables decisivas en la productividad y en la competitividad. No quiero decir que el capital no cuente. Si que es importante. Pero con conocimiento y tecnología y sin capital, se puede llegar a generar bastante capital, y sino que se lo pregunten a Bill Gates. "P. 1

194 Juan Paullier (2004), en *TIC para el desarrollo: un nuevo enfoque a partir de los objetivos del milenio, Instituto del tercer mundo*, CHOIKE, analiza la relación desarrollo-TIC desde los Objetivos del Milenio trazados por la ONU para los países en vía de desarrollo. "Uno de los puntos contenidos en el último objetivo – promover el desarrollo de las naciones más pobres- alude, precisamente, a asegurar que los beneficios provistos por las nuevas tecnologías, en particular las TICs, estén disponible para toda la población." P. 1

Con el ánimo de procupar la mejor comprensión de los impactos de las TIC en la empresa, se ordenan a través de una serie de escenarios observables las situaciones frecuentes de la relación TIC-empresa red-teletrabajo.

En primera instancia, se encuentra la posibilidad que ofrecen las TIC para reinterpretar el espacio y el tiempo de desarrollo de las tareas de los trabajadores. Se advierte la tendencia de una nueva estructura del trabajo global (Gregersen & Black, 1996, págs. 209-229; Gregersen & Black, 1992, págs. 65-90), donde, sustancialmente, va cambiando el modelo del empleado directo, dada la proliferación de sistemas de *outsoursing*, de subcontratación de empleados a tiempo parcial (Robertson & Verona, 2003, págs. 70-94), y dada la expansión de los lenguajes del teletrabajo donde el trabajador puede realizar sus tareas a través de Internet y de los sistemas de telefonía móvil celular y satelital[195]. En palabras de Castells, "...lo que sí hay son impactos muy importantes sobre el tipo de trabajo, el tipo de relaciones laborales derivados de este nuevo modelo, que es el modelo que está difundido a nivel mundial. Es, sobre todo, la flexibilidad estructuralmente determinada de la fuerza de trabajo y de la relación trabajador-empresa. Todos los argumentos que os he presentado antes apuntan hacia lo mismo, al hecho de que las empresas tienen la capacidad y la necesidad, a través de la competitividad, de emplear trabajadores de distintas formas, en distintos tiempos, con distintas situaciones laborales" (Castells, 1998, pág. 9).

---

195 Manuel E. Sosa, Steven D. Eppinger, Michael Pich, David G. McKendrick y Suzanne K. Stout, en su artículo *Factors That Influence Technical Communication in Distributed Product Development: An Empirical Study in the Telecommunications Industry*, observan la incidencia de la variable telecomunicaciones en las áreas de las organizaciones encargadas del desarrollo de productos mediante el intercambio de información en grupos de trabajos dispersos geográficamente con lazos de compatibilidad entre los empleados, donde proponen criterios generales para la elección de medios electrónicos de comunicación. "Under the information processing perspective, organizations are open systems that must process information, but have limited capacity to do so. Product development organizations transform a set of inputs (e.g., customer needs, product strategy, manufacturing constraints) into a set of outputs (e.g., product design, production plans). This typically requires that members of a product development team communicate with others, either within or outside the development team, in order to accomplish their development activities. Thus, communication becomes an important factor of R&D performance As De Meyer noted, One of the most important productivity problems in R&D is stimulating communication among researchers." P. 46

Esta tendencia evidencia un impacto laboral que puede expresarse en la disminución de la planta de trabajadores que atienden las diferentes tareas y funciones de la empresa[196]. El nuevo concepto de teletrabajo requiere del consenso de los empleados y de la empresa[197]. En la sociedad tradicional, industrial y postindustrial, la empresa requería de la presencia física del trabajador. En la sociedad informacional, esta condición es posible que se limite a su mínima expresión, dejando abierta la posibilidad de realizar con total flexibilidad el trabajo intelectual de los empleados en cualquier lugar del planeta. Sin embargo, esta situación, provechosa y beneficiosa para la empresa puede generar sus propios impactos (Brynjolfsson & Hitt, 2000, págs. 23-48). El más evidente es el choque que genera el trabajo de la oficina llevado a casa[198] que, en principio, con la flexibilización del espacio virtual, puede parecer provechoso, dado el aumento del tiempo que se podría pasar en familia (Osterman, 1995).

Este tiempo puede pasar de ser mínimo a ser máximo, una extrapolación situacional que conlleva ciertos riesgos. Al respecto, se evidencia la planeación de una de agenda de trabajo, lo que

---

196 Adela D´Alós-Moner, (2003), en *Oportunidades para los profesionales de la Información*, se advierte la explosión de un nuevo campo para la generación de empleo: los profesionales de la Información, tendencia que equilibraría la disminución de empleos en algunos sectores de la organización principalmente en la realización de tareas repetitivas, "Por un lado, la formación en las tecnologías de la información no llega a todas las capas de la población y sería preciso fomentarla más en las escuelas y entre la población de mediana edad, con mucha vida laboral por delante. Por otro, las organizaciones y la Administración pública en particular, con un sistema anquilosado y poco innovador, no ayudan a garantizar la igualdad de acceso a la información. En esta nueva sociedad del conocimiento, en que el capital intelectual desempeña un papel clave, la Red gana poder día a día y los cambios se suceden de forma más rápida, los profesionales de la información tienen unos nuevos ámbitos de trabajo, con unas funciones que han pasado de la catalogación de documentos a la consultoría en las empresas, gestionando las tecnologías de la información con el fin de ahorrar tiempo." P. 1

197 Hortolano, José Manuel R., (1999), en *El impacto social de las nuevas tecnologías de la comunicación*, revista Latina de Comunicación Social, reflexiona sobre el diálogo que debe darse entre la empresa y el trabajador, "La sociedad se ve sometida a una verdadera encrucijada al intentar adaptarse al impacto de nuevos artilugios y técnicas desconocidas hace tan solo unos años. Del mismo modo, aquellas empresas que no sepan adaptarse a la nueva coyuntura perecerán por perdida de competitividad." P. 2

198 Antonio Colom Morgues (2004), en *Innovación organizacional y domesticación de Internet, las tic en el mundo rural, con nuevas utilidades colectivas y sociales. La figura del telecentro y el teletrabajo*, explica como los teletrabajadores pueden agruparse en telecentros para desarrollar sus actividades operativas, como alternativa a la subcontratación de outsoursing de las tareas no sustanciales de la organización, "Una aplicabilidad de los Tele-Centros bien apreciada por los expertos es la de centro de tele-trabajo o punto de actividad para el público en general en tareas de búsqueda de información y comunicación, y como punto de recursos tecnológicos para tele-trabajadores y emprendedores o empresarios. Tareas de profesionales liberales, subcontratación de tareas y servicios administrativos (como gestión de nóminas, contabilidad, gestión de facturación, secretaría, etc.) pueden ser objeto de actividad en el centro de tele-trabajo. P. 100

obliga a tener una agenda de atención de los miembros de la familia, determinando así una presencia con características de no presencialidad. Esto significa que la presencia del nuevo trabajador casero es cuestionada, ¿está o no está?, y si está es como si no estuviera. Estos posibles impactos pueden vulnerar el núcleo familiar, que podría afectarse sustancialmente por los nuevos lenguajes del teletrabajo[199].

Como factor adicional, se presenta la tendencia del desligamiento del compromiso del empleado con la empresa, dada la dualidad patronal (Gregersen & Black, 1992). Esto es, un escenario en donde existe la empresa que emplea directamente al trabajador y que lo asigna a una empresa tercera y que, además, tiene la responsabilidad de formar y estimular el compromiso de los trabajadores hacia las organizaciones en donde desempeñan su trabajo. Es una empresa que media entre la efectividad de su servicio prestado, la eficiencia de sus empleados en relación con el trabajo realizado en la empresa contratante, y el compromiso que se ordena al trabajador.

Esta nueva figura de patrono no parece clara para el trabajador tradicional como quiera que las relaciones laborales y profesionales tradicionalmente hayan sido asumidas y manejadas por la empresa que directamente contrataba al empleado. En la nueva relación, este proceso es asumido por las dos partes: la relación laboral por la empresa administradora de personal y la relación profesional por la empresa de destino que contrató los servicios a la empresa administradora (Castells & Aoyama, 1994, págs. 5-33). Esta división de relaciones, al parecer, alivia los temores de despido que tradicionalmente se presentaban en una empresa, en donde la desvinculación en gran medida dependía del desempeño del trabajador. En la nueva situación relacional, el empleado puede ser reubicado en otras organizaciones mediante la figura del *outplacement*, donde el beneficio pueda ser mutuo y equitativo (Cuesta, 1998, pág. 177).

---

199 Manuel Castells, (1998), en *Globalización, tecnología, trabajo, empleo y empresa,* concluye que "el nuevo tipo de trabajador puede ser autoprogramable - redefine sus capacidades – o es trabajador genérico, que puede ser reemplazado por una máquina; éstas son divisiones tecnológicas. También se comprueba, a través de datos empíricos, que no hay relación entre tecnología y pérdida de empleo, ni tampoco que las nuevas tecnologías crean más empleo." P. 9

Sin embargo, la caracterización de la nueva relación requiere igualmente de una competencia del empleado en el uso y el aprovechamiento de las TIC, ya que estas le permiten la adaptación a nuevos trabajos y a nuevos equipos preestablecidos (Ichniowski, Shaw, & Prennushi, 1997, págs. 291-313). Andrade resalta la importancia de este aspecto: "En la actualidad casi toda empresa estatal o privada, universidad o escuela, tienen computadoras. El uso de escritos está quedando en desuso. Se ha logrado un desarrollo tal, que se ha establecido que la persona que no sabe computación es la persona analfabeta del siglo XXI. Sin embargo, también existe una segunda analfabetización: no dominar el hipertexto. Este individuo se describiría como alguien que no comprende la nueva forma de escribir y entender la realidad, en otras palabras, alguien que no domina el lenguaje de la informática y la tecnología" (Andrade L. , 2005, pág. 43).

En consecuencia, este nuevo concepto de trabajador se ve impactado por las TIC en su compromiso profesional, de acuerdo a lo que tradicionalmente la empresa espera del empleado – un trabajo eficiente de acuerdo a sus competencias – a través de una relación profesional. Esta relación se construye procurando la identificación total del empleado con su empresa o patrono, viviendo la misión, el compromiso, el logro de objetivos etc. Si esta relación, como se advirtió anteriormente, se ataca de raíz, es posible que el empleado se pregunte permanentemente: ¿con quién o con quiénes me identifico?, ¿cuál es mi grado de compromiso? El impacto resultante de esta situación puede ser el cambio en la estructura de motivación que realiza la empresa en sus empleados (Becker & Huselid, 1992).

Desde una visión alarmista, Shallis advierte el impacto de las TIC en la misma naturaleza del trabajo. "El impacto de estos cambios se siente más abruptamente en el efecto de las nuevas tecnologías sobre el nivel de empleo y sobre la naturaleza del trabajo, aunque las repercusiones se aprecian en todo el tejido social. El progresivo movimiento hacia la elaboración de una red de sistemas informáticos cada vez más potente y flexible, interconectados con sistemas tecnológicos de información, hará que su impacto sea tremendamente dramático; pero en realidad el drama ya está siendo representado a nuestro alrededor, y nosotros mismos estamos participando en él" (Shallis, 1986, pág. 176).

Adicionalmente, en esta línea de relación empresa red-teletrabajo, es posible prever la vigencia de los sindicatos Belzunegui (2002); Aragón, Bobino, & Rocha (2004); Becker & Olson (1992, págs. 395-415), dado que estos se soportan en las identidades colectivas de los trabajadores que procuran la justicia en la relación laboral de todos los miembros pertenecientes a una empresa, pero que, poco a poco, pueden perder su identidad a causa de la disminución de trabajadores directos de las compañías[200]. En este sentido, se vislumbraría el fin de los sindicatos. Sin embargo, una nueva identidad representativa de los trabajadores en los asuntos labores podría generarse, por supuesto, con nuevos intereses colectivos y personales, a manera de convenciones laborales defensoras de los derechos de los trabajadores (Black & Lynch, 2001, págs. 434-445).

Respecto a la estructura organizacional, el impacto de las TIC surge de los intentos fracasados de la teoría administrativa por homogeneizar y horizontalizar las jerarquías y los organigramas a través de su historia. Son intentos fracasados porque la relación ordenador-subordinado es un principio natural de la cadena organizativa, imposible de diluir. Esta relación puede entrar en crisis en las organizaciones-red de la sociedad informacional, dado que el lenguaje establecido por las TIC tiende al igualitarismo de las personas que se comunican entre sí. Los trabajadores se presentan iguales en una común unidad virtual que pareciera eliminar la subordinación. Esta situación beneficiosa, en principio, puede desencadenar igualmente, un nuevo impacto: ¿quién manda a quién?

---

200 Martin, Carnoy (2002), en *Sustaining the New Economy: Work, Family, and Community in the Information Age,* amplía el fenómeno de la nueva estructura del trabajo y específicamente del desplazamiento del trabajador, " The transformation of the work has been misinterpreted and mystified by writers who claim that the new information technology means a massive and growing shortage of jobs, particularly good, high-skill jobs. Their claim that the new technology redistricts the number of job, though seductive, is not supported by facts. New technology displaces workers; but it simultaneously creates new jobs raising productivity in existing work and making possible completely new products and processes." P. 4

De alguna manera esta relación organizacional ha funcionado en todos los sistemas de gobierno de la empresa humana[201]. En este tema, Fukuyama (2000) evidencia la tendencia dela crisis del modelo tradicional organizacional.

Se ha visto una cantidad de fracasos protagonizados por grandes empresas, excesivamente jerárquicas e inflexibles como AT&T e IBM, a principios de la década de los años ochenta. Estas empresas cayeron, presa de competidores más pequeños, ágiles y veloces. Especialistas en tecnología informática ha hecho hincapié en las virtudes de la empresa descentralizada. Algunos afirman que, en el siglo que viene, "la gran corporación jerárquica será reemplazada por una forma totalmente distinta de organización: la red" (Fukuyama, 2000).

Frente a la estructura administrativa, las TIC fomentan la tendencia de desmonte de los departamentos de las organizaciones por una nueva estructura basada en unidades modulares pertenecientes y administradas por un sistema de información[202]. El fenómeno no resulta casual, dada la constante evolución de las formas organizativas de esta, como lo menciona Hammer y Champy: "La tecnología está directamente vinculada con el concepto de reingeniería mencionado algunas hojas atrás, debido a que si se usa mal la tecnología, puede haber un bloqueo en la reingeniería porque refuerza las viejas

---

201 Francis Fukuyama (2000), en *La Gran Ruptura*, plantea como solución al problema de la competitividad, "la descentralización de los procesos" pues considera que "las empresas deben delegar poder y no concentrarlo en una sola persona. Las empresas necesitan delegar poder en los expertos y en los tomadores de decisiones más próximos a las fuentes locales de información y no pretender el control absoluto de todo lo que ocurre en su empresa. Una organización plana crea espacios de control más grandes y permite que la autoridad sea transferida hacia los niveles más bajos de la organización. Una cultura empresarial ideal ofrece al trabajador un grupo de preferencia y una identidad individual que facilita el flujo de información. El capital social es importante en ciertos sectores y en determinadas formas de producción compleja porque el intercambio basado en normas informales puede evitar los costos internos de transacción internos en las grandes organizaciones jerárquicas" P. 271

202 Rafael Macau (2004), *TIC ¿Para qué? Funciones de las tecnologías de la información y la comunicación en las organizaciones*, advierte sobre la preocupación de los impactos de las TIC en la estructura organizacional y administrativa de las organizaciones,"Muy avanzados los años setenta empiezan a surgir las primeras respuestas a los problemas de la coherencia y la pertinencia de los datos que llegan a los directivos. Los proveedores informáticos empiezan a dar soluciones técnicas a estos problemas. Las primeras bases de datos en sentido moderno arrancan de este período. Se han de integrar los datos para conseguir información coherente y adecuada. Atención a este concepto: integración. A finales de los setenta ya empiezan a surgir voces que hablan de transversalidad de la información en la organización y del impacto de los sistemas de información en la organización y del impacto de los sistemas de información que, para ser útiles para la gestión, obligan a cambios organizativos que permitan establecer puentes operativos entre los diferentes departamentos.". P. 4

maneras de pensar y los antiguos patrones de comportamiento" (Hammer & Champy, 1993, pág. 80). En esta línea, D´Alós-Moner advertirá sobre el cambio no solo por el cambio: "Así pues, muy a menudo las tecnologías se encorsetan en viejos procesos, en estructuras del pasado y no aprovechan la ocasión para repensar y mejorar estos procesos" (D'Alós-Moner, 2003, pág. 5).

Adicionalmente, facilitan el viraje a la contratación externa de tareas operativas por *outsoursing* (Aragón, Bobino, & Rocha, 2004). En este nuevo escenario, el sistema de información se convierte en el centro de la estructura administrativa con un nuevo sistema de comunicaciones virtuales, apoyando la tendencia de la empresa red más cercana a la concepción natural de corporatividad e integralidad organizacional[203].

Esta integralidad puede leerse desde Macau. En este autor se advierte el uso de las TIC como una estrategia empresarial imprescindible para la supervivencia de la organización y se acentúa la relación TIC-organización. "La difusión de las TIC en las organizaciones durante las dos décadas anteriores conduce a un cambio cualitativo. Ninguna organización puede escapar a la influencia de las TIC. Empieza a detectarse que el cambio introducido por las TIC en las organizaciones va mucho más lejos de lo comprendido hasta el momento (…) La tecnología de la información está infiltrándose en todos y cada uno de los puntos de la cadena de producción de valor, transformando la manera en que se realizan las actividades de producción de valor y la naturaleza de los enlaces entre ellas (…) Estos efectos básicos explican el que la tecnología de la información haya adquirido un valor estratégico y

---

203 Ibid. Ver ampliación. "La utilización de las tecnologías de la información permite a las organizaciones obtener ventajas competitivas importantes basadas en el análisis y el rediseño de su cadena de producción de valor, para modificar los componentes físicos y/o los componentes informativos y/o los enlaces entre ellos. P. 6 (…) Las TIC no se superponen a la organización moderna, son parte integrante de la misma. Las TIC no se superponen a las redes, son parte integrante de dichas redes. Las estrategias, los criterios operativos y las fórmulas organizativas deben pensarse conjunta e integradamente con la estrategia de uso de las TIC. Las incoherencias han sido, son y serán fatales. P. 9 (…) Las TIC pueden tener diversos papeles en el seno de una organización. Más aún, desempeñan diversas funciones al mismo tiempo. Algunas de ellas son necesarias e imprescindibles, pero no necesariamente estratégicas; otras son clave y fundamento del funcionamiento mismo de la organización moderna. Enumeremos dichas funciones: *a) Automatización del proceso administrativo y burocrático. b) Infraestructura necesaria para el control de gestión. c) Parte integrante del producto, servicio o cadena de producción. d) Pieza clave en el diseño de la organización y de sus actividades."* P. 11

sea diferente de muchas otras tecnologías que emplean las empresas" (Macau, 2004, pág. 5).

Expresado en palabras de Islas, "hoy la eficiente gestión de la comunicación institucional necesariamente se extiende más allá de las "tres formas básicas de comunicación" que identifica Cees Van Riel, comunicación de dirección, comunicación de marketing y comunicación organizacional. Es indispensable elevar al rango de "formas básicas de comunicación" – término propuesto por Van Riel –, a la comunicación estratégica hacia públicos financieros, y a las comunicaciones digitales, destacando en ese nuevo escenario a las comunicaciones con las ciberaudiencias" (Islas & Gutiérrez, 2003, pág. 7).

Adicionalmente, la comunicación se consolida como el eje transversal del sistema de información bien desde la administración de la misma por una unidad especializada o bien desde la cultura comunicativa que propende la empresa. "Una segura infraestructura de comunicaciones digitales favorece la efectiva coordinación que deberán observar cada una de las unidades que dependan del área de comunicación organizativa. Además, como hemos señalado, el empleo de las comunicaciones digitales se ha convertido en una herramienta del trabajo cotidiano de toda oficina, y por supuesto las unidades de comunicación organizativa no podrían ser la excepción a la regla" (Islas & Gutiérrez, 2003, pág. 23).

En esta misma línea, se precisa que no basta la instalación del sistema de información si este no es aprovechado al máximo en sus potencialidades, que pueden estar orientadas hacia la estrategia de negocio (Park, 2007, págs. 386-402), y a la solución propia de la operación de la empresa. Así lo señalan Hammer y Champy: "Para aplicar la informática es necesario pensar en forma inductiva: la capacidad de reconocer primero una solución poderosa y en segunda, buscar los problemas que ella podría resolver, los problemas que la organización probablemente ni sabe que existen" (Hammer & Champy, 1993, pág. 90).

Seguidamente, en los impactos en la relación empresa-cliente, la red de Internet ha acortado las barreras que existían tradicionalmente en el comercio de la presencialidad. Apoyada por el lenguaje de los nuevos medios masivos de comunicación, encuentra la dualidad entre lo masivo y lo individual (Bresnahan, Stern, & Trajtenberg, 1997, págs. 17-44). Resulta paradójico que la red, como medio masivo por excelencia, sea el medio que permite el máximo grado de interactividad personal. Una vez que el cliente tiene el pleno dominio de elección y decisión de la compra sin intermediarios, inicia una cadena de producción virtual, generando como resultado un nuevo lenguaje en la relación empresa- cliente. En palabras de Shallis, "los nuevos medios para el almacenamiento y recuperación de datos y para el tratamiento de la información están transformando las actividades comerciales, gubernamentales e industriales y, por tanto, la sociedad misma. Las imágenes proyectadas de las sociedades del ocio, las oficinas sin papeles, o los bancos sin dinero en efectivo no son más que escenarios en los que se moverá la tan frecuentemente discutida "nueva" sociedad, que se espera que surja como movimiento de los países desarrollados hacia una fase de desarrollo postindustrial" (Shallis, 1986, pág. 152).

Esta relación, igualmente, se abandona la presencialidad y se adopta la virtualidad como lenguaje relacional. En él, el cliente busca, selecciona, ordena, paga, reclama y cambia si es preciso.

En esta línea, el nuevo cliente[204] asume un nuevo concepto de servicio y de producto, donde cada vez es más estrecha la frontera entre estos. Tanto es así que es posible afirmar que todo producto es un servicio y cada servicio es un producto. El impacto de la

---

204 Adela D´Alós - Moner (2003), en *Oportunidades para los profesionales de la Información* "Debemos hablar también de otro aspecto muy importante: los ciclos de vida. Cada vez la vida personal es más larga, se vive más. Por el contrario, el ciclo de vida de los productos y de los servicios es más corto. Por lo tanto, dentro de un ciclo de vida muy largo, hay ciclos de vida muy cortos. Ello supone la necesidad de ser muy ágil y receptivo a los cambios y que deba optarse, a lo largo de la vida, por nuevas profesiones y nuevas tareas. (...) Los ciclos de vida de los productos y de los servicios son muy rápidos, y todavía más los de la tecnología que va asociada a ellos. Si antes las organizaciones planteaban su estrategia a cinco o seis años vista, hoy se habla de dos, tres años como máximo. Pensar estratégicamente cómo deben hacerse las cosas ya no es sólo tarea de los directivos, sino de todos aquellos que están en la organización. Estaremos mejor situados en la organización en la que trabajamos si somos capaces de contribuir estratégicamente a su avance e innovación. No obstante, estas nuevas formas de trabajar topan con unas organizaciones antiguas, con un *ancien régime*. P. 5

relación nuevo cliente – nuevo producto, nace principalmente, en la percepción que el cliente tiene de lo que compra con relación a quién lo produce (Hogarth, Anguelov, & Lee, 2003, págs. 75-94). La escuela del servicio, de la atención al cliente y de la calidad total giró en torno al cliente, explícitamente, para satisfacer la preventa, la venta y la posventa. De este modo, el cliente que reciben las organizaciones de la sociedad de la información es un cliente acostumbrado a pagar por un servicio que apenas empieza con el acto de la venta. El nuevo engranaje de la cadena de la venta nace en el sitio de Internet. Allí el cliente busca, investiga, pregunta, se afilia, compra, paga; y el servicio es prestado en línea y en tiempo real, con excepción de los sectores de producción de artefactos, en donde la compra virtual no es simultánea a la entrega del producto. Este tiempo real conlleva el riesgo de que el cliente y la empresa cometan errores y se desemboque una nueva cadena operativa de seguimiento por parte la organización, para la búsqueda del error, generando paralelamente, un proceso y gasto innecesario de tiempo y recursos en la solución del problema. Por otra parte, este error puede convertirse en un círculo vicioso de operaciones de rastreo de costos improporcionados.

En esta línea de empresa red – nuevo – producto – nuevo cliente, se establece el escenario del comercio electrónico. Se pasa de la empresa tradicional, que se había preocupado por buscar los potenciales mercados, seleccionar la audiencia compradora, determinar los canales de distribución y, finalmente, ofertar y vender sus productos, a una nueva empresa con un nuevo lenguaje de negocios virtuales, de economía digital y de mercadeo de Internet. Este nuevo modelo de comercialización fusiona el mercadeo y las ventas (Cao, Maruping, & Takeuchi, 2006, págs. 563-576), potenciando los denominados productos intangibles: servicios financieros, educativos, de asesoría, entre otros, y los convierte en el eje central del comercio electrónico.

En este sentido, se advierte cómo la oferta virtual de productos serán los nuevos componentes del mercadeo y de las ventas tradicionales, donde todas aquella especificaciones necesarias que requiera el cliente, para la toma de la decisión de la compra, estará a cargo de la oferta virtual que deberá asemejarse al máximo con la expectativa real del comprador. El cliente confía en lo que ve en la pantalla del computador, luego es posible suponer que tanto el mercadeo como las ventas deberán tener un lenguaje común frente al cliente, que siempre será real, a pesar de que el mercadeo sea virtual. Y se deberá considera, en palabras de Andrade, que "la finalidad del proceso tecnológico en cualquier tipo de sociedad está en ofrecer el mejor producto o servicio con el menor costo, en el menor tiempo, en el mejor lugar y con el menor esfuerzo" (Andrade L. , 2005, pág. 40).

En efecto, se puede establecer la afirmación de Castells sobre el verdadero sentido de la sociedad de la información y del conocimiento que involucra e interrelaciona la sociedad, la cultura, la empresa, el trabajador con las nuevas tecnologías de la información y la comunicación. "Lo que caracteriza la revolución tecnológica actual no es la centralidad del conocimiento y la información, sino la aplicación de ese conocimiento e información a la generación de conocimiento y los dispositivos de procesamiento/comunicación de la información, en un circuito de retroalimentación acumulativa que se da entre la innovación y los usos de la innovación" (Nelson & Winter, 1978, págs. 524-548). Un ejemplo quizá pueda esclarecer este análisis: "Los usos de nuevas tecnologías de telecomunicación en las dos últimas décadas han atravesado tres etapas diferentes: la automatización de tareas, la experimentación de usos y la reconfiguración de las aplicaciones" (Castells, 1999, pág. 58).

El empleo, por su parte, y en cuanto a los efectos que ha recibido por parte de las TIC, ha sido objeto de estudio de diferentes investigadores, principalmente en la Unión Europea y en Estados Unidos. Son de vital importancia para la comprensión de este fenómeno los aportes del equipo de investigadores liderado por Castells & Aoyama (1994), en sus estudios sobre *Labour markets and employment practicesin the age of flexibility: A case study of Silicon Valley*, donde se determina la relación entre las TIC y la estrategia de flexibilidad del empleo de las empresas, principalmente de aquellas dedicadas al trabajo temporal y en el estudio titulado *"Paths Towards the Informational Society-Employment Stucture in G- Countries, 1920-90"*; e individualmente, el estudio titulado *"European Cities, the Informational Society, and the global Economy"*, (Castells, 1993, págs. 247-257); y el estudio, *"Defense Expenditure and Regional-Development - Breheny, MJ"* (Castells, 1990, págs. 83-85).

El grupo de Mario Pianta, Tommaso Antonucci, Jonathan Michie y Christine Oughton, (Pianta, Michie, & Oughton, 2002) ha explicado el fenómeno relacional entre la innovación tecnológica y el desempleo[205], teniendo en cuenta variables como la interacción con la demanda y los costes laborales y, por otra parte, la variedad de las pautas del cambio tecnológico. Entre los países estudiados se encuentran Italia, Francia, Alemania, Dinamarca, Holanda, Finlandia, El Reino Unido y Suecia.

Como aportes significativos de sus investigaciones establecen que los cambios actuales en las economías avanzadas se caracterizan por procesos paralelos y directos de los cambios tecnológicos sobre el empleo, Piva, Santarelli y Vivarelli (2005), la estructura empresarial y la evolución de la demanda en el consumo. Estas se caracterizan por una gran variedad de posibles trayectorias, la complementariedad y la inadaptación, que influyen en el crecimiento o en las ejecuciones de los países y la dinámica del empleo (Pianta, Michie, & Oughton, 2002, pág. 295).

---

205 Mario Pianta, Jonathan Michie, Christine Oughton, (2002) en el artículo "Innovation and the Economy", analizan
como la innovación tecnológica no ha disminuido el desempleo en los países de la Unión Europea. Sin embargo, si han mejorado las condiciones de calidad de vida de la sociedad en general, toda vez, que el progreso innovador posibilidad la capacidad de elección del cliente. Asimismo, establecen como la innovación ha propiciado el crecimiento económico de los mismos países. Para el efecto, definen 4 clasificaciones de la innovación en general en la empresa contemporánea: "1. Tics centrado. actividades
basados en las TIC y sus aplicaciones; 2. Basado en el aprendizaje, en este sentido, la clave del proceso de conformación de transformaciones tecnológicas y económicas, el cambio es la actividad de aprendizaje de las personas y las organizaciones; 3. Basado en la innovación de productos; 4. Basado en el proceso de innovación, este modelo se aplica a los sectores más tradicionales de la Economía." P. 257

Igualmente, Pianta y sus colegas investigadores dirán:

"Un nuevo paradigma tecnológico basado en las tecnologías de la información y la comunicación (TIC) se ha convertido en un cambio radical en la naturaleza y las trayectorias de las innovaciones. Sus beneficios, sin embargo, dependerán de la combinación de las nuevas tecnologías, los cambios organizativos, los procesos de aprendizaje, la aparición de nuevas industrias y mercados, el establecimiento de normas y la expansión de la demanda. Esta adecuación requiere tiempo antes de que el impacto sobre el crecimiento económico se haga evidente. El actual sombrío en materia de empleo de la mayoría de los países es un signo de `error tecnológico´" (Pianta, Michie, & Oughton, 2002, pág. 295).

Por su parte, Bresnahan, del Departamento de Economía de la Universidad de Stanford y Shane Greenstein de la Escuela de Administración Kellogg de la Universidad, afirmarán, en cuanto a los efectos de las TIC en la empresa y en el empleo, que:

"No hay una relación directa entre la inversión en tecnologías de la información y la productividad medida por métodos habituales del economista. Más sorprendentemente, pueden resultar engañosas para simplemente contar la mano de obra, capital y tecnología de la acción y compararlos contra la producción, que se podía hacer en la mayoría de las empresas de capital intensivo. Las dos mitades de este cálculo están en el error; de los usuarios de inversión conjunta se omite el costo, y si la producción se mide en el nivel de las cuentas nacionales, la mayoría de los cambios (la parte de calidad) se desconoce el paradero de los beneficios secundarios. Para avanzar con un sistema de tecnologías de gran componente de la inversión en cooperación invención no medida, que varía con el nivel y el tipo de equipo y con sus vínculos con los cambios en el carácter del producto final, los errores pueden ser muy grandes" (Bresnahan, Brynjolfsson, Hitt, & Greenstein, 2001, pág. 103).

En la línea de los nuevos aprendizajes del empleado sobre el manejo de las TIC (Bruno, 2007, págs. 10-12) serán fundamentales los aportes de los estudios experimentales de Anne Beaudry y Alain Pinsonneault en la Escuela de Negocios John Molson de la Universidad de Concordia y en la Facultad de Administración de la Universidad McGill (Canad). Estos estudios establecen estrategias de alfabetización tecnológica para directivos bancarios.

Una vez evidenciadas las bondades de las TIC, Anne Beaudry y Alain Pinsonneault dirán:

"Desde un punto de vista individual, todas las estrategias son eficaces para ayudar a hacer frente personalmente a las cuestiones planteadas por un evento de las TIC. Para algunos, el restablecimiento de la estabilidad emocional y reducir el estrés asociado con el evento de TICs es un resultado importante que les permite seguir trabajando y funcionar adecuadamente en un entorno que inicialmente había percibido como una amenaza. Para otros, empujando a sus límites más por aprender a utilizar una nueva tecnología constituye un logro importante. Sin embargo, otros aprovecharán la oportunidad de aumentar su productividad y rendimiento general. Desde el punto de vista organizativo, los beneficios y la satisfacción propia, podrían parecer a primera vista no óptima porque las personas no están tratando de maximizar los beneficios potenciales de un sistema de tecnologías de evento. En algunas situaciones, sin embargo, inducir a las personas a tratar de maximizar los beneficios de TIC podrían requerir importantes cambios de organización y de inversiones (por ejemplo, el aumento de la autonomía del empleo, la descentralización de la autoridad de toma de decisiones, una amplia formación a los usuarios, o la potenciación de los usuarios) que podría superar los beneficios de una organización. Por otra parte, aunque los empleados tienen la posibilidad de restablecer la estabilidad emocional no es un fin en sí mismo, no debe pasarse por alto. Para algunos, podría ser un paso necesario antes de que puedan realizar actividades de adaptación que a la larga puede aumentar la eficiencia operativa y la eficacia" (Beaudry & Pinsonneault, 2005, págs. 518-519).

Por su parte, Bresnahan, Brynjolfsson, y Hitt han estudiado a profundidad los impactos de las TIC en el trabajo en los Estados Unidos, principalmente desde las variables de tecnología de la información, lugar del trabajo complementario o reorganización y nuevos productos y servicios. Sus aportes están publicados en el artículo *"Information Technology, Workplace Organization, And the Demand For Skilled Labor: Firm-Level Evidence"*. Bresnahan, Brynjolfsson, y Hitt (2002, págs. 339-376). En su trabajo se advierte el crecimiento en el nivel de calificación de la mano de obra especializada y su correspondiente aumento en la productividad y en los costos de los salarios, (Bresnahan, 1999, págs. 390-415).

En esta línea, se destacan las investigaciones de Black y Lynch (2001), publicadas bajo el título de *"How To Compete: The Impact Of Workplace Practices And Information Technology On Productivity"*. Estos autores establecen una relación directa entre la utilización de las TIC y el aumento de la productividad y la estructura general de la organización. Así mismo, se puede destacar el estudio de Osterman (2001), publicado como *Converging divergences. Worldwide changes in employment systems.*

En otra línea, y sobre los efectos positivos de las TIC en el empleo, se destacan las investigaciones de Bresnahan, Brynjolfsson, Hitt y Greenstein (2001), publicados en el artículo, *"The economic contribution of information technology: towards, comparative and user studies"*, en el cual se establece una relación directa en el uso de las TIC por parte de los trabajadores usuarios, y en el aumento del bienestar personal y social de estos. En este sentido, Chennells y

Van Reenen (1997, págs. 587-604) precisan en su estudio *Technical change and earnings in British establishments*, la correlación entre el incremento de los salarios y el uso de las TIC.

2.4.5. La dinámica de los impactos de las TIC en la empresa bancaria

En general, los estudios sobre los impactos de las TIC en la empresa de banca versan sobre estudios de casos nacionales, constituyéndose en una sumatoria de conocimientos que permitirá dimensionar los efectos globales de las TIC en el sector bancario mundial.

En este sentido, las investigaciones de Gary Harden en el Reino Unido (2002), sobre las relaciones virtuales entre los bancos y los clientes, examinan el impacto de la tecnología en la banca electrónica, la comercialización en el sector bancario, el papel de la tecnología en la construcción de relaciones, y los desafíos de la gestión de canales de comercialización impersonales. La metodología utilizada por el autor fue la de exploración cualitativa mediante la entrevistas a los tres principales bancos británicos que comercializan productos electrónicos.

Al respecto, Harden dirá:

"Si bien es generalmente aceptado por los informantes que la prestación de múltiples canales de comercialización es positivo, la organización y los problemas técnicos encontrados en el funcionamiento de una serie de frentes, es probable que sean numerosos y significativos" (Harden, 2002, pág. 329).

"En términos generales, los bancos deben estar bien situados para conocer a sus clientes. Por ejemplo, el aumento de la interactividad prometida por banca electrónica tiene el potencial de generar importantes cantidades de datos de un cliente cada vez más directo y personal. Los avances en la tecnología de la información también permiten a los bancos gestionar y manipular los datos de tal manera que las actividades de comercialización pueden ser mucho más objetivas" (Harden, 2002, pág. 326).

Al respecto, concluirá: "El Impacto de la banca electrónica y la tecnología en el futuro de las relaciones con sus clientes, teniendo en cuenta la actual tendencia hacia la `virtualización´, será poco probable que las relaciones con sus clientes sean cada vez más íntimas. Un mayor grado de personalización del cliente en las comunicaciones puede ser lo mejor que los bancos sean capaces o están dispuestos a ofrecer" (Harden, 2002, pág. 331).

Por su parte, Chong Soo Pyun, Les Scruggs y Kiseok Nam, han estudiado los impactos de las TIC en el sector bancario de la Unión Europea, de Estados Unidos y del Japón, específicamente, en lo respectivo a la banca en línea o, como se le conoce, el *e-banking*. Establecen cómo "la tecnología de la información está cambiando radicalmente el sector bancario en todo el mundo, la alteración de las definiciones de producto tradicional, de mercado y base de clientes. Significante la banca por Internet ha reducido las barreras a la entrada, acelerando la desintermediación financiera" (Chong, Scruggs, & Kiseok, 2002, pág. 73).

Los autores encuentran que los impactos de las TIC en las operaciones bancarias electrónicas son más pronunciados en los EE.UU. Se consideran los grandes avances que se vienen realizando no solo en el área tecnológica, sino también en la diversificación de los servicios financieros de su sistema. En este sentido, no resulta casual que la banca en línea más avanzada del mundo sea precisamente la norteamericana.

Respecto al Japón, se encuentra que la banca en general se ha limitado a construir las bases de clientes locales, sin profundizar en los servicios electrónicos del *e-banking*.

Respecto a los bancos en la Unión Europea, los autores determinan que estos tienen influencia y una fuerte expansión transfronteriza de la banca por la Internet, y han consolidado un mercado de operaciones bancarias electrónicas, apoyado en la ventaja comparativa de una única moneda, el euro, fortalecida por cuestiones técnicas y reglamentarias unificadas entre los países.

Los autores concluirán:

"La banca por Internet se encuentra todavía en una etapa de crecimiento a través de experimentos. Es un reto para el sector bancario crear tecnologías que ayuden a automatizar su mano de obra para las operaciones repetitivas de las oficinas. Ahora, los bancos de todo el mundo tienen dificultades para mantenerse al día con la tecnología de la Internet propiamente dicha, mientras que otros compiten con los bancos y las instituciones financieras no bancarias para nuevos productos y nuevos sistemas de entrega. Seguiremos las innovaciones tecnológicas en la industria financiera, que se refieren sin duda a probar la capacidad de los bancos para gestionar su competencia con otros proveedores de servicios financieros en un complejo y dinámico entorno del comercio electrónico" (Chong, Scruggs, & Kiseok, 2002, pág. 80).

En la misma línea, Olga Luštšik, en la Facultad de Economía y Administración de la Universidad de Tartu, ha estudiado el caso de la banca en línea en Estonia. Sus aportes son significativos en cuanto este país, antiguo miembro de la Unión Soviética, puede reflejar una situación similar a la de sus antiguos socios político-comerciales, en los que se evidencia un creciente desarrollo de la industria de servicios financieros, especialmente de la banca y de la industria. A este fenómeno de mercado estructural la autora lo definirá como "El mercado estonio de los servicios financieros es único en varios aspectos: es pequeño y compacto, y de desarrollo rápido. Tiene un polémico pasado soviético, que puede considerarse como aspecto positivo o negativo dependiendo de la actitud del espectador" (Lustsik, 2003, pág. 9).

Los impactos de las TIC en la banca en línea de Estonia, según Luštšik, se pueden resumir así: "en relación con el banco, se ha generado una mejor imagen de marca y una mejor respuesta del mercado a los servicios bancarios, puesto que los bancos que ofrecen este tipo de servicios se perciben como líderes en la tecnología de aplicación; en relación con el cliente, se ha ahorrado tiempo, gracias a la automatización de los servicios bancarios y de procesamiento de introducción de un fácil mantenimiento de herramientas para manejar el dinero de los clientes; y, citando las investigaciones de Gurău, para los clientes corporativos se han reducido costes en el acceso y el uso de los servicios bancarios; se ha dado mayor comodidad y ahorro de tiempo en las transacciones, que se pueden hacer las 24 horas del día sin la necesidad de la interacción física con el banco; se ha facilitado el rápido y el continuo acceso a la información que se puede comprobar en múltiples cuentas con el tecleo de un botón de mejora de la gestión del efectivo; se ha consolidado el correo de servicios bancarios que acelera el ciclo de efectivo y aumenta la eficiencia de los procesos de negocio así como una gran variedad de instrumentos de gestión de efectivo que ahora están disponibles en los sitios de Internet de los bancos de Estonia. Todo esto ha generado exceso de inversiones en la noche, a corto y largo plazo, depósitos a la vista, en los documentos comerciales, en bonos y acciones, en fondos del mercado monetario" (Lustsik, 2003, págs. 15-16).

Igualmente, Luštšik, para sustentar sus afirmaciones, utiliza la entrevista a expertos bancarios responsables de la tecnología en cada uno de los bancos estudiados, constituyéndose en un método ideal para determinar los impactos de las TIC en la banca en general.

Finalmente, Luštšik concluye:

"En la actualidad, las estrategias de los bancos de Estonia tienden a disminuir la distancia con éxito respecto a los bancos de los países desarrollados en el ámbito de la banca por Internet. Con el fin de lograr este objetivo los bancos utilizan una amplia variedad de medidas, como el precio de las concesiones, la venta de paquetes de servicios bancarios (pago de bienes y servicios por teléfono móvil), así como no bancarias que ofrecen servicios adicionales" (Lustsik, 2003, pág. 23).

El modelamiento y el ajuste estructural de la empresa bancaria, desde sus orígenes hasta nuestros días, ha estado marcado por cierta flexibilidad, que le ha permitido ajustar los factores y las variables que intervienen en ella – variables macroeconómicas y microeconómicas –. Esta flexibilidad no solo ha permitido que la banca sobreviva como institución sino que le permitido liderar ciertos procesos estructurales de la sociedad como el alquiler del dinero, la concentración del ahorro, y el crédito para la inversión empresarial y familiar, entre otros. Sin embargo, uno de estos factores estructurales, la presencialidad entre el banco y el cliente, resulta determinante de una nueva estructura bancaria, (Smith & Brynjolfsson, 2001, págs. 541-558).

La presencialidad es un elemento determinante de la estructura bancaria, puesto que la confianza recíproca entre el banco y el cliente se inspira en ella. La relación banco –cliente se estructura a partir de un acto de fe: el banco cree y confía en que el cliente pagará el dinero prestado en alquiler; y el cliente confía y cree que el banco le devolverá el dinero consignado a su seguridad.

Sin embargo, la implantación de las nuevas Tecnologías de Información y Comunicación en la empresa bancaria ha redefinido el concepto de presencialidad. Este concepto ha evolucionado hacia el de virtualidad que, en un concepto aproximado, podría ser un acto de fe y de confianza más profundo. Dicho de otro modo, el cliente cree y confía en un cajero electrónico o en el portal electrónico que expone la marca de su banco y en el cual realiza depósitos, retiros, pagos y transacciones entre cuentas; por su parte, el banco cree y confía en su cliente que, a través de un código – clave – personal, ordena a su sistema de información suministrar dinero real en el cajero electrónico, o sumar o restar cifras digitales en las cuentas corrientes, de ahorros, de crédito, entre otras (Clemons & Hitt, 2004).

Esta nueva definición relacional entre el banco y el cliente es llamada "banca electrónica" que, en última instancia, es la expresión técnica de la banca virtual. Jacques Bughin, en sus estudios[206] sobre *"La difusión de Internet Banking en Europa occidental"*, con el patrocinio de Taylor Routledge y Francis Group, determina cómo ha crecido, lenta pero significativamente, el mercado de transacciones electrónicas y se ha logrado un 50% del total bancario. Sus investigaciones han cubierto una muestra de los 100 bancos más grandes de Europa occidental en los últimos cinco años (1997-2001 incluidos) (Bughin, 2003, pág. 251).

Bughin sostiene que esta cifra es una evidencia creciente, sin embargo, el mercado de las transacciones electrónicas aun "no es un fenómeno de mercado de masas, por lo menos para acceso telefónico a Internet. Una vez más, esto es coherente con otras pruebas anecdóticas de que el alcance de las transacciones bancarias en línea es relativamente baja aún, en el rango de 25% en Europa a finales de 2001 (Datamonitor, 2001)" (Bughin, 2003, pág. 252).

La metodología de regresión utilizada por Bughin evidencia, además, cómo la velocidad de crecimiento del mercado electrónico es relativa a ciertos factores de comportamiento de la demanda de los clientes. "De paso, esto significa también que la adopción de la tecnología de Internet se encuentran entre el teléfono y la banca cajero automático de uso entre los clientes bancarios. En

---

206 Las tres fuentes utilizadas en sus estudios son: McKinsey 'performance' quien describe la base de datos confidenciales utilizados por Bughin y Hagel (2000). En segundo lugar, el uso de Júpiter / MediaMetrix, una empresa que sigue los visitantes en línea. Por último, múltiples informes de la banca de inversión de Merrill Lynch, Goldman Sachs, Chase, que examinan la penetración de las transacciones bancarias en línea". P. 253. En la misma línea afirma: "Cerca de los 100 mejores bancos, utilizan datos trimestrales desde 1997 hasta finales de 2001. Este período incluye la primera fase de desarrollo en línea, así como el importante descenso desde marzo de 2000. La difusión se calcula a través de modelo robusto no lineal con mínimos cuadrados e incluye cada país, y el efectos de los banco no observables". P. 257

segundo lugar, nuestro modelo de estimación puede separar de los plazos, de la velocidad de las variables que afectan a la banca en línea de conversión, (Bughin, 2001), (Mahajan, 2000). Definimos el momento de una variable, en un determinado momento t, como sus efectos sobre la acumulación de aprobación en línea al mismo tiempo. En contraste, las medidas de velocidad de su efecto sobre el crecimiento de la adopción en línea entre t - 1 y t (Gruber & Verboven, 2001)[207]. En nuestro modelo, también es notable que el conjunto de variables que afectan la oferta momento y la velocidad parece diferente de la banca en línea de difusión" (Bughin, 2003, pág. 252).

Por otra parte, Bughin, en sus conclusiones, estima que "la difusión de la banca en línea está claramente vinculado a la Internet, pero igualmente tanto a los bancos específicos de los factores que influyen en el momento y la velocidad de difusión de la banca en línea. En particular, la rentabilidad y el tamaño son dos factores críticos del banco, al igual que el grado de intensidad de la rivalidad junto con los beneficios derivados de la organización de la oferta en línea" (Bughin, 2003, pág. 257).

Sin embargo, la dinámica creciente del mercado electrónico bancario inspirado en las posibilidades virtuales de las tecnologías de información y comunicación, se encuentra con la dicotomía entre regulación y soberanía nacional; específicamente, cada vez que, en el escenario de globalización comercial y sobre todo en el bancario, las legislaciones nacionales se encuentran en procesos de actualización normativa del flujo monetario y financiero para que se responda a las necesidades de transacción de este sector (Apostolos, 2003, pág. 78).

En la línea de estudios sobre el comportamiento de la banca minoritaria en la esfera de la banca electrónica, Laura Bradley y Kate Stewart, en su artículo "The Diffusion of Online Banking", encuentran cómo la banca en línea, a pesar de los cambios

---

[207] Estos autores son citados por Gkoutzinis, por tanto, no constituyen parte de la bibliografía consultada.

estructurales en el mercado virtual de los grandes bancos, no se comporta de igual manera en los pequeños bancos del Reino Unido, en los cuales se advierte que el ritmo de crecimiento de la banca en línea es muy lento (Bradley & Stewart, 2003, pág. 1091).

Sin embargo, Bradley y Stewart, en sus conclusiones, pronostican que la plena disponibilidad de los recursos, ofrecidos a través de la banca electrónica por los bancos minoritarios, podría observarse hacia el año 2011, año en el que, según las autoras, los clientes no gozarán de los servicios en línea ofrecidos por la gran banca (Bradley & Stewart, 2003, pág. 1102).

Algunas de las causas de la disparidad del crecimiento entre la banca minoritaria y la gran banca, según Bradley y Stewart, es la lentitud en la renovación tecnológica, la falta de cultura innovadora y los bajos niveles de demanda de los consumidores. Estos factores han generado un desnivel de competitividad desfavorable para los pequeños bancos (Bradley & Stewart, 2003, pág. 1102).

Al respecto, Ziqi Liao y Michael Tow Cheung (2003, pág. 248), en su publicación "Challenges to Internet E-Banking", con el patrocinio de Communications of the ACM, Property of Association for Computing Machinery, y basado en sus estudios de "Internet-based e-banking and consumer attitudes: An empirical study" (Liao & Cheung, 2002), analizan las ventajas comparativas de la banca electrónica de los bancos minoritarios. Consideran que es precisamente su tamaño el que les obliga a adoptar una estrategia de negocios en línea[208], en consecuencia con los altos costos estructurales de la organización tradicional bancaria.

---

208 En una de sus conclusiones los autores pronostican la viabilidad de la banca en línea para los bancos minoritarios como estrategia de competitividad comparativa, supeditada al clima de seguridad que el cliente perciba en las transacciones virtuales: "La mejor estrategia de desarrollo de los bancos es probable que sea el cultivo de la demanda a lo largo de los caminos de menor resistencia, en particular en lo que respecta a la percepción de los consumidores de la seguridad de las transacciones, las transacciones con exactitud, y la velocidad de la red. Empíricamente en la mayoría de las áreas importantes de la seguridad de las transacciones y la exactitud, protocolos de encriptación, como el protocolo Secure Sockets Layer (SSL) y Secure Electronic Transactions (SET) han sido ampliamente adoptados por los bancos. Sin embargo, hay una persistente resistencia por parte de la cultura de las personas acostumbradas a las 'transacciones físicas, de modo que los esfuerzos por ampliar la banca minorista a través de Internet debe (entre otras cosas) superar la percepción de sesgo tecnológico. En vista de estas consideraciones, sometemos que, en general, el mayor reto al que se enfrenta la banca minorista electrónica vía Internet en el momento actual no es tanto la aplicación de las nuevas tecnologías en la oferta, sino el aumento de la aceptación del consumidor por parte de la demanda." P. 250

Sin embargo, los autores advierten que la lentitud en el crecimiento de la demanda de servicios electrónicos, por parte de los clientes, se debe, principalmente, a la falta de manejo y dominio de los servicios electrónicos de las nuevas generaciones de jóvenes que, aunque potenciales usuarios del desarrollo del mercado on line, aún no terminan de sincronizarse con los servicios que ofrece el banco.

En este sentido, Liao y Tow Cheung condicionan la supervivencia de los bancos minoritarios al mejoramiento de la atmosfera de seguridad. Esta enmarca el proceso de las transacciones bancarias electrónicas y guarda una estrecha relación con la cultura de la presencialidad que se mencionó anteriormente (Liao & Cheung, 2003, pág. 250).

En la misma línea, Helen White y Fotini Nteli, en su estudio del sector bancario del Reino Unido, publicado como "Internet banking in the UK: Why are there not more customers?", señalan que, a pesar del creciente número de usuarios de Internet en el Reino Unido, el crecimiento de los usuarios de servicios electrónicos bancarios no se comporta de igual manera. En su criterio, este comportamiento dispar obedece a la cultura de una atmosfera de inseguridad que la banca en línea, por Internet, todavía no termina de superar[209], a pesar de la cobertura y de la gran oferta de servicios bancarios que se ofertan y que se evidencian en el fuerte reclamo que hacen los clientes sobre la calidad de los productos financieros. "Uno de los grupos de clientes estaba más preocupado por la seguridad, mientras que el otro grupo estaba más interesado en la comodidad, la rapidez y la puntualidad del servicio" (White & Nteli, 2004, pág. 49).

En esta línea, y en el caso del mercado norteamericano, Dan Sarel y Howard Marmorstein en su "Addressing consumers concerns

---

209 En las conclusiones de su estudio precisan: "La primera conclusión a extraer de esta investigación es que, a pesar de los últimos avances para mejorar la seguridad de la banca por Internet, sigue siendo la principal preocupación para los consumidores. (…) Se hace evidente que hay distintos segmentos de clientes con diferentes prioridades y perspectivas. La investigación se describe en este documento identificado un grupo de consumidores que están más interesados en 'la sensibilidad' y 'facilidad de uso' categorizados aquí como los atributos de 'conveniencia'. Esto puede, sin embargo, ocultar el hecho de que estos consumidores están utilizando sus cuentas bancarias secundarias para inferiores actividades de mantenimiento, tales como cuentas de depósito." P. 55

about online security: A conceptual and empirical analysis of banks actions*", advierten cómo la falta de seguridad en las transacciones bancarias *on – line* afecta significativamente el crecimiento de este mercado, no solo por factores asociados al soporte tecnológico, sino también por la falta de educación de los consumidores que, muchas veces, no atienden las recomendaciones de las entidades bancarias. También han señalado que son los bancos pequeños los que no han tomado las medidas necesarias para contrarrestar los crecientes casos de delitos denunciados (Sarel & Marmorstein, 2006, pág. 99).

En este sentido, advierten que "Los problemas de seguridad son reales e importantes. El crecimiento futuro de la banca en línea requiere que los bancos mejoren la percepción de seguridad de los consumidores. La confianza del consumidor es fundamental para la futura expansión de la banca en línea. Las instituciones financieras deben darse cuenta de que un enfoque proactivo a la participación de los consumidores en el proceso de la prevención es la mejor estrategia. Un cliente informado, alerta, es uno de los principales activos en el punto contra el fraude. Asimismo, contribuirá a la seguridad del sistema en línea" (Sarel & Marmorstein, 2006, pág. 114).

Por su parte, y en el análisis realizado a expertos bancarios, White y Nteli encuentran que, desde la óptica de los bancos, el comercio electrónico a través de Internet no termina de interpretar las bondades estratégicas virtuales, que se pensaba con la llegada de las nuevas tecnologías de información y comunicación. "La venta cruzada será más difícil; la información sobre los clientes será más difícil de obtener; y los bancos tendrán que competir producto por producto. McMahon sostiene que los bancos deben llegar a la excelencia en el servicio si desean sobrevivir en el entorno altamente competitivo de Internet. Jayawardhena y Foley destacaron que uno de los principales desafíos para los bancos es el de satisfacer las necesidades de los clientes, ya que estos son complejos y difíciles de gestionar" (White & Nteli, 2004, pág. 50).

Esta competencia se evidencia en la disparidad entre los bancos tradicionales y los bancos no tradicionales, categorizados así por los autores. La tradición se establece como un atributo de confianza y sostenibilidad; en este sentido, se obliga a los nuevos bancos y a los nuevos productos por Internet a que establezcan una lucha por lograr los niveles de rentabilidad, exigidos por sus objetivos estratégicos y a unos mayores costos que los bancos tradicionales (White & Nteli, 2004, pág. 55).

Respecto a los servicios bancarios por Internet, Mohammed Al Hawari, Nicole Hartley y Tony Ward, en su publicación "Measuring Banks' Automated Service Quality: A Confirmatory Factor Analysis Approach", en la Universidad de Massey, a partir de su estudio sobre la percepción de los clientes de los productos financieros en línea en Australia, encuentran que la automatización se ha convertido en el determinante de la calidad de los servicios respectivos. Su investigación demuestra cómo los clientes tienden a utilizar combinaciones de tecnologías. Esto les permite a los autores formular "un modelo global de la calidad de los servicios bancarios automatizados, teniendo en cuenta las características únicas de cada canal de prestación de asistencia y otros aspectos que tienen una influencia potencial sobre las cuestiones de calidad" (Al-Hawari, Hartley, & Ward, 2005, pág. 13).

Al respecto, Robert DeYoung, en "The Performance of Internet-Based Business Models: Evidence from the Banking Industry", en la Universidad de Chicago, advierte desde sus investigaciones de la banca estadounidense, el comportamiento complejo del comercio electrónico bancario, específicamente, cada vez que se ha desarrollado una nueva forma de servicios *on – line* en bancos dedicados exclusivamente a esta modalidad. Es decir, bancos que se diferencian plenamente de los bancos tradicionales que, paulatinamente, han combinado los servicios presenciales con los virtuales. Esta nueva modalidad, basada en la automatización total de de los servicios financieros, presenta, para De Young, una de las limitantes del mercado de las economías de escala – masificación de productos, y su correspondiente bajo costo en la venta de estos productos. Esto productos, en los nuevos bancos *on – line*, todavía presentan sobrecostos estructurales de modo que se disminuyen sus márgenes de ganancias, poniendo en riesgo su supervivencia en el mercado (DeYoung, 2005, pág. 896).

A pesar de las observaciones de DeYoung sobre la viabilidad de los bancos *on – line*, encuentra que este modelo no será exclusivo en el futuro:

> "A pesar de que este estudio concluye que la banca por Internet es sólo un modelo potencialmente viable en las condiciones actuales, esto no es garantía de que sólo los bancos en Internet seguirán existiendo en el futuro; Y si lo hacen, su cuota de mercado es probable que sea limitado. El sentido común y ocasional empirismo sugieren que no solo una creciente porción de las futuras transacciones bancarias se llevará a cabo a través de Internet, sino que también sugieren que la mayoría de estas transacciones se producirán en los bancos tradicionales. A medida que el número de bancos ha disminuido en los Estados Unidos, los bancos sobrevivientes han competido decididamente por los clientes ofreciendo una mayor capacidad de elección y conveniencia, y el resultado ha sido una explosión en el número de sucursales y cajeros automáticos"[210] (DeYoung, 2005, pág. 938).

Respecto al impacto o los efectos de la banca electrónica en la clientela, Singer, en su estudio de la banca electrónica norteamericana, publicado en el artículo "Online Banking and the Community Reinvestment Act", bajo el patrocinio del Centro de Ética Empresarial en Bentley College, establece la importancia del comportamiento estratégico de la inversión de la gran banca en la comunidad y la responsabilidad social de los bancos a través de la promoción de la banca electrónica. "La popularidad rápidamente

---

210 La traducción es propia.

emergente de la banca en línea con los bancos ha presentado una oportunidad única para comportarse de una manera socialmente responsable" (Singer, 2002, pág. 165).

Esta responsabilidad se fundamenta en la disminución paulatina que tienen los costos de operación electrónica. Así pues, a medida que crece el número de clientes, baja marginalmente el costo de venta, lo que debe transferirse al usuario final, y se debería beneficiar, principalmente, a los sectores de la población económicamente menos favorecidos. Desde una perspectiva ética esto se debería trasladar a la disminución de los intereses de los créditos otorgados a estos. "Los préstamos pueden ampliarse a los prestatarios por una agresiva divulgación y programas de marketing, a través de grupos de la comunidad. La modificación de los compromisos, criterios y procedimientos, y la creación de paquetes especiales de préstamo para atender a las circunstancias de los prestatarios de bajos ingresos"[211] (Singer, 2002, pág. 166).

En sus observaciones, además, determinó que "Los avances en la tecnología de la banca en línea y su creciente aceptación entre los clientes proporcionan un mecanismo poderoso para ambos; Servicios a la comunidad y demostrar este servicio a la comunidad. Mientras que los más grandes y más sofisticados bancos han aceptado esta idea, el uso de banca en línea para este fin no ha sido reconocido por la gran mayoría de los bancos. Para el año 2004 los nueve bancos más grandes de los Estados Unidos tenían componentes excepcionales de servicio a la comunidad en sus sitios Web (Banco de América, Citicorp, JP Morgan Chase, Wells Fargo, Wachovia, Washington Mutual, U. S. Bancorp, SunTrust, y HSBC Holdings)"[212] (Singer, 2002, pág. 173).

Andrew Abraham, en su *estudio "The Regulation of Virtual Banks: A Study of the Hong Kong Perspective"*, analiza el papel de la reglamentación jurídica nacional de la banca electrónica, en el

---

211 La traducción y puntuación es propia.

212 Ibid.

caso de Hong Kong, y determina la relación directa entre seguridad y legislación. "Estas directrices se basan en la confianza, es decir, la garantía pública y la sensación de certidumbre, confianza y fe en la estabilidad del banco virtual. En el contexto de los bancos virtuales, la confianza es el sentimiento de las empresas y los inversores que los bancos virtuales no deben degenerar en un escenario insalvable" (Abraham, 2007, pág. 4).

Abraham encontrará que la clave de conexión en el tema de la confianza es el riesgo. Si el riesgo que se genera en la banca electrónica es asumido por los usuarios, se desarrolla una alta tasa de incertidumbre, lo que limita, en última instancia, el crecimiento de la banca electrónica (Abraham, 2007, pág. 7).

Sin embargo, en los estudios empíricos, publicados con el título *International Comparisons of Banking Efficiency,* de Allen Berger (Berger, 2007), el economista *senior* de la Reserva Federal de los Estados Unidos, encontrará cómo, a través de las dinámicas del control del riesgo, se produce un crecimiento proporcional del sector bancario paralelo al crecimiento de la banca electrónica. Esta dinámica ya la había advertido en su publicación, *Further Evidence on the Link between Finance and Growth: An International Analysis of Community Banking and Economic Performance* (Berger, 2004); y la había visualizado en las conclusiones de sus investigaciones sobre los impactos de las TIC en la banca mundial, publicadas como *The Economic Effects of Technological Progress: Evidence from the Banking Industry,* (Berger, 2002). En la misma línea del control del riesgo promovido por el uso de las TIC y especial en Internet, han hecho sus aportes Delgado y Nieto (Delgado & Nieto, 2004), para el caso español y europeo, en general.

Entre las conclusiones de los estudios de Berger, se evidencia cómo "el número de oficinas bancarias físicas utilizando escrutadores humanos se ha ampliado en un 2,1% tasa anual, mientras que el número de TICs basados en los cajeros automáticos se ha ampliado en un 10,1% tasa anual, por lo que ahora son más numerosos los cajeros automáticos que las oficinas físicas, en una relación de cuatro a uno; la estructura de los mercados financieros crecido a una tasa anual del 3,0%; el mercado monetario fondos mutuos, una alternativa a los depósitos bancarios, creció a una tasa media anual del 10,8% en el periodo entre 1984-2001; la deuda de las empresas (bonos más papel comercial), que son alternativas a los préstamos bancarios, creció a tasas anuales del 10,0% y 11,3%, respectivamente, superando a GTA bancario de 2001; Por último, la hipoteca, piscinas y otros valores respaldados por activos, los cuales son bienes que fueron retirados de los balances bancarios y algunos de las cuales son las alternativas a la financiación bancaria, crecieron a una tasa anual del 13,7% durante el intervalo"[213] (Berger, 2002, pág. 27).

Adicionalmente, Berger concluye que sus datos comprueban la hipótesis de que "los avances en tecnologías de la información financiera y las tecnologías ayudaron a estos mercados financieros a crecer a tasas más rápidas que el sector bancario … También señala, que en el mercado monetario, "los fondos mutuos fueron ayudados por las innovaciones de las TIC, que les ha permitido almacenar información, hacer un seguimiento de ella, y mover grandes cantidades de las mismas, en valores y en las cuentas de los clientes mucho más barato en el tiempo; la equidad y los mercados de deuda fueron de manera similar favorecidos por las innovaciones de las TIC, que igualmente fueron impulsados por la reducción de los costes comerciales" (Berger, 2002, pág. 28).

Berger afirmará que "gran parte del comercio bancario puede realizarse por medios electrónicos dado que los costos de las TIC se han reducido drásticamente… Asimismo, los bonos de titulización de los mercados financieros fueron ayudados por estas innovaciones que permiten una mayor precisión sobre los precios, la bursatilización, y mejores modelos de gestión del riesgo" (Berger, 2002, pág. 29).

---

213 Ibid.

Uno de los intereses de Berger ha sido el de profundizar en las dinámicas del comercio bancario electrónico. En este sentido, ha observado "un crecimiento acelerado del pago y los intercambios bancarios a través de Internet; una diferencia sustancial entre los costos del 'front-office', en la cual los bancos tratan directamente con los clientes y los 'back-office', soportados en las tecnologías para la producción de servicios que generalmente son invisibles a los clientes, como el caso de Internet; y las combinaciones de servicios de Internet y de oficinas físicas y redes ATM, algunos bancos utilizan una 'clickand-mortero', como estrategia de ejecución en que los bancos transaccionales añaden un sitio de Internet para su integridad física" (Berger, 2002, pág. 29).

Sin embargo, Berger, en sus recomendaciones, invita a los investigadores a profundizar en los posibles vínculos del progreso tecnológico y las correspondientes TIC con la productividad y otros indicadores de rendimiento laboral todavía pendientes por explorar en la dinámica contemporánea de las fusiones bancarias.

Adicionalmente, en una de las recomendaciones de *Further Evidence on the Link between Finance and Growth: An International Analysis of Community Banking and Economic Performance* (2004), precisará que la dinámica bancaría y financiera por Internet deberá ser monitoreada detenidamente por los investigadores, cada vez que "las pruebas en la banca por Internet no son tan claras, debido a la falta de experiencia con esta tecnología, al parecer la más grande de los EE.UU. Los bancos que prestan servicios a la gran mayoría de los clientes han adoptado esta tecnología, añadiendo transaccionales a los sitios de Internet a las existentes física de oficinas y redes ATM. Al igual que la experiencia con los cajeros automáticos a principios del decenio de 1980, las presiones de la competencia pueden dar lugar a que los clientes obtengan la mayoría o la totalidad de los beneficios de la banca por Internet, por lo que es difícil de medir aun el aumento de la productividad" (Berger, 2004, pág. 62).

En esta misma línea, se destacan los estudios de Claessens, Glaessner, y Klingebiel (2002); Han, Greene (2007), Hanley, Ennew, Binks (2006); Berger, De Young, Udell (Berger, DeYoung, & Udell, 2001) en *Efficiency Barriers to the Consolidation of the European Financial Services Industry*, y de los mismos junto a Genay (Berger, DeYoung, Udell, & Genay, 2001), *Globalization of Financial Institutions: Evidence from Cross-Border Banking ́Performance*.

Para el caso español y de la Unión Europea, se pueden citar los estudios de Delgado y Nieto (2004), *Incorporación de la tecnología de la información a la actividad bancaria en España: la banca por Internet,* y *Perspectivas de rentabilidad de la banca por Internet en Europa,* y de los mismos autores en compañía de Ignacio Hernando (Delgado, Nieto, & Hernando, 2004).

Recientemente, David Gómez G. y Jorge Sainz G publicaron, en la revista *Universia Business Review,* los resultados de la investigación sobre los efectos del Internet y de las TIC en general en la entidad bancaria Renta 4, titulado "Cambio organizativo por las TIC en la empresa financiera: el caso de Renta 4". En este artículo, se analizan los cambios internos de la estructura organizacional y los cambios externos sobre el aumento significativo de transacciones y clientes. En el estudio se advierten los impactos positivos del Internet en la entidad como: la reducción de costos operacionales, la optimización de tareas, y el fortalecimiento de los departamentos, jalonados por la innovación del departamento de tecnología. En una de sus conclusiones, dirán:

> "La automatización o internetización de gran parte de las tareas de pura intermediación y administrativas, permitió un redimensio-namiento de la red, aligerando estructura en las oficinas locales y abriendo nuevas oficinas con un coste muy inferior al anterior. El personal de las oficinas pasó de ocupar un rol de operador y de administrativo a un rol de asesor comercial y especialización en operaciones relevantes" (Gómez & Sainz, 2008, pág. 105).

BIBLIOGRAFÍA GENERAL

Abello, R., Páez, J. Dacunha, C. (2001). ¿Son la ciencia y la tecnología un *instrumento de desarrollo? Un análisis de caso para América Latina.* Barranquilla, Colombia: Revista Investigación y Desarrollo. Jul. Vl. 9. N. 1.

Abraham, A. (2007). *The Regulation of Virtual Banks: A Study of the Hong Kong Perspective.* Journal of Internet Law. Jun. p.p. 3-13.

Adwankar, S., Vasudevan, V. (2002). *Management of Multimedia on the Internet.* Lectures notes in Computer Science. Vl. 2496. p.p. 62-76.

Aguado, D. (2007). *Liderazgo Versátil: actuando sobre la diversidad.* e- Deusto, N. 61. Jun. p.p. 20-25.

Alasoini, T. (2001). *Challeger of work organization development in the based knowleg-economy.* DG Employment & Social Affairs. The uropeanWork Organization Network. EWON.

Albrecht, K., Bradford, L. (1990). La excelencia en el servicio: cómo identificar y satisfacer las expectativas y necesidades del cliente. Traducción Jesús Villamizar Herrera. Bogotá: Legis Editores.

Al-Hawari, M. Hartley, N. & Ward, T. (2005). *Measuring Banks'Automated Service Quality: A Confirmatory Factor Analysis Approach.* Marketing Bulletin. May.Vl.16, p.p. 1-19.

Amaya, P., Pizarro, K., & Garza P., Néstor, F. (2001). *Colombia un país por construir,* en el capítulo, *Ineficiencia del sistema financiero.* Santa fe de Bogotá: Ediciones Unibiblios, Universidad Nacional de Colombia.

Amstrong, M. (1991). Gerencia de recursos humanos. Londres:Editorial Legis.

Andrade J. (2003). *Tecnologías y sistemas de información en la gestión del conocimiento en las organizaciones.* Maracaibo,Venezuela: Revista Venezolana de Gerencia. Oct–Dic. No. 24.

Andrade L. (2005). *Analfabetismo tecnológico: Efecto de lasTecnologías de la Información.* Mérida, Venezuela: Revista Actualidad Contable Faces, ene–jun Vl. 7, N. 8.

Aoyama, Y., Ratick, S. (2007). *Transactions, And Information Technologies In The Us Logistics Industry.* Usa: Worcester. Apr y May.

___________, Castells, M. (2002). An *Empirical Assessment Of The Informational Society: Employment And Occupational Structures Of G-7 Countries, 1920-2000.* Usa: International Labour Review Worcester, May.

Apostolos, G. (2003). *Cross-border electronic banking activities in the single European market and the normative value of home country supervision.* Diario de International Banking Reglamento. Sep. Vl. 5 N. 1, p.p. 78–103.

Aragon, J., Bobino, C., Rocha, F. (2004). *El papel de las relaciones laborales En la difusión de las tecnologías de información y comunicaciones* Fundación 1 de mayo, Ministerio de Tabajo y Asuntos Sociales. España.

Armenakis, A. A., & Bedeian, A. G. (1999). Organizational change: A review of theory and research in the 1990s. *Journal of Management,* N. 25. p.p. 293-315.

Aragonés, J. (1990). *Economía Financiera Internacional.* Madrid: Ediciones

Archibugi, D., Pianta, M. (1996). *Measuring technological change through patents and innovation surveys.* Technovation. Sep. Vl. 16. IS 9. p.p.451-468.

Arendt, H. (1971). *The human condition.* Chicago: The University of Chicago, seventh impression Press.

Argyres, N., Bercovitz J., Mayer K. (2007). *Complementarity and Evolution of Contractual Provisions: An Empirical Study of IT Services Contracts.* Organization Science. Vl. 18. N. 1. Jan-Feb. p.p. 3-19.

Aristóteles (2003a). Política. Andrómeda. Buenos Aires.

_________.(2003b). Ética Nicómaquea: Ética Eudemia. Madrid:Traducción del griego por Julio Palli Bonet. Editorial Gregos.

_________. (1987). Ética a Nicómaco. Madrid: Azcarate, Editorial Espasa – Calpe.

_________. (1969). *De anima.* Buenos Aires: traducción de Alfredo Llanos. JUÁREZ Editor.

_________. (1990). *Metafísica, Introducción a la Metafísica de Aristóteles: El problema del objeto en la Filosofía Primera.* Barcelona: PU.

_________. (1986). *Metafísica.* Buenos Aires: traducción directa del griego por Hernán Zucchi, Editorial Sudamericana.

_________. (1999). *Política.* Editorial Gredos, España.

_________. (1988). en *Tratados de Lógica* Madrid: traducción de Miguel Candel Sanmartín, Editorial Gredos.

_________. (1987). *Metafísica.* Madrid: Edición trilingüe de Valentín García Yebra, Editorial Gredos.

_________. (1986). *Metafísica.* Buenos Aires: Traducción directa del griego por Hernán Zucchi. Editorial Sudamericana.

_________. (1978). *La Política* Madrid: traducción de Patricio de Azcárate Edición Espasa- Calpe.

Armenakis, A. A., & Bedeian, A. G. (1999). Organizational change: A review of theory and research in the 1990s. *Journal of Management,* N. 25. p.p. 293–315.

Armentia, M., Aguado, J. (1995). *Tecnología de la información escrita.* Madrid.

España: Universidad Complutense de Madrid.

Arrighetti, A., Vivarelli, M. (1999). *The role of innovation in the postentry performance of new small firms: Evidence from Italy.* Southern Economics Journal. Apr. Vl. 65. IS 4. p.p.927- 939.

Artis, C., Becker, B., Huselid, M. (1999). *Strategic Human Resource Management at Lucent.* Human Resources Management. Vl. 38. IS 4. p.p.309-313.

Ashford, S., Black, J. (1996). *Proactivity during organizational entry: The role of desire for control.* Journal of Applied Psychology. Apr. Vl. 81. IS 2. p.p. 199-214.

Ashkanasy B. (2000) definen en su investigación, *Questionnaire Measures of Organizational Culture, The Handbook of Organizational Culture and Climate.* Newbury Park,CA: Sage. p.p. 131–146.

Atrostic, B., Gates, J. (2001). *U.S. Productivity and Electronic Business Processes in Manufacturing.* Center for Economic Studies. Washinton D.C.

Augier, M., Winter, S. (2005). *Why Is Management An Evolutionary Science? An Interview With Sidney G. Winter.* Usa: Journal Of Management Inquiry 14 (4): 344-354 Dec. Sage Publications Inc, 2455 Teller Rd, Thousand Oaks, Ca 91320.

Baily, M., C. Hulten and D. Campbell. 1992. "Productivity Dynamics in Manufacturing Plants". *Brookings Papers on Economic Activity: Microeconomics 1992.* pp. 187-267.

Bakos, Y., Brynjolfsson, E. (2000). *Bundling and competition on the Internet.* Marketing Science. Win. Vl. 19. IS 1. p.p. 63- 82.

Baldwin, J., Sabourin, D. (2001) *Impact of the Adoption of Advanced Information and Communication Technologies on Firm Performance in the Canadian Manufacturing Sector.* Micro-Economic Analysis Division. Coats Building, Ottawa, Statistics Canada. Analytical Studies Branch – Research Paper. N. 174.

__________, Diverty, B. (1995). *Advanced Technology Use in Canadian Manufacturing Establishments.* Research Paper No. 85. Analytical Studies Branch. Ottawa: Statistics Canada.

Baldwin, J., Sabourin, D. (2001) *Impact of the Adoption of Advanced Information and Communication Technologies on Firm Performance in the Canadian Manufacturing Sector.* Micro-Economic Analysis Division. Coats Building, Ottawa, Statistics Canada. Analytical Studies Branch – Research Paper N. 174.

Banco de la República. (1990). *Las Instituciones Económicas - Financieras Internacionales: participación colombiana y estructura de las mismas.* Bogotá, D.C.: Editado por Banco de la República.

Barber, D., Huselid, M., Becker, B. (1999). *Strategic Human Resource Management At Qauntum.* New York: Ny Human Resource Management 38, Win. John Wiley & Sons Inc.

Barnard, C. (1959). *The functions of the executive: las funciones de los elementos dirigentes.* Madrid: Instituto de Estudios Políticos.

Barteslman, E., Doms, M. (2002). *Understanding productivity: Lessons from Longitudinal Microdata.* Journal of Economic Literature. V. 38.

Bartlett, C. (1991). *La empresa sin fronteras: la solución transnacional.* Madrid: McGrawHill.

Beaudry, A., Pinsonneault, A. (2005). *Understanding User Responses to Information Technology: a Coping Model of User Adaptation.* MIS Quarterly. Vl. 29 N. 3. Sep. Research Article.

Beaudry, P., Collard, F., Green, D. (2005a). *Changes In The World Distribution Of Output Per Worker, 1960-1998: How A Standard Decomposition Tells An Unorthodox Story.* Vancouver, Canada: Nov. V.5 N.1.

__________,__________,__________. (2005b). *Demographics And Recent Productivity Performance: Insights From Cross-Country Comparisons.* May. Vancouver, Canada.

__________.,__________. (2003). *Recent Technological and Economic Change among Industrialized Countries: Insights from Population Growth .* Scand. J. of Economics. p.p. 441–463.

__________, Green, D. (2005). *Population Growth, Technological Adoption, And Economic Outcomes In The Information Era.* Review of Economic. Vancouver, Canada: Dynamics. Oct. Univ British Columbia, Dept Econ, Bc V6t 1z1, Nber, Cambridge. p.p. 749-774.

Becker, B., Huselid, M. (2006). *Strategic Human Resources Management: Where Do We Go From Here?* Buffalo, Usa: Dec. Ny 14260.

__________.,__________. (1999). *Overview: Strategic human resource management in five leading firms.* Human Resource Management. Win. Vl. 38. IS 4. p.p. 287-301.

__________.,__________., Pickus, P., Spratt, M. (1997). *HR as a source of shareholder value: Research and recommendations.* Human Resources Management. Vl. 36. IS 1. p.p. 39-47.

__________., __________. (1992). *The Incentive Effects of Tournament*

Compensation Systems. Administrative Science Quaterly. Jun. Vl. 37. IS 2. p.p. 336-350.

__________,Olson, C. (1992*). Unions and Firm Profits.* Industrial Relations.

Fal. Vl. 31. IS 3. p.p.395-415.

Becker, M., Lazaric, N., Nelson, R., Winter, S. (2005). *Applying*

Organizational Routines In Understanding Organizational. England: Change Industrial And Corporate Change 14, Oct . Oxford Univ Press.

Becker, T., Billings, R. (1993). *Profiles of commitment: An empirical test.*

Journal of Organizational Behavior. N.14. p.p. 177–190.

__________., Hills, S. (1981). *Youth attitudes and Adult Labor-Market Activity.*

Industrial Relations. Vl. 20. IS 1. p.p. 60-70.

__________., __________. (1992). *Direct Estimates of SDY and the Implications*

for Utility Analysis. Journal of Applied Psychology. Jun. Vl. 77. IS 3. p.p. 227-233.

__________. (1988). *Concession Bargaining – The Meaning of Union Gains.*

Academy of Management Journal. Jun. Vl. 31. IS 2. p.p.377-387.

__________., Olson, C. (1986). *The Impact of Strikes on Shareholder Equity.*

Industrial & Labor Relations Review. Apr. Vl. 39. IS 3. p.p. 425-438.

__________., Hills, S. (1983). *The Long-Run Effects of Job Changes and*

Unenployment Among Male Teenagers. Journal of Human Resources. Vl. 18. IS 2. p.p. 197-212.

__________., __________. (1981). *Youth attitudes and Adult Labor-Market*

*Activity.*Industrial Relations. Vl. 20. IS 1. p.p. 60-70.

__________., __________. (1980). *Teenage Unemployment – Some evidence of the*

Long-Run Effects on Wages. Industrial Relations & Labor. Vl. 15. IS 3. p.p. 354-372.

Beer, M. (1971). *Organizational climate: A view from the change agent. In G. A.*

Forehand (Chair), Organi- Organisational climate. Symposium presented at the meeting of the American Psychological Associ- Association, Washington, D.C., September.

Bekker, M., Olson, J., Olson, G. (1995). ***Analysis of gestures in face-to-face***

design teams provides guidance for how to use groupware in design.

Belisario, B., & Cuellar, M. (1997). *Constitución Económica Colombiana,*

Bogotá: El Navegante Editores.

Bell, D. (1976). *El advenimiento de la sociedad post industrial.* Madrid: Alianza Editorial.

Bell, D. (1986). *El advenimiento de la sociedad post-industrial*. Madrid:Alianza
Editorial.

Belzunegui, A. (2002). *Teletrabajo: Estratégias de flexibilidad.* Consejo
Económico y Social. Madrid.

Braverman, H. (1974). Labor and monopoly capital: The degradation of work in
the twentieth century. New York: Monthly Review Press.

Bennasar, F. (2003).*TIC y discapacidad: implicaciones del proceso de
tecnificación en la práctica educativa, en la formación docente y en la
sociedad.* Revista Píxel-bit. Revista de Medios de Educación, julio. No. 21.
Sevilla, España.

Bennis, W., Nanas, B. (1985). *Líderes: las cuatro claves del liderazgo eficaz.*
Traducción Enrique Hoyos. Bogotá: Norma.

Berger, A. (2007). *International Comparisons of Banking Efficiency
European Financial Management.* Financial Markets, Institutions &
Instruments, Vl. 16. I. 3. p.p 119-144.

________. (2004*). Further Evidence on the Link between Finance and
Growth: An International Analysis of Community Banking and Economic
Performance.* Journal of Financial Services Research. Vl. 25. N. 2-3

________. (2002). *The Economic Effects of Technological Progress: Evidence
from the Banking Industry.* Sept. Available at SSRN. Monetary and Financial
Studies Section; University of Pennsylvania.

________. (2001). *The Effects of Geographic Expansion on Bank Efficiency.*
Journal of Financial Services ResearchVl. 19. N. 2-3

________. DeYoung, R., Udell, G., Genay, H. (2001a). *Globalization of
Financial Institutions: Evidence from Cross-Border Banking Performance.*
FRB Chicago Working Paper No. 1999-25

________., ________., ________., (2001b). *Efficiency Barriers to the
Consolidation of the European Financial Services Industry.* European
Financial Management Vl. 7. N.1. p.p. 117–130.

Berkhout, F. (2006). *Normative Expectations in Systems Innovation:*
Technology Analysis & Strategic Management. Jul–Sep. Vl. 18, Ns. 3/4. p.p.
299–311.

Betancourt, A. (1985). *Organizaciones y administración: un enfoque de
sistemas.* Bogotá: Norma.

Black, J., Gregersen, H. (2000). *High impact training: Forging leaders for the
global frontier.* Human Resourses Management. Vl. 39. IS 2-3. p.p.173-184.

Black, J., Gregersen, H. (1999). *The right way to manage expats.* Harvard Business Review. Mar-Apr. Vl. 77. IS 2. p. 52.

________. (1992). *Coming Home- The Relationship of Expatriate Expectations with Repatriation Adjustment and Job-Performance.* Human Relations. Feb. Vl. 45. IS 2. p.p.1 77-192.

________., Porter, L. (1991). *Managerial Behaviors And Job-Performance- a Successful Manager in Los-Angeles may not Succeed in Hong-Kong.* Journal of International Business Studies. Vl. 22. IS 1. p.p 99-113.

Black, S., Lynch, L. (2001). *How To Compete: The Impact Of Workplace Practices And Information Technology On Productivity.* New York: Review of Economics and Statistics. Ago. p.p. 434-445.

Blanchard, K., Waghorn, T., Ballard, J., (1996). *Misión posible: la creación de una empresa de clase mundial cuando todavía se puede* México: Traducción María Rosa Rosas. Editorial McGraw-Hill.

Bloom, N., Van Reenen, J., (2002). *Patents: Real Options And Firm Performance.* London, England: Economic Journal. Mar. Wc1e 6bt. p.p. 97-116.

Boisot, M. (1998). *Knowledge Assets.* Oxford: Oxford University Press.

Boland, R., Lyytinen, K., Yoo, Y. (2007). *Wakes of Innovation in Project Networks: The case of Digital 3-D Representations in Architecture, Engineering, and Construction.* Organization Science. Volume 18. N. 4. Jul-Aug. p.p. 631-647.

Bond, S., Chennells, L., Devereux, M. (1996). *Taxes and company dividends: A microeconometric investigation exploiting cross-section variation in taxes.* Economic Journal. Mar. Vl. 106. IS 435. p.p. 320-333.

Boyatzis, Richard E. y Van Oosten, E. (2003) *Creating better leaders: Stimulating more Emotional Intelligence.* ISI

Bradley, K., (1997). *Intellectual capital and the new wealth of nations,* Business Strategy Review, Vol. 8, Núm. 1 Pág. 53-62.

Bradley, L., Stewart, K. (2003). *The Diffusion of Online Banking.* Journal of Marketing Management; Nov. Vl. 19. IS. 9/10. p.p.1087-1109.

Braverman, H. (1974). *Labor and monopoly capital: The degradation of work in the twentieth century.* New York: Monthly Review Press.

Brawn, Warren B., Moberg, Dennis J., (1983) *Teoría de la organización y la administración,* México: Ediciones Noriega.

Bresnahan, T, Brynjolfsson, E. Hitt, L. (2002). *Information Technology, Workplace Organization, And The Demand For Skilled Labor: Firm-Level Evidence.* Quaterly Journal of Economics. Feb. Stanford. p.p. 339-376.

___________, _____________, ______, Greenstein, S. (2001). *The economic contribution of information technology:Towards comparative and user studies.* Journal of Evolutionary Economics. Springer-Verlag. Vl. 11. IS. 1. p.p. 95- 118

___________. (2000). *Prospects for an Information-Technology-Led Productivity Surge.* Article from the press of MIT. *Stanford University and NBER.*

___________., Richards, J. (1999). *Local and global competition in information technology.* Journal of the The Japanese and Iinternational Economies. Dec. Vl. 13. IS 4. p.p. 336-371.

_____________. (1999).*Computerisation and wage dispersion: An analytical reinterpretation.* Economic Journal. Jun. Vl. 109. IS 456. p.p. 390-415.

_____________., Stern, S., Trajtenberg, M. (1997). *Market segmentation and the sources of rents from innovation: Personal computers in the late 1980s.* Rand Journal of Economics. Vl. 28. p.p. 17-44.

Brod, C. (1988). *Technostress: Human cost of the computer revolution.* Reading, MA: Addison-Wesley.

Brooking, A. (1996) *Intellectual Capital. Core Asset for the Third Millennium Enterprise.* International Thomson Business Press, London.

Bruno, D. (2007). *"E-learning": El futuro de la formación empresarial.* e-Deusto. N. 56. Dic-Ene. p.p. 10-12.

Brynjolfsson, E., Hitt, L., Yang, S. (2002). *Intangible Assets: Computers And Organizational Capital.* Philadelphia: Brookings Papers on Economic Activity. Cambridge. Univ Penn.

_____________,________. (2000). *Beyond computation: Information technology, Organizational transformation and business performance.* Journal of Economics Perspectives. MIT. Vl. 14. IS 4. p.p. 23- 48.

_____________, Smith, M. (2000). *Frictionless commerce? A comparison of Internet and conventional retailers.* Management Science. Apr. Vl. 46. IS 4. p.p. 563- 585.

_____________. (1996). *The Contribution of Information Technology to Consumer Welfare.* Information Systems Research, Sep.Vol. 7, No. 3.

Buchanan, D., Boddy, D. (1982). *Advanced technology and the quality of working life: The effects of word processing on video typists.* Journal of Occupational Psychology, V. 55,p.p. 1-11.

Bughin, J. (2003) *The Diffusion of Internet Banking in Western Europe.* Electronic Markets; Sep, Vl. 13 IS. 3, p.251.

Bustos C., Andrea C., Manrique L. (2003). *Pymes colombianas y la gestión del conocimiento.* Bogotá: Publicado en Revista Escuela de Administración de Negocios, Ene– Abr. N. 47.

Byres, P. (1997). *Organizational Communication: Theory and Behavior,* Capítulo 7. *El proceso y las Perspectivas de la Comunicación Organizacional.* Boston: Ball State University., Mass, Allyn and Bacon.

Campbell, J. P. (1983*). I/O psychology and the enhancement of pro-ductivity.* The Industrial-Organizational Psychologist, N.20, 6-10.

__________, Campbell, R., (1988). *Productivity in organizations.* Associates. (Eds.). *San* Francisco, CA: Jossey-Bass.

Cañola, C., & Solano R. (1997). *Enfoque mercantil Y cooperativo en Colombia.* Medellín: El Día LTDA.

Cao, Q., Maruping, L., Takeuchi, R. (2006). *Disentangling the Effects of CEO Turnover and Succession on Organizational Capabilities: A Social Network Perspective.* Organization Science. Vl. 17. N. 5. Sep-Oct. p.p: 563-576.

Carneiro, P., Heckman, J., Masterov, D. (2005). *Labor Market Discrimination And Racial Differences In Premarket Factors.* London, England: Abr.

Carnoy, M. (2002a). *Sustaining the New Economy: Work, Family, and Community in the Information Age.* Cambridge, Massachustts: First Harvard University. Press paperback.

________, (2002b). *Sustaining The New Economy.* New York: Russel Sage Foundation.

________. (2000). *Sustaining the New Economy.* Cambridge, Masschusetts: Harvard University Press.

__________., Castells, M., Benner, C. (1997). *Labour markets and employment practices in the age of flexibility: A case study of Silicon Valley.* International Labour Review. Spr. Vl. 136. IS 1. p.27.

________. (1989). *The New Information Technology, International Difusion and Its Impacto N Employment and Skills.* Banco Mundial, PHREE.

Caroli, E., Van Reenen, J. (2001). *Skill-Biased Organizational Change? Evidence From A Panel Of British And French Establishments.* Paris, France: Quaterly Journal of Economics. Nov. p.p. 1449 1492.

Carralero, N. (2007). *Hacia la empresa inalámbrica.* e- Deusto, Número 1,

    Número especial. p.p. 54-57.

Carrascosa, José Luis, (2003), *Una reflexión filosófica y social sobre el impacto*

    de las nuevas tecnologías de información y comunicación: nuevos roles
    y competencias profesionales, ensayo publicado en InformACClÓ/
    comunicación

Castaño, R. (1966). *Ideas Económicas Mínimas.* Colombia, Medellín: Editorial

    Bedout.

Castells, M. (2002). *La Era de la Información.* México: Tomo I, II, III

    Economía,Sociedad y Cultura. Siglo XXI Editores

__________. (2000). *Local And Global: Cities In The Network Society.*

    Tijdschrift Voor Economic en Sociale Geografie. Berkeley. Usa.

__________. (1999). *La Era de la Información.* México: Tomo I, Economía,

    Sociedad y Cultura. 1 Capítulo: La revolución de la tecnología de la
    Información. Siglo XXI Editores.

__________., Aoyama, Y. (1994). *Paths Towards the Informational Society-*

    Employment Stucture in G- Countries, 1920-90. International LabouReview.
    Vl. 133. IS 1. p.p. 5-33.

__________. (1993). *European Cities, the Informational Society, and the global*

    Economy. Tijdschrift Voor Economische en Sociale Geografie. Vl. 84.
    IS 4. p.p.247- 257.

__________. (1990). *Defense Expenditure and Regional Development - Breheny,*

    MJ. Economy Geography. Jan. Vl. 66. IS 1. p.p. 83-85.

__________., Deipola, E. (1976*). Epistemological Practice and Social-Science.*

    Economy and Society. Vl. 5. IS 2. p.p. 111-144.

Chang, J., Shaw, M., Lai, C. (2007). *"Managerial" Trade Union And Economic*

    Growth. Taipei, Taiwan : Feb. 115, p.p. 548-558.

Chang, S., Chung, C., Mahmood, I. (2006). *When and How Does Business*

    Group Affiliation Promote Firm Innovation? A Tale of Two Emerging
    Economies. Organization Science. Vl. 17. N. 5. Sep-Oct. p.p. 637-656.

Charles, H. (1995). *The age of paradox.* Boston : Harvard Business School

    Press Mass.

Cheney, G., Christensen, L. (2001). *The New Handbook of* Organizational

    Communication, Advances in Theory, Research, and Method, Capitulo
    7. Organizational Identity: Linkages Between Internal and External
    Communication. California: Sage Publication Inc. Thousand Oaks,
    Thousand Oaks, California.

Chennells, L., Van Reenen, J. (1997). *Technical change and earnings in British establishments.* Economica. Nov. Vl. 64. IS 256. p.p.587-604.

Chiavenato, A. (1995). *Introducción a la teoría General de la Administración.* México: cuarta edición, Editorial STONER, FREEMAN, GILBERT J.R.

Chong, Soo P., Scruggs, L., & Kiseok, N. (2002). Internet Banking in the U.S, Japan an Europe. Multinacional Bussines Review. Vol. 10 Issue 2, p. 73.

De la Peña, J. (2003). *Historia de las Telecomunicaciones.* Barcelona.Editorial Ariel.

Chong, Soo P., Scruggs, L., Kiseok, N. (2002). *Internet Banking in the U.S, Japan and Europe.* Multinacional Bussines Review; Fall 2002, Vl. 10 IS. 2. p. 73.

Claessens, S., Glaessner, T., Klingebiel, D. (2002) "Electronic Finance: Reshaping the Financial. Landscape Around the World." *Journal of Financial Services Research.* V. 22. p.p. 29-61.

Clemons, E., Hitt, L. (2004). *Poaching And The Misappropriation Of Information: Transaction Risks Of Information Exchange.* Philadelphia: Usa.

Cohen, B. (1984). *Office automation: Vol. 1. Human aspects of offce automation.* Amsterdam: Elsevier.Collins, E. G. C. A company without offices. *Harvard* BusinessReview, N. 1. p.p. 127-136.

Crafts, N. Triplett, (2001). *The Solow productivity paradox in historical perpective.* Working paper. London School of Economics.

Coll-Vinent, R. (1980). en *Bancos de Datos: Teoría de la tele Documentación.* Barcelona: Editorial ATE.

Colom, A. (2004). *Innovación organizacional y domesticación de Internet y las tic en el mundo rural, con nuevas utilidades colectivas y sociales. La figura del telecentro y el teletrabajo.* Valencia: Centro Internacional de Investigación Inform. sobre la Economía Pública Social y Cooperativa, Ago. N. 049. p.p.77-116.

Contractor, N., O'Keffe B. (1997).*The politics of InformationSystem: Rational Designs and Organizational Realities. Case Studies in Organizational Communication: perspectives on Contemporary Work Like,* New York: The Gildford Press, A division of Guilford Publications Inc.

Costa, J., Garrido, F., Putnam, L., (2002). *Comunicación Empresarial.* Barcelona: Gestión 2002.

Coveney, B. (2007). *El reto de las empresas ante la irrupción de la WEB 2.0.* e Deusto, N. 61. Jul. p.p. 26-27.

Covey, S. (1993). *Los 7 hábitos de la gente eficaz: la revolución ética en la vida cotidiana y en la empresa*. Barcelona. 2a ed. Ediciones Paidós.

Crafts, N. (2001). *The Solow productivity paradox in historical perpective*. Working paper. London School of Economics.

Cuesta, F. (1998). *La Empresa Virtual: La estructura Cosmos.Soluciones e Instrumentos de Transformación*. Madrid: McGraw-Hill.

Cunha, H. (2007). *The Technology Of Skill Formation*. Chicago: May. Univ Chicago, Dept. Econ.

Cunningham, W. (1991). *Introducción a la Administración*. México:Grupo Editorial Iberoamérica.

_______________.,_____________. (1997). *Participative decision-making: An integration of multiple dimensions*. Human Relations. Jul. Vl. 50. IS 7. p.p. 859-878.

_______________., Lynch, L. (1996). *Human-capital investments and productivity*. American Economics Review. May. Vl. 86. IS 2. p.p. 263-267.

_______________. (1992). *Socializing American Expatriate Managers Overseas Tactics, Tenure, and Role Innovation*. Group & Organizational Management. Pirámide. Jun. Vl. 17. IS 2. p.p.171-192.

Daft, R., Steers, I. (2000). *Teoría y Diseño Organizacional*, Thomson, México.

_______. (1997). *Management:* Fort Worth. Dryden Pres.

Davenport, L. Prusak, (1998). *Working Knowledge*. Boston: Harvard Business School Press.

Dávila L. (1985). *Teorías Organizacionales y Administración*. Bogotá: Editorial Interamericana S.A.

Davis, D. (1986). *Managing technological innovation.*San Francisco, CA: Jossey-Bass.

De Danin, L. (1968). Introducción al estudio de la Organización y métodos. Bogotá: Editorial Aspaen.

De Leener, G. (1959). Tratado de organización de empresas. Madrid:Aguilar S.A, Ediciones.

Delaney, J., Huselid, M. (1996). *The Impact Of Human Resource Management Practices On Perceptions Of Organizational Performance*. Academy Of Management Journal Vl. 39. N.4. Aug. Acad Management. p.p. 949-969

Delgado, J., Nieto, M,J., (2005). *Perspectivas de rentabilidad de la banca por Internet en Europa*. Estabilidad Financiera.

__________.,__________., (2004). *Internet banking in Spain some stylized facts,*

    Monetary Integration, Market and Regulation. Research in Banking and

    Finance. Elsevier Ltd. Vl. 4. p.p. 187-209.

__________.,__________., Hernando, I. (2004a). *Do European primarily Internet*

    Banks show scale and experience economies?, Banco de España, mimeo.

__________.,__________., __________. (2004b), *Incorporación de la tecnología*

    de la información a la actividad bancaria en España: la banca por Internet, y
    Perspectivas de rentabilidad de la banca por Internet en Europa. Estabilidad
    Financiera.

Denison, D. (1991). *Cultura corporativa y productividad organizacional.* Nueva

    York: Editorial LEGIS.

Denrell, J., Fang, C., Winter, S. (2003). *The Economics Of Strategic*

    Opportunity. Sussex, England: Strategic Management Journal 24 (10): 977-
    990 Oct. John Wiley & Sons Ltd, The Atrium, Southern Gate, Chichester
    Po19 8sq.

Dessler, G. (1973). *Organización y Administración: enfoque situacional.*

    México: Prentice-Hall.

DeYoung, R. (2005). *The Performance of Internet- Based Business Models:*

    Evidence from the Banking Industry. Journal of Business; May. Vl. 78. IS.
    3. P.p. 893-947.

Diamond, M. (1996). *Innovation and Diffusion of Technology A Human*

    *Process.*University of Missouri—Columbia Consulting Psychology
    Journal: Practice and Research.Fall

Dodds, P., Watts, D., Sabel C. (2003). *Information Exchange And The*

    Robustness Of Organizational Networks. Proceedings Of The National
    Academy Of Sciences Of The United States Of America. Oct 14. Natl Acad
    Sciences.

Dretske, I. (1981). *Knowledge and the flow of information.* Cambridge,

    Massachusetts: The MIT Press/Bradford Books.

Drucker, P. (1995). *La nueva sociedad de organizaciones en "Drucker"; su*

    visión sobre: La administración, la organización basada en la información,
    la economía, la sociedad.. Truman Talley Books, Dutton, New York.

__________. (1995). *La sociedad postcapitalista.* Bogotá: Norma.

__________. (1992). *Las Nuevas Realidades.* Argentina: traducción de

    Purificación Suárez y José María Suárez. editorial Suramericana.

__________. (1986). *La gerencia en los tiempos difíciles.* Barcelona: Orbis.

__________. (1972). *Tecnología, Administración y Sociedad.* México: Galve, S.A.

Dubrín, A., (2000). *Fundamentos de Administración.* México: Thomson Editores.

Dunham, L., Freeman, R. (2000). *There is business like show business:*

    Leadership lessons from the theater. Organizational Dynamics. Vl. 29. IS 2.
    p.p. 108-122.

Echevarria, H. (1997). El *Sentido Común de la economía Colombiana.* Bogotá:

    3R ediciones Limitada.

Elsbach, K., Hargadon, A. (2006). *Enhancing Creativity Through "Mindless"*

    Work: A Framework of Workday Design. Organization Science. Volume 17.
    N. 4. Jul-Ago. p.p. 470-483.

Ettlie, J. E. (1986a). *Implementing manufacturing technology: Lessons from*

    experience. In D. D. Davis (Ed.), Managing technological in- inovation San
    Francisco, CA: Jossey-Bass. p.p. 72-104.

________. (1986b). *Innovation in manufacturing.* In D. O. Gray and others

    (Eds.), Technological innovation: Strategies for a new partnership
    Amsterdam: North-Holland. p.p. 135-144.

Etzioni, A. (1965). *Organizaciones Modernas.* Boston: Traducción, Carlos moreno, Uteha,

    México. *Organizacional Communication, Theory and Behavior,* Ball State
    University, Mass. Allyn and Bacon.

Fayol, H., Taylor F. (1961). *Administración industrial y general*: *Principios de*

    la Administración Científica. México: 9a edición. Traducción. A. Guzmán
    del Camino. Herrero Hermanos.

Ferrater, M. (2001). *Diccionario de Filosofía.* Barcelona: Edición de José Maria

    Terricabras.

Fidler, R. (1998). Metaformosis: comprender los nuevos medios. Buenos Aires:

    Granica. Ettlie, J. E. (1986a). Implementing manufacturing technology:
    Lessons from *experience.* In D. D. Davis (Ed.), Managing technological in-
    inovation San Francisco, CA: Jossey-Bass. p.p. 72-104.

Fondevila, J. (2004). La banda ampla universal, clau per a la ciberigualtat,

    artículo publicado en cibersociedad, en el grupo de estudio, GT-1 La Fractura
    Digital: ¿Hacia una Cibersociedad Dual?

__________. (2007). *Cable en España 2006.* Barcelona, España: Editorial

    CECABLE (Centre d'Estudis sobre el Cable).

Foss, K., Foss, N., Vazquez, X. (2006). *'Tying The Manager's Hands':*

    Constraining Opportunistic Managerial Intervention. Copenhagen,
    Denmark: Copenhagen Sch Econ & Business Adm, Ctr Strateg Management
    & Globalisat, Porcelaenshaven 24, DK-2000. Sep.

______.,______. (2005). *Resources And Transaction Costs: How Property*

    Rights Economics Furthers. Copenhagen, Denmark: The Resource-Based
    View. Jun.

______., Laursen, K. (2005). *Performance Pay, Delegation And Multitasking*

    Under Uncertainty And Innovativeness: An Empirical Investigation. Frederiksberg, Denmark: Oct.

______., Pedersen, T. (2004). *Organizing Knowledge Processes In The*

    Multinational Corporation: An Introduction. Copenhagen N, Denmark. Sep.

______. (2003a). *Bounded Rationality And Tacit Knowledge In The*

    Organizational Capabilities Approach: An Assessment And A Re-Evaluation. Copenhagen, Denmark: Industrial and Corporate Change. Apr. p.p. 185-201.

______. (2003b). *Bounded Rationality In The Economics Of Organization:*

    "Much Cited And Little Used". Copenhagen, Denmark: Jounal of Economic Phsycology. Apr. p.p. 245-264.

______. (2000). *Knowledge, institutions and evolution in economics.* Economic

    Journal. Book Review. Nov. Vl. 110. IS. 467. p.p. 795- 797.

______. (1999). *The Use Of Knowledge In Firms.* Copenhagen, Denmark:

    Journal of Institutional and Theoretical Economics-Zeitschrift fur die

    Gesamte Staatswissenschaft. Oct.. p.p. 458-486.

______. (1999). *Research in the strategic theory of the firm: 'Isolationism'*

    and'integrationism'. Journal of Management Studies. Nov. Vl. 36. IS 6. p.p. 725-755.

______. (1998). *The competence-based approach: Veblenian ideas in the*

    modern theory of the firm. Cambridge: Journal of Economics. Jul. Vl. 22. IS 4. p.p. 479-495.

______. (1997). *Ethics, discovery, and strategy.* Journal of Business Ethics. Aug.

    Vl. 16. IS 11. p.p.1131-1142.

______. (1996a). *Transaction cost economics and beyond - Groenewegen,J.*

    Journal of Evolutionary Economics. Nov. Vl. 6. IS 4. p.p. 428-430.

______. (1996b). *Strategy, economics, and Michael Porter.* Journal of

    Management Studies. Jan. Vl. 33. IS 1. p.p. 1-24.

Frechet, G., Langlois, S., Bernier., M. (1992). *Transition In The Labor-Market –*

    A Longitudinal Perspective. Journal of International Business Studies. Relations Industrielles-Industrial Relations 47 (1): Win. p.p. 79-99

Freeman, R., Gilbert, D., Hartman, E. (1988). *Values and the Foundations of*

    Strategic Management. Journal of Business Ethics. Nov. Vl. IS 11. p.p. 821-834.

______. (1983a). *Managing the Strategic Challenge in the*

    Telecommunications. Columbia: Journal of World Business. Vl. 18. IS 1. p.p. 8-18

_________., Reed, D. (1983b). *Stockholders and Stakeholders - A New Perspective on Corporate Governance.* California: Management Review. Vl. 25. IS 3. p.p. 88-106.

Fukuyama, F. (2000). *La Gran Ruptura, capítulo 12: Tecnología, redes y capital social.* Buenos Aires, Argentina: Editorial Atlántida.

Gant, J., Ichniowski, C., Shaw, K. (2002). *Social Capital And Organizational Change In High-Involvement And Traditional Work Organization.* Bloomington: Journal of economics & Management Strategy., In 47405 Usa. p.p. 289-328.

García de la Cruz, J. & Durán, G. (2005). *Sistema Económico Mundial.* Madrid: Thomson.

García de León, A., Garrido, A. (2002). Los sitios WEB como estructuras de Información: un primer abordaje en los criterios de calidad. Lima: Revista Biblios. abr–jun. Vl. 3. No. 12.

García, G. (2004). *El Impacto de la privatización en las telecomunicaciones.* D.F-México: Gestión y Política Pública II Semestre. Vl. XIII, N. 002, Centro de Investigación y Docencia Económicas, p.p. 373-425.

Gary, H., Prahalad, C. (1994). *Competing for the future.* Business School Press. Boston. Mass.

Gavetti, G., Rivkin, J. (2007). *On the Origin of Strategy: Action and Cognition over Time.* Organization Science. Volume 18. N. 3. May-June. p.p. 420- 439.

Gavin, J. (1975). *Organizational Climate as a Function of Personal and Organizational Variables.* Colorado State University. Journal ol Applied Psychology. Vol. 60, No. 1, p.p. 135-139.

Gaviria, F. (1999). *Moneda, Banca y Teoría Monetaria.* Bogotá: Panamericana, Formas e Impresos S.A.

Gibson, R., Brealey, N. (1998). *Rethinking the Future. Human Resources Management Journal.* London: Vl. 9 N.O4. 91.,. p. 276.

Giraud, Z., Cable, D., Voss, G. (2007). *Organizacional Identity and Firm Performance: What Happens When Leaders Disagree About "Who We Are".* Organization Science. Volume 17. N. 6. Nov.-Dec. p.p. 741-755.

Girbau, J. (2007). *Internacionalización de las Pymes a través de Internet.* e-Deusto, N. 1, Número especial. p.p. 46-49.

Gómez, Á., Suárez, C. (2004) Sistemas de Información: Herramientas prácticas para la gestión empresarial. México: Alfaomega.

_____________,_______. (1992*). Antecedents to Commitment to a Parent Company and a Foreign Operation.* Academy of Management Journal. Mar. Vl. 35. IS 1. p.p. 65-90.

Gómez, D., Sainz, J. (2008) *Cambio organizativo por las TIC en la empresa*

    financiera: el caso de Renta 4. Universia Business Review, ISSN 1698-5117, N°.
    17, 2008, pags. 94-107

Gómez, J., López, D, Velásquez, C. (2006). *La Naturaleza de la Comunicación:*

    un aporte a su discusión conceptual. Bogotá: Reflexión *Epistemológica de la*
    Comunicación, Facultad de Comunicación Social y Periodismo, Universidad
    De La Sabana. Revista Palabra Clave. Jun.

González, C., & García, A., Carrasquilla, A., Zárate, J. Pablo., Castro, C.

    (2002). El *Sector financiero de cara al siglo XXI*, Bogotá: Tomo I, Asociación de
    Instituciones Financieras –ANIF-.

Gosling. J., Mintzbert, H. (2004). *Agenda - The Education Of Practicing*

    Managers. MIT: Sum. Sloan Management Review 45 (4),19.

________,__________. (2003). *The Five Minds Of A Manager*. Harvard

    Business Review 81 (11): 54-+ Nov.

Green, D., Riddell, W. (2003). *Literacy And Earnings: An Investigation Of The*

    Interaction Of Cognitive And Unobserved Skills In Earnings Generation.
    Vancouver, Canada: Labour Economic.Apr. Bc V6t 1z1,. p.p. 165-184.

Greenan, N., Mairess, J., Toipol-Bansaid, A. (2001). *Information Technology*

    and Research and Development Impacts on Productivity and Skills: Loking for
    Correlations on French Firm Level Data. Cambridge. MA. NBER Working
    Paper 8075.

Gregersen, H., Black, J. (1996*). Multiple commitments upon repatriation: The*

    Japanese experience. Journal of Management. Vl. 22. IS 2. p.p. 209-229.

__________.,______. Hite, J (1996*). Expatriate performance appraisal in US*

    multinational firms. Journal of International Business Studies. Vl. 27. IS 4. p.p.
    711- 738.

__________,______. (1992*). Antecedents to Commitment to a Parent*

    Company and a Foreign Operation. Academy of Management Journal. Mar. Vl.
    35. IS 1. p.p. 65-90.

__________, Morrison, A., Black, J. (1998). *Developing leaders for the global*

    frontier. Sloan Management Review. Fal. Vl. 40. IS 1. p. 21.

Griffith, R., Redding, S., Van Reenen, J. (2004). *Mapping The Two Faces Of*

    R&D: Productivity Growth In A Panel Of Oecdindustries. London, England:
    Nov.

____________.,_______.,________. (2003). *R&D And Absorptive*

    Capacity: Theory And Empirical Evidence. Scandinavian Journal of the
    Economic. London Wc1e 6bt, England. p.p. 99-118

Gualtieri, M. (2000). en *Forum on Science and Technology:Thechology´s*

    assault on privacy. Foro de Ciencia y Tecnología Ebsco-Academic Search Premier.

Haberler, G. (1965). *Schumpeter científico social*, editado por Seymour E.
Harris, Ediciones de Occidente S.A. Barcelona.

Hall, R. (1983). *Organizaciones: Estructura y Proceso, la naturaleza de las organizaciones*. México. Prentice Hall Hispanoamericana.

Hammer, M., Champy, J. (1993). *Reingeniería*. Nueva York: editorial Norma.

__________., __________. (1994). *Reingeniería : olvide lo que usted sabe sobre cómo debe funcionar una empres,. Casi todo está errado*. Bogotá: Norma.

Hammer, T., Turk, J. (1987). *Organizational Determinants of Leader Behavior and Authority*. Journal *of* Applitd Psychology. Vol. *n*. No. 4. p.p. 674-682

__________, ______. (1993). *Reingeniería*, Nueva York: editorial Norma.

Hampton, D. (1983). *Administración Contemporánea*. México: McGraw-Hill.

Han, L., Greene, F. (2007) *The determinants of online loan applications from small businesses*. Journal of Small Business and Enterprise Development. Vl. 14. **N.**3. p.p. 478-486.

Hanley, A., Ennew, C., Binks, M. (2006) *The Price of UK Commercial Credit Lines: A Research Note*. Journal of Business Finance Online publication date: 1-Jul.

Hanushek, E., Heckman, J., Neal, D. (2002). *Introduction To The Jhr's Special Issue On Designing Incentives To Promote Human Capital*. Journal of the Human Resourses. Vl. 37. IS. 4. p.p. 693- 695.

Hannan, M., Carroll, G. (1992). *Dynamics of Organizational Populations: Density, Legitimation, and Competition*. Oxford University Press US.

Harden, G. (2002). *E-banking comes to town: Exploring how traditional UK high street banks are meeting the challenge of techonology and virtual relationships*. Journal of Financial Services Marketing; Jun. Vl. 6 IS. 4. p.p. 323-333.

Hargadon, A., Bechky, B. (2006). *When Collections of Creativities Become Creative Collectives: A Field Study of Problem Solving at Work*. Organization Science. Vl. 17. N. 4. Jul.-Ago. p.p. 484-500.

Harrington, H. (1993). *Mejoramiento de los procesos de la Empresa*. Santa fe de Bogotá: McGraw-Hill.

Harris, B., Huselid, M., Becker, B. (1999). *Strategic human resource management at Praxair*. Human Resources Management. Win. Vl. 38. IS 4. p.p. 315- 320.

Harrison, J., Freeman, R. (1999). *Stakeholders, social responsibility, and performance: Empirical evidence and theoretical perspectives*. Academy of Management Journal. Oct. Vl. 42. IS 5. p.p.479-485.

Hatch, M. (1997). *Organization theory : modern, symbolic, and postmodern perspectives*, New York: Oxford University Press.

Heckman, J. (2003). *The Supply Side Of The Race Between Demand And Supply: Policies To Foster Skill In The Modern Economy.* Chicago, Usa: Economic Netherland. Mar.Il 60637.

__________. (2001). *Accounting For Heterogeneity, Diversity And General Equilibrium In Evaluating Social Programmes.* Chicago: Economic Journal. Nov. p.p. 654-699.

Held, D., McGraw, G., Perraton, J. (2001). *Global transformation: Politics, Economics and Culture.* UK: Editorial. Office Cambridge.

Hellmann T. y Puri M. (2002). *Venture Capital and the Professionalization of Start-up Firms: Empirical Evidence.* The Journal of Finance 57 (1):169- 197. Página Web: Jstor® www.jstor.org/stable (consulta 9 de marzo del 2009, 20:00).

Herscovitch, L. Meyer, J. (2002) *Commitment to Organizational Change: Extension of a Three-Component Model.* University of Western Ontario Journal of Applied Psychology Copyright 2002 by the American Psychological Association, Inc.Vl. 87, No. 3, p.p. 474–487

Hirschhorn, L. (1988). *The workplace within.* Cambridge, MA: MIT Press. p.p. 221-229.

Hitt, L., Chen, P. (2005). *Bundling With Customer Self-Selection: A Simple Approach To Bundling Low-Marginal-Cost Goods.* Philadelphia, Usa: Oct.

______. (1999). *Information technology and firm boundaries: Evidence from panel data.* Information Systems Research. Jun. Vl. 10. IS 2. p.p. 134-149.

Hitt, M., Ireland D., Hoskisson, R., Cárdenas V. (1999). *Administración estratégica: conceptos, competitividad y globalización.* México: International Thomson Editores.

Hobbes T. (1979). *Elementos de Derecho Natural y Político.* Madrid: título original, The elements of law natural and politic, traducción del inglés, Dalmacio Negro Pavón, Maribel Artés Gráficas.

Hogarth, J., Anguelov, C., Lee, J. (2003). *Why Households Don't Have Checking Accounts.* Economic Development Quarterly. Feb. Columbus. p.p. 75-94.

Howkins, J. (1997). *El Desarrollo en la era de la información.* Ottawa: Centro Internacional de Investigaciones para el Desarrollo y la Comisión de las Naciones Unidas sobre Ciencia y Tecnología para el Desarrollo.

Hume, D. (1980). *Tratado de la naturaleza Humana,* Madrid: Editorial

Nacional.

Huse, E., y Bowditch, J. (1980). *El Comportamiento humano en la*

organización: México. Fondo Educativo Interamericano.

Huselid, M., Becker, B. (2000). *Comment on "Measurement error in research*

*on human resources and firm performance: How much error is there and how
does it influence effect size estimates?"* by Gerhart, Wright, McMahan, and
Snell. Personnel Psychology. Editorial Material. Vl. 53. IS 4. p.p. 835- 854.

__________,__________, Losey. M., Rucci, T., Ulrich, D. (1999). An Interview

*With Mike Losey, Tony Rucci, And Dave Ulrich: Three Experts Respond To
Hrmj's Special Issue On Hr Strategy In Five Leading Firms.* New York, Usa:
Human Resource Management. Win. John Wiley & Sons Inc, 605.

__________,________. (1996). *Methodological issues in cross-sectional and*

panel estimates of the human resource-firm performance link. Industrial
Relations. Blackwell Publishers. Jul. Vl. 35. IS 3. p.p. 400- 422.

___________. (1995). *The Impact Of Human-Resource Management-Practices*

On Turnover, Productivity, And Corporate Financial Performance. Academy Of
Management Journal. Jun. Acad Management.

Ichniowski, C., Shaw, K. (2003). *Beyond Incentive Pay: Insiders' Estimates Of*

The Value Of Complementary Human Resource Management Practices. New
York: Journal Ecomomic Perpective. Ny 10027 Usa. p.p. 155-180.

___________., _______. (1999). *The effects of human resource management*

*systems on economic performance: An international comparison of US and
Japanese plants.* Management Science. May. Vl. 45. IS 5. p.p. 704-721.

___________., _______., K., Prennushi, G. (1997). *The effects of human*

resource management practices on productivity: A study of steel finishing lines.
American Economics Review. Jun. Vl. 87. IS 3. p.p. 291-313.

__________., Kochan, T., Levine, D., Olson, C., Strauss, G. (1996). *What works*

at work: Overview and assessment. Industrial Relations. Jul. Vl. 35. IS 3.
p.p.299-333.

__________., C., Zax, J. (1990). *Todays Associations, Tomorrows Unions.*

Insdustrial & Labor Relations Review. Jan. Vl. 43. IS 2. p.p.191-208.

__________., Delaney, J., Lewin, D. (1989). *The New Resources-Gement in*

United-States Workplaces – is it Really New and is it Only Nonunion. Relations
Industrielles-Industrial Relations. Win. Vl. 44. IS 1. p.p. 97-123.

___________. (1986). *The Effects of Gievance Activity on Productivity.*

Industrial & Labor relations Review. Oct. Vl. 40. IS 1. p.p. 75-89.

Infante, J. (2007). *Recursos Humanos de alto rendimiento*, e- Deusto, Número

62, julio. p.p. 64-66.

Iniciarte, M. (2004). *Tecnologías de la Información y la Comunicación: un eje transversal para el logro de aprendizajes significativos.* Madrid: Revista Reice, Revista electrónica Iberoamericana sobre Calidad, Eficiencia y Cambio en Educación, ene–jun. Vl. 2. No. 1.

Irving, P. G., & Coleman, D. F. (2000). *The moderating effect of different forms of commitment on role ambiguity-job tension relations.* Unpublished manuscript, ilfrid Laurier University, Waterloo, Canada.

Jaros, S. J. (1997). *An assessment of Meyer and Allen's (1991) threecomponent model of organizational commitment and turnover intentions.* Journal of Vocational Behavior. N. 51. p.p. 319–337.

Islas, O., Gutiérrez, F. (2003). *Fundamentos de Comunicaciones Digitales Productivas.* Monterrey, México: Asociación Latinoamericana de Investigadores de la Comunicación (ALAIC).

Jaffee, D. (2001). *Organization theory: tension and change,* Boston: McGraw Hill.

Jaros, S. J. (1997). *An assessment of Meyer and Allen's (1991) threecomponent model of organizational commitment and turnover intentions.* Journal of Vocational Behavior. N. 51. p.p. 319–337.

Jun Jong S. (1980). *Las organizaciones del mañana: desafíos y estrategias.* México.Editorial Trillas.

Kalmanovitz, S. (2003). *Ensayos sobre Banca Central en Colombia: Comportamiento, Independencia e Historia.* Bogotá: Banco de la República, editorial Norma.

__________. (1995). *Economía y Nación: Una breve historia de Colombia.* Bogotá: Tercer Mundo Editores.

Kaufman, R. A., (1987). *Guía práctica para la planeación en las Organizaciones.* México.Editorial Trillas.

Kent, C. (2004). *The Bang for your marketing back,* publicado en Revista Business Week Online, Ebsco- Academic Search Premier.

Kerr, Wr., Kugler, David H. (2007). *Ad Does Employment Protection Reduce Productivity? Evidence From Us States* Jun. Cambridge, Mar. Usa.

Keynes, J. (1971). *Teoría General de la ocupación, el interés y el Dinero.* México: Fondo de Cultura económica.

Khun, T. (1992). *La estructura de las revoluciones científicas,* Fondo de Cultura Económica, Santafé de Bogotá.

King, W., Flor. P. (2007). *The Development of Globla IT infrastructure.* Omega-International Journal of Management Science. Jun. Vl. 36. Is. 3. p.p. 486-504.

Kirn, S., Rucci, A., Huselid, M., Becker, B. (1999). *Strategic Human Resource*

> *Management At Sears.* New York, Usa.: Human Resource Management. Win. John Wiley & Sons Inc.

Kochan, T., Macduffie, J., Osterman, P. (1988). *Employment Security at DEC –*

> *Sustaining Values Amid Environmental-Change.* Human Resources Management. Sum. Vl. 27. IS 2. p.p.121-143.

Koontz, H. y O´Donnell, C. (1968). *Principes of managment: An Analysis of*

> *Managerial Functions.* New York: Mc. Graw Hill Book Company.

Kotler, P. (1979). *Dirección de mercadotecnia : análisis, planeación y control.*

> México: Editorial Diana.

Kotter J. (1995). *The new rules: How to succeed in today`s Post-Corporate*

> *World.* Nueva York: free Press. Keith Hammonds, thumbing their Nose at Corporate American, Business Week, 20 de marzo de 1995, p.14.

Kovacic, B. (1994). *New approaches to organizational communication,* Capitulo

> 1 *New Perspectives on Organizational Communication.* New York: Harvard State University of New York Albany.

Kreps, L. (1990). Organizational *Communication: Theory and Practice,*

> Capitulo 1, *Communicating and Organizing.* London: Longman.

Kuhn, T. (1970). *The Structure of Scientific Revolutions.* Chicago: University of

> Chicago Press.

Lai, C., Chen, S., Shaw, M. (2005). *Nominal Income Targeting Versus Money*

> *Growth Targeting In An Endogenously Growing Economy.* Taiwan, Taipei: Mar. 115.

Lambin, J. J. (1995) *Marketing estratégico.* Madrid: McGraw-Hill,

> Interamericana.

Langlois, R., Foss, N. (1999). *Capabilities and governance: The rebirth of*

> *production in the theory of economic organization.* Kylos. Vl. 52. IS 2. p.p. 201-218.

Lapointe, Liette, Rivard, S. (2007). *A Triple Take on Information System*

> *Implementation.* Organization Science. Volume 18. N. 1. Jan-Feb. p.p. 89-107.

Laski, H. (1988). *El liberalismo europeo,* México: Titulo original, *The rise of*

> *European Liberalism,* 1936, traducción de Victoriano Mígueles, Fondo de Cultura Económica.

Laursen, K., Foss, Nj. (2003). *New Human Resource Management Practices,*

> *Complementarities And The Impact On Innovation Performance.* Copenhagen, Denmark: Cambridge Journal of Economics. Mar 1. p.p. 243-263.

Lawrence, P. (1973). *Desarrollo de las organizaciones: Diagnóstico y Acción.*

> México: Fondo Educativo Interamericano, S.A.

Lee, K., Allen, N., Meyer, J., Rhee, K. (2001). *Cross-cultural generalizability*

of the three-component model of organizational commitment: An application to South Korea. Applied Psychology: An ternationalReview, N. 50. p.p. 596–614.

León, B. (1990). *La administración de organizaciones: Un enfoque estratégico.*

Cali: Universidad del Valle.

Leonard, H. S., & Goff, M. (2003). *Leadership development as an intervention*

for organizational transformation: A case study. Consulting Psychology Journal. N. 55. p.p. 58–67.

Lester, R., Piore, M., Malek, K. (1998). *Interpretive Management: What*

General Managers Can Learn From Design. Boston, Usa: Harvard Business Review. Mar-Apr. Harvard Business School Publishing Corporation.

Levin, R. Klevorick, A. Nelson, R. Winter, S. (1987). *Appropriating The*

Returns From Industrial-Research And Development. Washington: Brookings Papers On Economic Activity Brookings Inst, 1775. Dc.

Levy, B. (2007). *The interface between globalization, trade and development:*

Theoretical issues for international business studies. International Business Review. Oct. **Vl.**16. **IS.** 5. p.p. 594-612.

Levy, F., Murnane, R. (2002). *Upstairs, Downstairs: Computers And Skills On*

Two Floors Of A Large Bank. Cambridge: Industrial & Labor Relations Review. Abr. p.p. 432-447.

________., ________. (2004). *Education And The Changing Job Market.*

Cambridge, Usa: Education & Educational Research. Mar.

Lin, Z., Zhao, X., Kiran, M., Carley, K. (2006). *Organizational Design and*

Restructuring in Response to Crises: Lessons from Computational Modeling and Real-World Cases. Organization Science. Volume 17. N. 5. Sep-Oct. p.p. 598-618.

Liao, Z. y Cheung, T. (2003). *Challenges to Internet E-Banking,*

Communications of the ACM; Dec. Vl. 46. IS. 12. p.p. 248-250.

________,________ . (2002). *Internet-based e-banking and consumer attitudes:*

An empirical study. Information and Management. p.p. 283 -295.

Litwin, G., Stringer, R. (1968). *Motivation and organizational climate.* Boston,

Mass.: Division of Research, Harvard Business School.

Llano, A. (2002). *La vida lograda.* Barcelona: Ariel.

________. (2002). *Mi vida lograda,* Barcelona: Ariel.

Locke J. (2003). *Segundo Tratado sobre gobierno civil.* Madrid:Título original:

The second Treatise of civil goberment An Essay Concerning the trae original, Extent and End of Civil Goverment (1764) traducción en 1960 de Carlos Mellizo, Alianza editorial.

Lucas O. (1974) *Organización científica de las empresas*, México: Editorial
Limusa S.A.

Lucas M., A., García P. (2002). *Sociología de las Organizaciones.* Madrid:
McGraw-Hill.

________. (2000). *La Nueva Sociedad de la Información: una perspectiva desde
Silicon Valley.* Madrid. Editorial Trotta.

Luštšik, O. (2003). E- banking in Estonia: Rehaznos and benefits of the rapid
Growth, University of Tartu- Faculty of Economics & Bussines Administration
Working Paper Series. IS. 21. p.p. 3-27.

Lynch, L. Black, S. (1998). *Beyond the incidence of employer-provided
training.* Industrial & Labor Relations Review. Oct.Vl. 52. IS 1. p.p. 64-81.

________., (1992). *Private-Sector Training and the Earnings of Young
Workers.*American Economics Review. Mar. Vl. 82. IS 1. p.p. 299-312.

Magdalena, F. (1992). *Sistemas Administrativos.* Macchi Grupo Editor S.A.

Mann, C. (2004). *This is Bangaore calling: hang up. What technology.enable
international trade in services U.S. Economy and Workforces.* Federal Reserve
Bank of Cleveland. Research Department. P.O. Ebsco-Academia- Search
Premie.

Marías, J. (1994) *Mapa del mundo personal.* Madrid: Alianza Editorial.

Mark S. Mizruchi. (1983). *Who Controls Whom? An Examination of
the Relation between Management and Boards of Directors in Large American
Corporations.* Academy of Management. JSTOR® www.jstor.org/stable (consulta
9 de marzo del 2009, 21:00).

Martin, K., Freeman, R. (2004). *The Separation Of Technology And Ethics In
Business Ethics.* Sep. Charlottesville. Usa.

________,________. (2003). *Some Problems With Employee Monitoring.*
Journal of Business Ethic. Apr. Charlottesville, Usa: Va 22903 p.p. 353-351.

Martínez, R. (2007). *La movilidad como protagonista de la empresa actual.* e-
Deusto, N. 60. p.p. 24-28.

Martinez, F., Carlos E., (1986). *Administración de Organizaciones.* Bogotá:
Universidad Externado de Colombia.

Marx, C. (1973). *El Capital. Critica de la Economía Política.* México: libro III.
Traducción de Wenceslao Roces 1959. Fondo de Cultura Económica.

Maslow, A. (1988). *La Amplitud potencial de la naturaleza humana*, título
original en inglés, *The Farther Reaches of Human Nature.* México: Editorial
Trillas.

Matlow, E.(2000). Navigating technology: beyond a critical theory. Revista
Digital Creativity; Ebsco-Academic Search Premier.

Matthew, K., Guzmán, N., Drucker, P. (1996). *Los once mandamientos de la
gerencia del siglo XXI : lo que las empresas de avanzada hacen para
sobrevivir y florecer en el caótico mundo actual de los negocios.* México:
Prentice-Hall Hispanoamericana.

Mayo A., Lank. E. (2003). *Las organizaciones que aprenden (the power of
Learning): una guía para ganar ventajas competitivas.* Barcelona: Ediciones
Gestión 2000.

Mayo, E. (1972). *Problemas humanos de una Sociedad Industrial.* Buenos
Aires: Ediciones Nueva Visión.

Mccowan, R., Bowen, U., Huselid, M., Becker, B. (1999). *Strategic Human
Resource Management At Herman Miller.* New York, Usa: Human Resource
Management. Win. John Wiley & Sons Inc.

McGregor, D. (1998). *El lado Humano de las organizaciones.* Bogotá: título
original *The human side of enterprise*, 1957. Traducción David Gleises D.
edición Impreandes Presencia S.A.

McGukin, R., Srietweiser, M, Doms, M. (1998). *The Effect of Technology Use
on Productivity Growwth.* Economic of Innovation and New Technology. V. 7.

McLuhan M. (1989). *The Global Village: transformations in word life and
media in the XXI century*, Oxford University Press, New York.

Melé, D. (1995). *Empresa y Vida Familiar*, Estudios y Ediciones IESE, SL.

Melendro, T. (1999). *Las dimensiones de la persona.* Madrid: Ediciones Palabra.

__________. (1992). *La dignidad del trabajo.* Madrid: Ediciones Riald S.A.

Meltzer, R. (1973). *The effects of situational variables on perception of the
organizational climate: An ex- ploratory study.* Unpublished doctoral
dissertation, Colorado State University.

Mendenhall, M., Jensen, R., Black, J., Gregersen, H. (2003). *Seeing The
Elephant: Human Resource Management Challenges In The Age Of
Globalization.* Organizational Dinamic. Univ Tennessee. Chattanooga, Tn Usa.
p.p. 261-274.

Méndez J., Zorrilla, S., Monroy, F. (1992). *Dinámica social de las
Organizaciones.* México: Editorial Mc Graw Hill.

Meyer, J., Herscovitch, L. (2001). *Commitment in the workplace: Toward a
general model.* Human Resource Management Review. N.11.

Michels, R. (1979). *Los partidos políticos*, Buenos Aires. publicado inicialmente en 1915, Amorrortu.

Milana, C., Zeli, A. (2001). *The Contribution of ICT Production Efficiebcy in Italy: Firms-Level Evidence usisng DEA and Econometric Estimation.* STI Working Paper N. 13 OECD.

Miles M., Huberman A. (1994). Qualitative data analysis: a source book of new methods (2ⁿᵈ Ed). Thousand Oaks CA: Sage.

Mintzbert, H. (2007). *Productivity Is Killing American Enterprise* Harvard Business Review Jul-Aug 85. p.p. 7-8.

___________, Rose, J. (2003). *Strategic Management Upside Down: Tracking Strategies At Mcgill University From 1829 To 1980.* Canadian Journal Of Administrative Sciences-Revue Canadienne Des Sciences De L Administration.

___________, ______. (2001). *Managing Exceptionally.* Organization Science. Nov-Dec. Vol. 12 Is. 6. McGill University. p759

___________, ______., Westley, F. (2000). *Sustaining the Institutional Environment.* Organization Studies. Walter de Gruyter GmbH & Co. KG. Vol. 21 Is. 0, 24p, 3 Diagrams. p.p.71-94.

Mjos, R., Curtin, C., Masten, D., Glassrock, J., Wolff, S., Cahall, D., Bruand, B., McKenney, S., Elkeles, T., Shaw, V., Fish, I. (1997). *What's ahead for*

Mohan, M. (1993). *Organizational Communication and Cultural Vision: Approaches for Analysis.* Alabany: State University of New York Press.

Monks, R., Minow N. (2004). *Corporate Governance.* Edición 3. Blackwell Publishing.

Montesquieu, C. (1944). *El Espíritu de las leyes.* Buenos Aires: Traducción Nicolás Estévanez ediciones libertad, Impresora del Plata S.A.

Moral, S., José A. (1994). *Demanda efectiva, competencia y crédito.* Madrid.Editorial Trotta.

Muchisnky P. M. (2002). *Psicología Aplicada al Trabajo. Una introducción a la Psicología Organizacional* (6ª Ed.). Thomson Learning.

Murdy, L. (1972). The effect of work environment on organizational climate'in a large financial institu- institution. Unpublished doctoral dissertation, Texas Christian University. Catholic diocesan priests. *Journal oj Applied Psy-Psychology,*N. 56. p.p. 447-455.

Murmann, J. Aldrich, H. Levinthal, D. Winter, S. (2003). *Evolutionary Thought In Management And Organization Theory At The Beginning Of The New Millennium - A Symposium On The State Of The Art And Opportunities For Future Research.* Journal Of Management Inquiry 12. Mar. Sage Publications Inc. p.p. 22-40.

Naisbitt, J. (1983). *Macrotendencias : diez nuevas orientaciones que están transformando nuestras vidas*. Barcelona: Mitre.

__________., Aburdene, P. (1994). *Megatendencias 2000 : diez nuevos rumbos*

para los años 90. Bogotá: Traducción Jorge, Cárdenas Nannetti. Norma.

Negroponte, N. (1995). *Ser digital*. Buenos Aires: Editorial Atlántida.

Nelson, R., Winter, S. (2002**)**. *Evolutionary Theorizing In Economics*. Usa:

Journal Of Economic Perspectives. Broadway, Sep. Amer Economic

Asso. p.p. 23-46.

__________, ________. (1982). *The Schumpeterian Tradeoff Revisited*. American

Economic Review. Amer Economic Assoc. p.p. 114-132.

__________,__________. (1980). *Firm And Industry Response To Changed Market*

Conditions - An Evolutionary Approach. Economic Inquiry 18. Western
Economic Assoc Int. p.p. 179-202.

__________,__________. (1978). *Forces Generating And Limiting Concentration*

Under Schumpeterian Competition. Bell Journal Of Economics. Vl. IS 9. p.p.
524-548.

__________,________. (1977). *Search Of Useful Theory Of Innovation*.

Amsterdam, Netherlands: Research Policy. Elsevier Science Bv. p.p. 36-76.

__________,________,. Schuette, H. (1976). *Technical Change In An*

Evolutionary Model. Cambridge: Quarterly Journal Of Economics M I T Press,
Five Cambridge Center.

__________,________. (1975). *Factor Price Changes And Factor Substitution*

In An Evolutionary Model. Bell Journal Of Economics. Lucent Technologies,
Bell Labs Technical Journal.

__________,________. (1974). *Growth Theory From An Evolutionary*

Perspective - Differential Productivity Puzzle. Nashville: American

Economic Review. Amer Economic Assoc.

Nonaka, I. (1998). *The Knowledge Creating Company*, en *Harvard Business*

Review on Knowledge Management. Boston: Harvard Business School
Publishing.

Ocampo, J. (1999). *Historia Económica de Colombia*. Bogotá.Tercer Mundo

Editores.

Ochoa, J. (2007). *WEB 2.0: Una nueva forma de hacer negocios*. e- Deusto, N.

61, Jul. p.p. 32-34.

Ogliastri, E. (1992). *Estrategia y estructura organizacional*. Editorial Andes.

Ohmae, K. (2005). *El próximo escenario global : desafíos y oportunidades en*

un mundo sin fronteras. Traducción María Teresa Sanz Falcón. Bogotá: Grupo
Editorial Norma.

________. (1991). *El mundo sin fronteras : poder y estrategia en la economía*

    Entrelazada. Título original en inglés: *The Borderless World, Power and*
    Strategy in the Interlinked Ecomomy. México: Editorial McGraw-Hill
    Interamericana.

Olson, C., Becker, B. (1983). *Sex - Discrimination in the Promotions Process.*

    Industrial & Labor Relations Review. Vl. 36. IS 4. p.p. 624-641.

Osterman, P. (2006). *Overcoming Oligarchy: Culture And Agency In Social*

    Movement Organizations. Cambridge, Usa: Dec.

________. (2001). *Converging divergences; Worldwide changes in*

    employment systems. Cambridge: Journal of Economic Literature. Book
    Review., Mar. p.p. 160- 161.

________. (1995). *Work family programs and the employment relationship.*

    Administrative Science Quaterly. Dec. Vl. 40. IS 4. p.p. 681-700.

Ouchi, W. (1982). *Teoría Z.* Colombia: Editorial Norma, traducción de Cristina

    Cortés y Patricia Arguelles. Carvajal S.A.

Paladino, M. (2004). La responsabilidad de la empresa en la sociedad:

    construyendo la sociedad desde la tarea directiva, Grupo Editorial Planeta,
    Buenos Aires.

________. (1988). Beyond Industrial Dualism – Market and Job Segmentation

    in the new Economy – Noyelle. Journal of Economic Literature. Dec. Vl. 6. IS
    4. p.p.1792-1794.

________. (1980). *Youth Unemployment – Casson, M.* Journal of Economic

    Literature. Vl 18. IS 3. p.p.1128-1129.

Park, K. (2007). *Antecedents of convergence and Divergence in Strategy*

    Positioning: The effects of Performance and Aspiration on the Direction of
    Strategic Change. Organization Science. Vl. 18. N. 3. May-June. p.p. 386-402.

Paruchuri, S., Nerkar, A., Hambrick, D. (2006). *Acquisition Integration and*

    Productivity Looses in the Technical Core: Disruption of Inventors in Acquired
    Companies. Organization Science. Vl. 17. N. 5. Sep-October. p.p. 545-562.

Pferrer, J., (1997). *New Direction For Organizational Theory.* Oxford:

    University Press Oxford.

Philip, N. (1994). *Nuevas Tecnicas de Gestión.* España: Ediciones Folio.

Pianta, M., Meliciani, V. (1996). *Technological specialization and economic performance in*
OECD countries. Technology Analysis & Strategic Management. Jun. Vl. 8. IS 2. p.p. 157-174.

Pianta, M., Michie, J., Oughton, C. (2002). *Innovation and the Economy.*

    Journal, International Review of Applied Economics, Vol. 16, No. 3.

________., ________., Antonucci T. (2000). Employment Effects of Product and

    Process Innovation in Europe, Journal, *International Review of Applied*

Economics, *Vol. 16, No. 3, 2002.*

Piore, M., Safford, S. (2006). *Changing Regimes Of Workplace Governance,*

Shifting Axes Of Social Mobilization, And The Challenge To Industrial Relations. Oxford, England: Theory Industrial Relations. Jul. Blackwell Publishing.

________. (2004). *The Reconfiguration Of Work And Employment Relations In*

The United States At The Turn Of The Century Changing Life Patterns. Amsterdam, Netherlands: Western Industrial Societies. p.p. 23-44.

Piva, M., Vivarelli, M. (2005). Innovation And Employment: Evidence From

Italian Microdata. Piacenza, Italy: Oct.

________., ________., Santarelli, E. (2005). *The Skill Bias Effect Of*

Technological And Organisational Change:Evidence And Policy Implications. Piacenza, Italy: Mar.

________., ________. (2004). *Technological change and employment: some*

micro evidence from Italy, Applied Economics. Letters 11. p.p.373–376.

Polo, L. (1991). *Quién es el Hombre.* Madrid: RIALP Ediciones.

______. (1993). *Presente y futuro del hombre,* Madrid: Ediciones Rialp.

Porter, M. (2006). *Estrategia y ventaja competitiva.* Barcelona: Ediciones

Deusto.

________. (1995). *Competitive advantage: creating and sustaining superior*

performance. New York: The Free Press.

Pugh, D., Hickson, D., Hinings, C., y Turner, C. (1968). Dimensions of

Organization Structure. Johnson Graduate School of Management, Cornell University. JSTOR® www.jstor.org/stable (consulta 9 de marzo del 2009, 21:30).

Putnam, L., Fairhurst, G. (2001) *The New Handbook of Organizational*

Communication, Advances in Theory, Research, and Method, California: Capitulo3. *Discourse Analysis in Organizations,* Sage Publication Inc. Thousand Oaks.

Raposo, M. (2004). ¿Es necesaria la formación técnica y didáctica sobre

Tecnologías de la Información y la Comunicación? Sevilla, España:

Revista Píxel Bit. Revista de medios y educación, Jul. No. 24.

Riegel, D. (1998). *Administración.* México: Thompson Editores.

Ries, A., Trout. J. (1999). *Intuiciones ganadoras : la clave del éxito es*

encontrar el caballo que nos lleve al triunfo. México: Editorial McGraw-Hill Interamericana.

Rindova, V., Petkova, A. (2007). *When Is a New Thing a Good Thing?*

Technological Change, Product Form Design, and Perceptions of Value for Product Innovation. Organization Science. Volume 18. Number 2. Mar-Apr.. p.p. 217-232.

Robbins, S. (1996). *Comportamiento Organizacional*. México: Prentice Hall.

Robertson, C., Crittenden, W. (2003). *Mapping Moral Philosophies: Strategic Implications For Multinational Firms*. Strategic Management Journal. Apr.

Robertson, P., Verona, G. (2003). *Post-Chandlerian Firms: Technological Change And Firm Boundaries*. Australian Economic History Review 46. Mar. p.p. 70-94.

Rodil, U. (1975). *Lecturas sobre organización*. México: Editorial Trillas.

Rodriguez, EA. (1978). *Psicología de la Organización*. México: Editorial Trillas.

Rodríguez, E. (2003). *Las TICs y el derecho a las comunicaciones, los nuevos roles y escenarios, Capít. El regulador, el usuario y el derecho a las comunicaciones,* Ediciones ASUCOM. ITU-TELECOM-

Rogers, E., Agarwala, R. (1980). *Las Organizaciones*. México: McGraw-Hill.

Rolle, P. (1974). en *Introducción a la Sociología del Trabajo,* Planeta, Barcelona.

Romero, M. (2007). *Evolución de un "Service Desk": Integración y automatización*. e- Deusto, Número 61, julio. p.p. 28-30.

Romero, P. (2007). *La convergencia digital en el mundo empresarial*. e-Deusto, N. 60. May. p.p. 44-45.

Russel, B. (1962). *Perspectivas de la Civilización industrial*. Buenos Aires: Edit. Aguilar.

S.Thomas. (1990). *In I De anima,* Pirota edición.

Sabel, Cf. Herrigel, G. Kazis, R. Deeg, R. (1987). *How To Keep Mature Industries Innovative*. Cambridge: Technology Review Apr. Mass Inst Technol. p.p. 26-35.

Salas, F. (1987). *Economía de la Empresa*. Barcelona: Ediciones Deusto.

Samuelson, P. (1974). *Curso de Economía Moderna*. Madrid: Aguilar.

Santarelli, E., Vivarelli, M. (2002). *Is Subsidizing Entry An Optimal Policy?* Bologna, Italy: Industrial and Corporate Change. Feb. p.p. 39-52.

Sarel, D., Marmorstein, H. (2006). *Addressing consumers concerns about online security: A conceptual and empirical analysis of banks actions*. Journal of Financial Services Marketing; Nov. IS. 2, p.p. 99-115.

Satet, Robert. (1958). *Productividad y organización científica del Trabajo*. Barcelona: Francisco Casanovas.

Schein, E.H. (1990) 'Organizational Culture',*American Psychologist* 45: p.p. 109–119.

Schwab, A. (2007). *Incremental Organizational Learning from Multilevel*

Information Sources: Evidence for Cross-Level Interactions. Organization Science. Vl.18. N. 2. March-April. p.p. 233-251.

Schwartz, H. (1990). *Narcissistic process and corporate decay.* New York: New York University Press.

Sells, S. (1968). *General theoretical problems related to organizational taxonomy: A model solution and its assumptions.* In B. P. Indik & F. K. Berrien (Eds.), *People, groups and organizations.* New York: Teachers College, Columbia University Press.

Sells, S. (1968). *General theoretical problems related to organizational taxonomy: A model solution and its assumptions.* In B. P. Indik & F. K. Berrien (Eds.), *People, groups and organizations.* New York: Teachers College, Columbia University Press.

Senge, P. (1993). *La quinta disciplina: cómo impulsar el aprendizaje en la organización inteligente.* Traducción de Carlos Gardini. Barcelona. Ediciones Juan Granica.

Serna, H. (2000). *Planeación y gestión estratégica.* Santa fe de Bogotá: serie Gerentes, Norma.

Shallis, M. (1986). *El ídolo del silicio.* España. Biblioteca Científica Salvat.

Smith, M., Brynjolfsson, E. (2001). *Consumer Decision-Making At An Internet Shopbot: Brand Still Matters.* Pittsburgh: Journal of the Industrial Economics. Dic. p.p. 541-558.

Shannon, D. (1997). *Organizational Communication: Theory and Behavior.* Boston: Capitulo 6. *Gerencia de Conflictos en Organizaciones.* Ball State University. Mass. Allyn and Bacon.

Shaw, M ., Chang, J. Lai, C. (2006). *(Non)Optimality Of The Friedman Rule And Optimal Taxation In A Growing Economy With Imperfect Competition.* Taipei, Taiwan: Mar.

Shaw, V., Shaw., C., Enke, M. (2003). *Conflict Between Engineers And Marketers: The Experience Of German Engineers.* Dunedin, New Zealand: Industrial Marketing Management. Ago. p.p. 489-499.

________., ________. (1998). *Conflict between engineers and marketers - The engineer's perspective.* Industrial Marketing. Management. Jul. Vl. 27. IS 4. p.p. 279-291.

Shostak, A. (2002). *Today's Union and tomorrow's CyberUnions: labour's newest hope.* Journal of Labour Research. V. 23. N. 2.

Shostak, A. (2002). Today's Union and tomorrow's CyberUnions: labour's newest hope. Journal of Labour Research. V. 23. N. 2.Schwartz, H. (1990). Narcissistic process and corporate decay. New York: New York University Press.

Simon, H. (1969). *Teoría de la organización.* Barcelona: Ariel.

Schneider, B., & Hall, D. T. (1972). *Toward specifying the concept of work*

      climate: A study of Roman Catholic diocesan priests. Journal oj Applied Psy-
      Psychology. N. 56. p.p. 447-455.

Singer, D. (2002). *Online Banking and the Community Reinvestment Act.*

      Business and Society Review; Summer. Vl. 111 IS. 2. p.p. 165-174.

Smith, A. (1985) *La Riqueza de las Naciones,* edición revisada y adaptación

      al castellano moderno de la traducción del Licenciado José Alonso Ortiz,
      publicada en 1794 por la Redacción de España Bancaria, Printer, industria
      gráfica S.A. Barcelona.,

Smith, M., Brynjolfsson, E. (2001). *Consumer Decision-Making At An Internet*

      Shopbot: Brand Still Matters. Pittsburgh: Journal of the Industrial Economics.
      Dic. p.p 541-558.

Snyder, P., Hall, M., Robertson, J., Jasinski, T., Miller, J. (2006).. Journal Of Business Ethics.
Feb.

Solow, R. (1987). *We'd better whatch out.* New York Times Book Rivew. No. 36.

Sosa, M., Eppinger, S., Pich, M., McKendrick D., Stout, S. (2002). *Factors That*

      Influence Technical Communication in Distributed Product Development: An
      Empirical Study in the Telecommunications Industry, IEEE. Massachussets,
      Estados Unidos: Transactions on engineering management. Vl. 49. N. 1. Feb.

Srinivasan, R., Brush T. (2006). *Supplier Performance in Vertical Alliances:*

      The Effects of Self-Enforcing Agreements and Enforceable Contracts.
      Organization Science. Vl. 17. N. 4. Jul-Ago. p.p. 436-452

Stewart, T. (2001). *The wealth of knowledge.* Doubleday.

Stohl, C. (1995). *Organizational Communication:Connectedness in Action.*

      California: Sage publications Inc. International Educational and Professional
      Publisher.

Stolarick, K. (1999). *IT Spending and Firm Productivity: Aditional Evidence*

      from Manufactoring Sector. Working Center for Economic Studies. Paper, N. 10.

Stroh, L., Gregersen, H., Black, J. (2000). *Triumphs and tragedies: expectations*

      and commitments upon repatriation. International journal of Human Resourses
      Management. Vl. 11. IS 4. p.p 681- 697.

Sturgeon, S., Martin, G., Crayling, A. (1998). *Epistemology.* Oxford: en

Crayling, A. C. (ed.) *Philosophy 1.* University Press, Oxford.

Schvartein, L., Etkin, J. (2000). *Identidad de las organizaciones.* Buenos Aires: Editorial
Paídos.

Sveiby, K. (1999). *The Tacit and Explicit Nature of Knowledge.* En Cortada.

      James W. y Woods, John A. I. *The Knowledge Management Yearbook 1999-*

2000. Woburn: Butterworth-Heinemann.

Taplin, L., Kendra, K. (2004). *Change Agent Competencies for Information*

> *Technology Project Managers.* Lawrence Technological University, The Hawthorne Group. Consulting Psychology Journal: Practice and Research. Winter. p.p. 20-34

________., Lawrence, K. (2004). *Change Agent Competencies for Information*

> *Technology Project Managers.* Lawrence Technological University, The Hawthorne Group. Consulting Psychology Journal: Practice and Research. Winter. p.p. 20-34

Tapscott, D. (1995). *Cambio de Paradigmas Empresariales*, McGrawHill

> Interamericana S.A. Santa fe de Bogotá.

Taylor, C., Bryan, Trujillo N. (2001). *The New Handbook of Organizational*

> *Communication, Advances in Theory, Research, and Method.* California: Capitulo 5, *Qualitative Research Methods* Sage Publication Inc. Thousand Oaks.

Taylor, F., Fayol, H. (1983). Principios *de la Administración científica:*

> *administración industrial y general.* Buenos Aires: El Ateneo.

Taylor, S., Bogdan R., (1987) *Introducción a los métodos cualitativos de*

> *Investigación.* Barcelona: Paidós.

Teece, D., Rumelt, R., Dosi, G., Winter, S. (1994). *Understanding Corporate*

> *Coherence - Theory And Evidence.* Amsterdam, Netherlands: Journal Of Economic Elsevier Science.

________., Winter, S. (1984). *The Limits Of Neoclassical Theory In Management*

> *Education.* Nashville: American Economic Review. Amer Economic Assoc.

Terry, G. (1977). *Principios de administración.* Buenos Aires: Editorial

> Librería "el Ateneo".

Thurow, L. (1996). *El futuro del capitalismo : cómo la economía de hoy*

> *determina el mundo del mañana.* Buenos Aires: Traducción Federico Villegas. Javier Vergara Editor.

________. (1992). *La guerra del siglo XXI .* Traducción Aníbal Leal. Buenos

> Aires. Javier Vergara Editor.

Tichy, N., Bennis, W. (2007). *Making judgment calls - The ultimate act of*

> *leadership.* Harvard Business Review. Oct. Vl. 85. Is. 10. p. 94.

Toffler, A. (1980). *La Tercera Ola,* Barcelona: Plaza y Janes.

________. (1997). *El Cambio del Poder.* Barcelona: Plaza y Janes.

________. (1971). *El Shock del Futuro.* Barcelona: Plaza y Janes.

Torres, I. (1999). *Las Fuentes de Información: Estudios teóricos- prácticos.*

Madrid: Editorial Síntesis.

Totterdill, P. (1989). *Local Economic – Strategies as Industrial-Policy – a*

Critical-Review of British Developments in the 1980S. Economy and Society. Nov. Vl. 18. IS 4. p.p.478-526.

Triplett, J. (1999). The Solow Productive Paradox: What do computers do to

productivity. Canadian Journal of Economics. V. 32. N.2 p.p. 309-333.

Turkle, S. (1984). *The second self: Computersand the human spirit.* New York:

Simon & Schuster.

Turnage, J. (1990) *The Challenge of New Workplace Technologyfor Psychology.*

University of Central Florida. American Psychologist. p.p. 171-178.

Uhlenbruck, K., Rodriguez, P. Doh, J., Eden., L. (2006). *The Impact of*

Coruption on Entry Strategy: Evidence from Telecommunication Projects

in Emerging Economies. Organization Science. Vl. 17. N. 4. May-June. p.p. 402-414.

Uri, D., Noel. (2001). *Technical Efficiency, Allocative Efficiency And The*

Implementation of A Price Cap Plan In Telecommunications In The United States. Buenos Aires, Argentina: Journal of Applied Economics, May. VL. IV. N. 1. Universidad del CEMA. p.p.163-186.

Urrego, F., (1975) *Lecturas sobre Organización*: México:

Editorial Trillas.

Urribarrí, R. (2005). *Formación de maestros y TIC: inventamos o erramos,*

Mérida, Venezuela: Revista Educere. ene–mar Vl. 9, N. 28.

Van Alstyne, M., & Brynjolfsson, E. (2005). *Global Village or Cyber-Balkans?*

Modeling and Measuring the Integration of Electronic Communities,

Management Science SCIENCE , Vl. 51, No. 6, Jun. p.p. 851–868.

Van de Ven, A. y Scott M., (1995). *Explaining Development and*

*Change in Organizations.*Academy of Management. JSTOR® www.jstor.org/ stable (consulta 11 de marzo del 2009, 21:30).

Van Reenen, J. (2001). *The New Economy: Reality And Policy.* London,

England: Fiscal Studies. Sep. p.p.307-336.

Vargas, E. A. (2004). *The triad of science foundations, instructional technology*

and organizacional structure: la combinación de métodos científicos, tecnología de la instrucción y estructura organizacional. Madrid: Revista The Spanish Journal of Psychology. Nov. Vl. 7. No. 2.

Varney, G., Worley, C., Darrow, A., Neubert, M., Cady, S., Gurner, O. (1999).

August).*Guidelines for entry level competencies to organization development and change.* p.p. 25–32.

Villanueva, E. (2004). *Internet, el espacio que se debe defender.* Colombia:

Signo y Pensamiento.

Vinymata, Eduardo. (1999). *Manual de Prevención y Resolución de Conflictos.*

Barcelona: En biblioteca virtual UOC.

Vivarelli, M., Evangelista, R., Pianta, M. (1996). *Innovation and employment in*

Italian manufacturing industry. Research Policy. Oct. Vl. 25. IS 7. p.p. 1013-
1026.

Wanberg, C. R., & Banas, J. T. (2000). *Predictors and outcomes of openness to*

changes in a reorganizing workplace. Journal of Applied Psychology, N.

89. p.p. 132–142.

Warren, B., Dennis J. (1983). *Teoría de la organización y la administración.*

México: Ediciones Noriega.

Weber, M. (1997). *Economía y Sociedad.* México: Título original, Wirtschaft

und Gesellschaft. Grundriss der Verstehenden Soziologie 1922, traducción
Carlos Gerhard, Fondo de Cultura Económica.

Weihrich H., Koontz H. (1998). *Administración : una perspectiva global.*

México: Traducción de Enrique Mercado González. McGraw-Hill
Interamericana.

Wellman, B., Haythornthwaite. (2002). *Internet in Everyday Life.* Oxford U.K.:

Blackwell Publishing.

Wezel, F., Cattani, C. (2006). *Pennings Competitive implications of Interfirm*

Mobility. Organization Science. Vl. 17. N. 6. Nov-Dec. p.p. 691-709.

White, H. y Nteli, F. (2004). *Internet banking in the UK: Why are there not*

more customers?, Journal of Financial Services Marketing, Aug. Vl. 9. IS. 1.
p.p. 49-56.

Williams, R. Hoffman, J. Lamont, B. (1995). *The Influence of Top Management*

Team Characteristics on M-Form Implementation Time. Journal of Managerial
Issues, Vol. 7. Questia Trusted Online Research www.questia.com (consulta 12 de
marzo del 2009, 08:00).

Winter, S., Cattani, G., Dorsch., A. (2007). *The Value of Moderate Obsession:*

Insights from a New Model of Organization Research. Organization Science. Vl.
18. N. 3. May-June 2. p.p. 403-419.

__________. (2004). *Specialised Perception, Selection, And Strategic Surprise:*

Learning From The Moths And BeeS. Oxford, England: Long Range Planning.
Apr. Pergamon-Elsevier Science Ltd. p.p. 163-169.

__________. (2003a). *Mistaken Perceptions: Cases And Consequence.* Oxford,

England: British Journal Of Management. Mar. Blackwell Publ. p.p.39-44.

________. (2003b). *Understanding Dynamic Capabilities.* Strategic

> Management Journal 24 (10): 991-995 Oct. John Wiley & Sons Ltd, The Atrium, Southern Gate, Chichester Po19 8sq, W Sussex, England.

________, Szulanski, G. (2002). *Replication As Strategy.* Linthicum,

> Usa:Organization Science. Nov-Dec. Inst Operations Research Management Sciences.

________. (2000). *The Satisficing Principle In Capability Learning.* England:

> Strategic Management Journal Oct-Nov. John Wiley & Sons Ltd, Baffins Lane Chichester. p.p. 981-996.

________. (1990). *Winter Fundamental Selection Theorem – Reply.*

> Cambridge: Quarterly Journal Of Economics. Nov. Mit Press, Hayward St Journals.

________. (1986). *The Nature And Necessity Of The Rationality Postulate In*

> *Economic-Theory – Comment.* Chicago: Journal Of Business. Oct. Univ Chicago Press.

________. (1984). *Schumpeterian Competition In Alternative Technological*

> *Regimes.* Amsterdam, Netherlands: Journal Of Economic Behavior & Organization. Elsevier Science.

Wittgenstein L. (1997). *Observaciones Filosóficas.* México: Traducción de

> Alejandro Tomasini Bassols. Universidad Autónoma de México.

Wojtyla, K. (1997). Mi *visión del hombre: hacia una nueva ética.* Madrid:

> Ediciones Palabra.

Yepes, R. (1996) *Fundamentos de Antropología: un ideal de la excelencia*

> *humana,* Pamplona: Eunsa.

Zenki M, Minamisawa K, Yokoyama T. (2005). *Clean analytical methodology*

> *for the determination of lead with Arsenazo III by cyclic flow-injection analysis.* Talanta. Dec. Vl. **68.** Is. 2. p.p.281-286.

Zhu., Z. (2007). *Complexity science, systems thinking and pragmatic sensibility.*

> Systems Research and Behavioral Science. Jul-Aug. Vl. 24. IS. 4. p.p. 445-464.

Zimmerer, T., Yasin, M. (1998). *The leadership profile of American project*

> *managers.* ProjectManagement Journal, N. 29 (1), p.p. 31–38.

Zott, C., Amit, R. (2007). *Business Model Design and the Performance of*

> *Entrepreneurial Firms.* Organization Science. Vl. 18. N. 2. Mar-Ap. p.p. 181-199.

Infografía

Almiron, N. (2002). *Sobre el progreso en una era de revolución científico-tecnológico-digital.* España: http://www.almiron.org/Progreso.pdf.

Ávila, V. (2005). *El correo electrónico y su uso óptimo en la búsqueda de información: cinco años de experiencias.* Acimed (revista cubana de los profesionales de la información y de la comunicación en salud) Vl. 13. N. 5 sep- oct. (http://scielo.sld.cu/pdf/aci/v13n5/aci10505.pdf) .

American Society of Civil Engineers. (2005). *Wireless Technology in the Construction Industry.* Ebsco- Academic Search Premier.

Apolonia, B. (2000). *Sociedad y Red. El impacto ydesarrollo de las tecnologías de información y comunicación en Argentina,* Observatorio de la Cibersociedad http://www.cibersociedad.net/archivo/articulo.php?art=18

Carrascosa, J. (2003). *Una reflexión filosófica y social sobre el impacto de las nuevas tecnologías de información y comunicación: nuevos roles y competencias profesionales,* Las dos caras de la misma moneda, RP Consultores.

Cañedo, R., Andalia, R., Guerrero, P. (2005). *La informática, la computación y la ciencia de la información: una alianza para el desarrollo.* Acimed. Revista cubana de los profesionales de la información y de la comunicación en salud. Sep oct. VL. 13. N. 5. (http://www.bvs.sld.cu/revistas/aci/vol13_5_05/aci07505.htm)

Castells, M. (1998). *Globalización, tecnología, trabajo, empleo y empresa –* Primer Capítulo. Barcelona: La Factoría. http://www.lafactoriaweb.com/articulos/castells7.htm

D'Alós-Moner, A. (2003). *Oportunidades para los profesionales de la Información.* Barcelona: Universidad Obertad de Cataluña UOC, Disponible en: http://www.uoc.edu/dt/20253/index.html.

Encabo, E. (2003). La lengua y la literatura ante las tecnologías: Hacia la *superación de la antinomia clasista letra-imagen.* Facultad de Educación, Universidad de Murcia, http:// tecnologiaedu.us.es/edutec.

Estallo, J. (2006). *Impacto sobre la conducta de las Tecnologías de la Información:* Ansiedad *ante el computador vs. "Computerphobia".* Barcelona: Institut Psiquiàtric. Dpto. de Psicología http://www.geocities.com/HotSprings/6416/Documentacion.html

Estay, C. (2002). *El proyecto de la ingeniería informática:una declaración de*

Intenciones. la revista electrónica del DIICC, issn: 0717 – 4195, edición número 11, abril. www.inf.udec.cl/revista/ediciones/edicion3/cestay.pdf

Fondevila J. (2002). *Cable or the Essential Tchnology to foster Intercultural Communication inthe European Broadcasting: A comparison of the European and the American Models*. Barcelona, España: en el Congreso de comunicación.

www.portaldecomunicacion.com/bcn2002/n_eng/programme/prog_ind/asp4.asp4.asp?id_pre=1086

Granero, R. (1997). *Recueil de Documentation et Information*. ISO. Organización Internacional de Normalización. http:www.salvador.edu.ar/ua1-4-hg.htm.

Hortolano, J. (1999). *El impacto social de las nuevas tecnologías de la comunicación,* Revista Latina de Comunicación Social. Tenerife, dic. No. 24. www.ull.es/publicaciones/latino/latina.

Johnson, P. (2000). *El impacto de las nuevas tecnologías de la información y de la comunicación en perspectiva.* Comunidad Virtual de la Gobernabilidad CGV. www.gobernabilidad.cl/modules.php?name

Macau, R. (2004). *TIC ¿Para qué? (Funciones de las tecnologías de la información y la comunicación en las organizaciones).* Barcelona, Cataluña: UOC. http://www.uoc.edu/rusc/dt/esp/macau0704.html

Majó, J. (2003). *Nuevas Tecnologías y Educación.* Universidad Oberta de Cataluña, UOC. www.uoc.es/web/esp/articles Manovich, L. (2002). *La vanguardia como Software*. Barcelona: Universidad

Oberta de Cataluña. UOC.

http://www.uoc.edu/artnodes/esp/art/manovich1002/manovich1002.

html.

Marqués Graells, Pere, (2000) *Las **TIC** y sus aportaciones a la sociedad.*

Enciclopedia Virtual de tecnología educativa; Departamento de Pedagogía Aplicada, Facultad de Educación, UAB Universidad Autónoma de Barcelona. http://dewey.uab.es/pmarques/evte2/varios/link_externo_marco.htm?http://dewey.uab.es/pmarques/tic.htm

Marqués, P. (2000). *Las **TIC** y sus aportaciones a la sociedad.* Enciclopedia Virtual de tecnología educativa; Departamento de Pedagogía Aplicada, Facultad de Educación. UAB Universidad Autónoma de Barcelona. http://dewey.uab.es/pmarques/evte2/varios/link_externo_marco.htm?http://dewey.uab.es/pmarques/tic.htm.

Muñoz, G. López, A. (1997). *La evaluación de tecnologías (et): origen y Desarrollo.* Madrid: Revista, General de Información y Documentación,

Vol. 7, n. 0 1. Servicio de publicaciones Universidad Complutense. Madrid.http://www.ucm.es/bucm/revistas/byd/11321873/articulos/rgid9797120015a.pdf.

Osorio, C. (2002). *Enfoques sobre la tecnología*. Revista Iberoamericana de Ciencia, Tecnología, Sociedad e Innovación. http://www.campus-oei.org/revistactsi/numero2/osorio.htm.

Paullier, J. (2004). *TIC para el desarrollo: un nuevo enfoque a partir de los objetivos del milenio, Instituto del tercer mundo.* Montevideo, Uruguay: CHOIKE. www.choike.org/nuevos/informes/2945.html;2004

Pimienta, D. (2000). *La "Mística" del Trabajo Social Colaborativo en la Internet.* Fundación Redes y Desarrollo. http://funredes.org/mistica/castellano/trabajo_social.html

Puentes, E. (2001). *Fatalismo y tecnología: ¿es autónomo el Desarrollo tecnológico?.* Cataluña: UOC. http://www.uoc.edu/web/esp/art/uoc/0107026/aibar.html.

Puig J. F. (2008) *El trabajador bancario colombiano en su etorno cambiante (Construcción social de la oferta de fuerza de trabajo, de trayectorias, proyectos e identidades laborales)* www.ens.org.co/Colciencias/trabajadorBancario.pdf Consulta realizada 12 febero de 2009 3:00 pm

Ramírez, U. (1999). *Informática y teorías del aprendizaje.* Universitat de les illes ballears revista Pixelbit articulo No. 12. Ene. (http://tecnologiaedu.us.es/bibliovir/pdf/gte41.pdf)

Silva, U. (2001). *El impacto de las tecnologías de comunicación e información en la vida cotidiana.* Temas sociales: Boletín del programa de Pobreza y Políticas sociales del Sur, RIADEL, Red de investigación y acción en el desarrollo local, www.riadel.cl.

Souto, S. (2004). *El impacto de las nuevas tecnologías de la información y de la comunicación en el sistema escolar,* Scripta Nova: Revista electrónica de geografía y de ciencias sociales, http://www.ub.es/geocrit/sn/sn-170-71.htm; 2004, 8).

Tejada, J. (1999). *El Formador ante las Nuevas Tecnologías de la Información y la Comunicación: Nuevos roles y competencias profesionales.* Barcelona: Departamento de Pedagogía Aplicada, Universidad Autónoma de Barcelona. http//dewey.uab.es/pmarques/ntic/tejada.htm.

Urrego, G. (1998). *Revolución Tecnológica y Revolucióninformática,* Revista:

Facultad de Ingeniería, Universidad de Antioquia N. 16 Jun. http://
ingenieria.udea.edu.co/producciones/german_u/revolucion_tecnologica_
infor matica.html

Viega, P. (1999). *Impactos de las TIC en el Ejército*. Capitán del Ejército

Portugués en declaraciones publicadas en la página

www.airpower.maxwell.af.mil/apjinternational/

Westera, W. (2005). *Beyond functionality and technocracy: creating human*

*involvement with educationaltechnology. (head of educational
implementation educational technology expertise centre open university
of the netherlands)*.N. 35. (http://www.ifets.info/journals/8_1/6.pdf)

Wong, V. (2000). *Cable or the Essential Tchnology to foster Intercultural*

*Communication inthe European Broadcasting: A comparison of the
European and the American Models*. Barcelona, España: en el Congreso
de comunicación 2002.

www.portaldecomunicacion.com/bcn2002/n_eng/programme/prog_ind/
asp4.asp4.asp?id_pre=1086

________., Shaw, V., Sher, P. (1998). *Effective organization and management of*

*technology assimilation: The case of Taiwanese information technology
firms*. Industrial Marketing Management. May. Vl. 27. IS 3. p.p. 213-
227.www.cibersociedad.net/congres2004/grups/fitxacom_publica2.
php?idio=es&id=94&grup=1

http://www.anif.org/contenido/capitulo.asp?chapter=7

http://www.asobancaria.com/subCategorias.jsp?id=22

http://www.avvillas.com.co/servlet/page?_pageid=3315,3329&_

dad=portal30&z   _schema=PORTAL30

http://www.bancocajasocial.com.co/quienes_somos.html

http://www.bancodebogota.com.co/historia.htm

http://www.bancodeoccidente.com.co/servlet/page?_pageid=1489&_
dad=portal30&_schema=PORTAL30

http://www.bancolombia.com/webpages.nsf/pages/Tema_AcercaBancolombia

http://www.bancopopular.com.co/servlet/page?_pageid=7220&_dad=portal30&_
schema=PORTAL30www

http://www.colmena.com.co/quienes_somos.html

http://www.colpatria.com.co/Main/frmHome.aspx

http://www.conavi.com/content/corporativa/historia.asp

https://www.latam.citibank.com/colombia/application

http://www.fundacion-social.com.co/mision.htm

http://www.megabanco.com.co/bancaempresarial/home.asp?siteflag=2

http://www.superbancaria.gov.co

(Endnotes)

1   PhD, en Economía Aplicada por la Universidad Rey Juan Carlos, Máster en Sociedad de la Información y del Conocimiento, Máster en Evaluación de Impacto Ambiental, Especialista en Periodismo Económico y Gerencia de proyectos, Comunicador Social y Periodista de la Universidad de La Sabana. Actualmente, Decano de la Facultad de Comunicación de la Universidad de Los Hemisferios- Quito Ecuador; Director del Centro de Investigaciones de Comunicación y Opinión Pública de la misma Universidad. Ha sido Director del programa de Comunicación Social y Periodismo de la Facultad de Comunicación de la Universidad de La Sabana- Colombia; Coordinador académico de la especialización en Gerencia de la Comunicación Organizacional; investigador del Observatorio de Medios; y Director del Centro de Investigaciones de la Comunicación Organizacional CICCO. Ha publicado 17 artículos científicos en las áreas de la comunicación, el periodismo, y la gestión del conocimiento; y los libro en coautoría "Comunicación Empresarial: Plan estratégico como herramienta gerencial" (2006), "Población y Desarrollo en los albores del siglo XXI" (2008), "Sistemas informativos en América Latina" (2009) "Investigar las redes sociales: Comunicación total en la sociedad de la ubicuidad." (2012). Consultor empresarial en las áreas de gestiós del conocimiento y comunicación organizacional.

2   PhD, Economia, Unviersidad Rey Juan Carlos, 2000. Tesis: *New Economy in Spain, effects on growth and financial Markets*. MBA, Simon School of Business, University of Rochester, 1998. Finance. DEA, Universidad Complutense de Madrid, 1994.
Political Economy. BLL, UNED, 2007. BA, Economics, Universidad Complutense de Madrid, 1992. Se ha desempeñado como: Deputy Director of Research. Madrid's Regional Government. September 2007-present. Associate Professor. Universidad Rey Juan Carlos, Applied Economics. March 2004 – present (*On leave*). Teaching Fellow. Applied Economics Department, Universidad Rey Juan Carlos. January 2000 – March 2004. Teaching Assistant. Simon School of Business, University of Rochester, Department of Finance. August 1997 – May 1998. Teaching Assistant. Universidad Complutense de Madrid, Department of Political Economy. August 1992 – September 1995; Visiting Fellow. Loyola College, Sellinger School of Business, August 2006 – August 2007. Visiting Researcher. ICMA Center, University of Reading, June 2005 - September 2005.

Y en Actividades no académicas: Yahoo! Spain, Genaral Manager E-Commerce. December 2000 - September 2004. France Telecom, Head of Analysis. January 2000 - December 2000. Intermoney/CIMD, Chief Desk Economist, October 1998 – January 2000. Actualmente, trabaja en el Departamento de Economía Aplicada de la universidad Rey Juan Carlos University

3   PhD, en Periodismo por la Universitat Autónoma de Barcelona (UAB), Licenciado en Ciencias de la Información, Licenciado en Ciencias Políticas y Sociología, Máster en Periodismo y Ciencias de la Comunicación y Máster en Comunicación y Deporte. Profesionalmente, Director del Centro de Estudios sobre el Cable (CECABLE), entidad pionera en el sector y sin ánimo de lucro (www.ilimit.com/cecable), y profesor de la Universitat Oberta de Catalunya (UOC), la Universitat Abat Oliba (UAO) y la Universitat Politécnica de Catalunya (UPC). Anteriormente ha sido director general de VITEC y Jefe de Proyectos de Casa XXI y de ONO. La tesis doctoral versó sobre el modelo del cable en España y Cataluña. Ha escrito diversos libros sobre el cable, telecomunicaciones, comunicación y deporte. Ha recibido diversos premios y ha participado en numerosos congresos y seminarios. Es especialista de tecnología en diversos medios de comunicación como los diarios Avui, Diario de Terrassa y La Vanguardia Digital.

Abraham, A. (2007). The Regulation of Virtual Banks: A Study of the Hong Kong Perspective. *Journal of Internet Law*, 3-13.

Adwankar, S., & Vasudevan, V. (2002). Management of Multimedia on the Internet. *Computer Science*, 62-76.

Aguado, D. (2007). Liderazgo Versátil: actuando sobre la diversidad. *e-Deusto*, 20-25.

Alasoini, T. (2001). Challeger of work organization development in the based knowledge-economy. *The European Work Organization Network*.

Albrecht, K., & Bradford, L. (1990). *La excelencia en el servicio: cómo identificar y satisfacer las expectativas y necesidades del cliente.* Bogotá: Legis Editores.

Al-Hawari, M., Hartley, N., & Ward, T. (2005). Measuring Banks' Automated Service Quality: A Confirmatory Factor Analysis Approach. *Marketing Bulletin*, 1-19.

Almiron, N. (2002). *Sobre el progreso en una era de revolución científico-tecnológico-digital.*

Amstrong, M. (1991). *Gerencia de recursos humanos.* Londres: Editorial Legis.

Andrade, J. (2003). Tecnologías y sistemas de información en la gestión del conocimiento en las organizaciones. *Revista Venezolana de Gerencia*, 561.

Andrade, L. (2005). Analfabetismo tecnológico: Efecto de las Tecnologías de la Información. *Actualidad Contable*, 43.

Aoyama, Y., & Castells, M. (2002). An Empirical Assessment Of The Informational Society: Employment And Occupational Structures Of G-7 Countries, 1920-2000. *International Labour Review*.

Aoyama, Y., & Ratick, S. (2007). Transactions, And Information Technologies In The US Logistics Industry.

Apostolos, G. (2003). Cross-border electronic banking activities in the single European market and the normative value of home country supervision. *Diario de International Banking Reglamento*, 78-103.

Aragón, J., Bobino, C., & Rocha, F. (2004). *El papel de las relaciones laborales en la difusión de las tecnologías de información y comunicaciones.* Fundación 1 de mayo.

Arendt, H. (1971). The human condition. *The University of Chicago*, 50-58.

Argyres, N., Bercovitz, J., & Mayer, K. (2007). Complementarity and Evolution of Contractual Provisions: An Empirical Study of IT Services Contracts. *Organization Science*, 3-19.

Aristóteles. (1986). *Metafísica.* Buenos Aires: Editorial Sudamericana.

Aristóteles. (1987). *Ética a Nicómaco.* Madrid: Editorial Espasa - Calpe.

Armenakis, A., & Bedeian, A. (1999). Organizational change: A review of theory and research in the 1990s. *Journal of Management*, 293-315.

Armentia, M., & Aguado, J. (1995). *Tecnología de la información escrita.* Madrid: Universidad Complutense de Madrid.

Arrighetti, A., & Vivarelli, M. (1999). The role of innovation in the postentry performance of new small firms: Evidence From Italy. *Southern Economics Journal*, 927-939.

Artis, C., Becker, B., & Huselid, M. (1999). Strategic Human Resource Management at Lucent. *Human Resources Management*, 309-313.

Ashford, S., & Black, J. (1996). Proactivity during organizational entry: The role of desire for control. *Human Resources Management*, 199-214.

Ashkanasy, B. (2000). Questionnaire Measures of Organizational Culture, The Handbook of Organizational Culture and Climate. *Sage*, 131-146.

Atrostic, B., & Gates, J. (2001). U.S. Productivity and Electronic Business Processes in Manufacturing.

Augier, M., & Winter, S. (2005). Why Is Management An Evolutionary Science? An Interview With Sidney G. Winter. *Journal Of Management Inquiry*, 344-354.

Bakos, Y., & Brynjolfsson, E. (2000). Bundling and competition on the Internet. *Marketing Science*, 63-82.

Baldwin, J., & Diverty, B. (1995). Advanced Technology Use in Canadian Manufacturing Establishments. *Research Paper.*

Baldwin, J., & Sabourin, D. (2001). Impact of the Adoption of Advanced Information and Communication Technologies on Firm Performance in the Canadian Manufacturing Sector. *Statistics Canada.*

Baldwin, J., & Sabourin, D. (2001). Impact of the Adoption of Advanced Information and Communication Technologies on Firm Performance in the Canadian Manufacturing Sector. *Analytical Studies Branch.*

Barber, D., Huselid, M., & Becker, B. (1999). *Strategic Human Resource Management At Quantum.* New York: John Wiley & Sons Inc.

Barnard, C. (1959). *The functions of the executive: las funciones de los elementos dirigentes.* Madrid: Instituto de Estudios Políticos.

Barteslman, E., & Doms, M. (2002). Understanding productivity: Lessons from Longitudinal Microdata. *Journal of Economic Literature.*

Bartlett, C. (1991). *La empresa sin fronteras: la solución transnacional.* Madrid: McGraw Hill.

Beaudry, A., & Pinsonneault, A. (2005). Understanding User Responses to Information Technology: a Coping Model of User Adaptation. *MIS Quaterly*, 518-519.

Beaudry, P., & Collard, F. (2003). Recent Technological and Economic Change among Industrialized Countries: Insigths from Population Growth. *Scandinavian Journal of Economics*, 441-463.

Beaudry, P., & Green, D. (2005). Population Growth, Technological Adoption, And Economic Outcomes In The Information Era. *Review Of Economics*, 441-463.

Beaudry, P., Collard, F., & Green, D. (2005). Changes In The World Distribution Of Output Per Worker, 1960-1998: How A Standard Decomposition Tells An Unorthodox Story.

Beaudry, P., Collard, F., & Green, D. (2005). Demographics And Recent Productivity Performance: Insights From Cross-Country Comparisons.

Becker, B., & Huselid, M. (1992). The Incentive Effects of Tournament Compensation Systems. *Administrative Science Quaterly*, 336-350.

Becker, B., & Huselid, M. (1999). Overview: Strategic human resource management in five leading firms. *Human Resource Management*, 287-301.

Becker, B., & Huselid, M. (2006). Strategic Human Resources Management: Where Do We Go From Here?

Becker, B., & Olson, C. (1992). Unions and Firm Profits. *Industrial Relations*, 395-415.

Becker, B., Huselid, M., Pickus, P., & Spratt, M. (1997). HR as a source of shareholder value: Research and recommendations. *Human Resources Management*, 39-47.

Becker, M., Lazaric, N., Nelson, R., & Winter, S. (2005). Applying Organizational Routines In Understanding Organizational. *Oxford University Press*.

Becker, T. (1988). Concession Bargaining – The Meaning of Union Gains. *Academy of Management Journal*, 377-387.

Becker, T., & Billings, R. (1993). Profiles of commitment: An empirical test. *Journal of Organizational Behavior*, 177-190.

Becker, T., & Hills, S. (1980). Teenage Unemployment – Some evidence of the Long-Run Effects on Wages. *Industrial Relations & Labor*, 354-372.

Becker, T., & Hills, S. (1981). Youth attitudes and Adult Labor-Market Activity. *Industrial Relations*, 60-70.

Becker, T., & Hills, S. (1983). The Long-Run Effects of Job Changes and Unemployment Among Male Teenagers. *Journal of Human Resources*, 197-212.

Becker, T., & Olson, C. (1986). The Impact of Strikes on Shareholder Equity. *Industrial & Labor Relations Review*, 425-438.

Beer, M. (1971). Organizational climate: A view from the change agent. In G. A. Forehand (Chair), Organizational Climate. *Meeting of the American Psychological Association.* Washington, D.C.

Bell, D. (1976). *El advenimiento de la sociedad post industrial.* Madrid: Alianza Editorial.

Bell, D. (1986). *El advenimiento de la sociedad post-industrial.* Madrid: Alianza Editorial.

Belzunegui, A. (2002). *Teletrabajo: Estrategias de flexibilidad.* Madrid: Consejo Económico y Social.

Bennasar, F. (2003). TIC y discapacidad: implicaciones del proceso de tecnificación en la práctica educativa, en la formación docente y en la sociedad. *Píxel-Bit*, 9.

Berger, A. (2002). The Economic Effects of Technological Progress: Evidence from the Banking Industry. *Monetary and Financial Studies Section; University of Pennsylvania.*

Berger, A. (2004). Further Evidence on the Link between Finance and Growth: An International Analysis of Community Banking and Economic Performance. *Journal of Financial Services Research.*

Berger, A. (2007). International Comparisons of Banking Efficiency European Financial Management. *Financial Markets, Institutions & Instruments*, 119-144.

Berger, A., DeYoung, R., & Udell, G. (2001). Efficiency Barriers to the Consolidation of the European Financial Services Industry. *European Financial Management*, 117-130.

Berger, A., DeYoung, R., Udell, G., & Genay, H. (2001). Globalization of Financial Institutions: Evidence from Cross-Border Banking Performance. *FRB Chicago Working Paper.*

Betancourt, A. (1985). *Organizaciones y administración: un enfoque de sistemas.* Bogotá: Norma.

Black, J. (1992). Coming Home- The Relationship of Expatriate Expectations with Repatriation Adjustment and Job-Performance. *Human Relations*, 177-192.

Black, J., & Gregersen, H. (1999). The right way to manage expats. *Harvard Business Review*, 173-184.

Black, J., & Gregersen, H. (2000). High impact training: Forging leaders for the global frontier. *Human Resources Management*, 173-184.

Black, J., & Porter, L. (1991). Managerial Behaviors And Job-Performance- a Successful Manager in Los Angeles may not Succeed in Hong Kong. *Journal of International Business Studies*, 99-113.

Black, S., & Lynch, L. (2001). How To Compete: The Impact Of Workplace Practice And Information Technology On Productivity. *Review of Economics and Statistics*, 434-445.

Blanchard, K., Waghorn, T., & Ballard, J. (1996). *Misión posible: la creación de una empresa de clase mundial cuando todavía se puede.* México: McGraw Hill.

Bloom, N., & Van Reenen, J. (2002). Patents: Real Options And Firm Performance. *Economic Journal*, 97-116.

Boisot, M. (1998). Knowledge Assets. *Oxford University Press*, 3.

Boisot, M. (1998). Knowledge Assets. *Oxford University Press.*

Boland, R., Lyytinen, K., & Yoo, Y. (2007). Wakes of Innovation in Project Networks: The case of Digital 3-D Representations in Architecture, Engineering, and Construction. *Organization Science*, 631-647.

Bond, S., Chennells, L., & Devereux, M. (1996). Taxes and company dividends: A microeconometric investigation exploiting cross-section variation in taxes. *Economic Journal*, 320-333.

Bradley, K. (1997). Intellectual capital and the new wealth of nations. *Business Strategy Review*, 53-62.

Bradley, L., & Stewart, K. (2003). The Diffusion of Online Banking. *Journal of Marketing Management*, 1087-1109.

Braverman, H. (1974). Labor and monopoly capital: The degradation of work in the twentieth century. *Monthly Review Press*.

Brawn, W., & Moberg, D. (1983). *Teoría de la organización y la administración.* México: Ediciones Noriega.

Bresnahan, T. (1999). Computerisation and wage dispersion: An analytical reinterpretation. *Economic Journal*, 390-415.

Bresnahan, T., & Richards, J. (1999). Local and global competition in information technology. *Journal of the Japanese and International Economies*, 336-371.

Bresnahan, T., Brynjolfsson, E., & Hitt, L. (2002). Information Technology, Workplace Organization, And The Demand For Skilled Labor: Firm-Level Evidence. *Quaterly Journal of Economics*, 339-376.

Bresnahan, T., Brynjolfsson, E., Hitt, L., & Greenstein, S. (2001). The economic contribution of information technology: Towards comparative and user studies. *Journal of Evolutionary Economics*, 95- 118.

Bresnahan, T., Stern, S., & Trajtenberg, M. (1997). Market segmentation and the sources of rents from innovation: Personal computers in the late 1980s. *Rand Journal of Economics*, 17-44.

Brod, C. (1988). *Technostress: Human cost of the computer revolution.* Reading: Addison-Wesley.

Brooking, A. (1996). Intellectual Capital. Core Asset for the Third Millennium Enterprise. *International Thomson Business Press*, 28-30.

Bruno, D. (2007). "E-learning": El futuro de la formación empresarial. *e-Deusto*, 10-12.

Brynjolfsson, E. (1996). The Contribution of Information Technology to Consumer Welfare. *Information Systems Research*, 281.

Brynjolfsson, E., & Hitt, L. (2000). Beyond computation: Information technology, Organizational transformation and business performance. *Journal of Economic Perspectives*, 23-48.

Brynjolfsson, E., & Smith, M. (2000). Frictionless commerce? A comparison of Internet and conventional retailers. *Management Science*, 563-585.

Brynjolfsson, E., Hitt, L., & Yang, S. (2002). Intangible Assets: Computers And

Organizational Capital. *Brooking Papers on Economic Activity*.

Buchanan, D., & Boddy, D. (1982). Advanced technology and the quality of working life: The effects of word processing on video typists. *Journal of Occupational Psychology*, 1-11.

Bughin, J. (2003). The Diffusion of Internet Banking in Western Europe. *Electronic Markets*, 251-257.

Bustos, C., Andrea, C., & Manrique, L. (2003). Pymes colombianas y la gestión del conocimiento. *Escuela de Administración de Negocios*, 112.

Campbell, J. (1983). I/O psychology and the enhancement of productivity. *The Industrial Organizational Psychologist*, 6-10.

Campbell, J., & Campbell, R. (1988). *Productivity in organizations.* San Francisco: Jossey-Bass.

Cañedo, R., Ramos, A., & Guerrero, P. (2005). La informática, la computación y la ciencia de la información: una alianza para el desarrollo. *Revista cubana de los profesionales de la información y de la comunicación en salud*, 3-4.

Cao, Q., Maruping, L., & Takeuchi, R. (2006). Disentangling the Effects of CEO Turnover and Succession on Organizational Capabilities: A Social Network Perspective. *Organization Science*, 563-576.

Carneiro, P., Heckman, J., & Masterov, D. (2005). Labor Market Discrimination And Racial Differences In Premarket Factors.

Carnoy, M. (2002). Sustaining the New Economy: Work, Family, and Community in the Information Age. *First Harvard University Press*.

Caroli, E., & Van Reenen, J. (2001). Skill-Biased Organizational Change? Evidence From A Panel Of British And French Establishments. *Quaterly Journal of Economics*, 1449-1492.

Carralero, N. (2007). Hacia la empresa inalámbrica. *e-Deusto*, 54-57.

Castells, M. (1990). Defense Expenditure and Regional Development - Breheny, MJ. *Economy Geography*, 83-85.

Castells, M. (1993). European Cities, the Informational Society, and the global Economy. *Tijdschrift Voor Economische en Sociale Geografie*, 247-257.

Castells, M. (1998). *Globalización, tecnología, trabajo, empleo y empresa.* Barcelona: La Factoría.

Castells, M. (1999). *La Era de la Información.* México: Siglo XXI Editores.

Castells, M. (2000). Local And Global: Cities In The Network Society. *Berkeley*, 9-20.

Castells, M. (2002). *La Era de la Información.* México: Siglo XXI Editores.

Castells, M., & Aoyama, Y. (1994). Paths Towards the Informational Society-Employment Structure in G-Countries, 1920-90. *International Labour Review*, 5-33.

Castells, M., & Deipola, E. (1976). Epistemological Practice and Social-Science. *Economy and Society*, 111-144.

Chang, J., Shaw, M., & Lai, C. (2007). "Managerial" Trade Union And Economic Growth. 548-558.

Chang, S., Chung, C., & Mahmood, I. (2006). When and How Does Business Group Affiliation Promote Firm Innovation? A Tale of Two Emerging Economies. *Organization Science*, 637-656.

Chennells, L., & Van Reenen, J. (1997). Technical change and earnings in British establishments. *Económica*, 587-604.

Chiavenato, A. (1995). *Introducción a la teoría General de la Administración.* México: Editorial Stoner, Freeman, Gilbert Jr.

Chong, S. P., Scruggs, L., & Kiseok, N. (2002). Internet Banking in the U.S, Japan and Europe. *Multinational Business Review*, 73-80.

Claessens, S., Glaessner, T., & Klingebiel, D. (2002). Electronic Finance: Reshaping the Financial Landscape Around The World. *Journal of Financial Services Research*, 29-61.

Clemons, E., & Hitt, L. (2004). Poaching And The Misappropriation Of Information: Transaction Risks Of Information Exchange.

Cohen, B. (1984). Office automation: Vol. 1. Human aspects of offce automation. *Harvard Business Review*, 127-136.

Contractor, N., & O'Keffe, B. (1997). The politics of InformationSystem: Rational Designs and Organizational Realities. Case Studies in Organizational Communication: perspectives on Contemporary Work Life. *The Gildford Press*, 18-33.

Coveney, B. (2007). El reto de las empresas ante la irrupción de la WEB 2.0. *e-Deusto*, 26-27.

Covey, S. (1993). *Los 7 hábitos de la gente eficaz: la revolución ética en la vida cotidiana y en la empresa.* Barcelona: Ediciones Paidós.

Crafts, N. (2001). The Solow productivity paradox in historical perpective. *Working paper*.

Cross-cultural generalizability of the three-component model of organizational commitment: An application to South Korea. (s.f.).

Cuesta, F. (1998). *La Empresa Virtual: La estructura Cosmos, soluciones e instrumentos de transformacíon.* Madrid: McGraw Hill.

Cunha, H. (2007). The Technology Of Skill Formation. *University of Chicago, Department of Economy*.

Cunningham, W. (1991). *Introducción a la Administración.* México: Grupo Editorial Iberoamérica.

Daft, R., & Steers, I. (2000). *Teoría y Diseño Organizacional.* México: Thomson.

D'Alós-Moner, A. (2003). *Oportunidades para los profesionales de la Información.* Barcelona: UOC.

Davenport, L., & Prusak. (1998). Working Knowledge. *Harvard Business School Press*, 1-3.

Davenport, L., & Prusak. (1998). Working Knowledge. *Harvard Business School Press*.

Dávila, L. (1985). *Teorías Organizacionales y Administración.* Bogotá: Editorial Interamericana S.A.

Davis, D. (1986). *Managing technological innovation.* San Francisco: Jossey-Bass.

De Danin, L. (1968). *Introducción al estudio de la Organización y métodos.* Bogotá: Editorial Aspaen.

De Leener, G. (1959). *Tratado de organización de empresas.* Bogotá: Aguilar S.A., Ediciones.

Del Brutto, A. (2000). *Sociedad y Red. El impacto y desarrollo de las tecnologías de información en Argentina.* Observatorio de la Cibersociedad.

Delaney, J., & Huselid, M. (1996). The Impact Of Human Resource Management Practices On Perceptions Of Organizational Performance. *Academy Of Management Journal*, 949-969.

Delgado, J., & Nieto, M. (2004). Internet banking in Spain some stylized facts, Monetary Integration, Market and Regulation. *Research in Banking and Finance*, 187-209.

Delgado, J., Nieto, M., & Hernando, I. (2004). Do European primarily Internet Banks show scale and experience economies. *Banco de España*.

Delgado, J., Nieto, M., & Hernando, I. (2004). Incorporación de la tecnología de la información a la actividad bancaria en España: la banca por Internet, y Perspectivas de rentabilidad de la banca por Internet en Europa. *Estabilidad Financiera.*

Dennison, D. (1991). *Cultura corporativa y productividad organizacional.* New York: Editorial Legis.

Denrell, J., Fang, C., & Winter, S. (2003). The Economics Of Strategic Opportunity. *Strategic Management Journal*, 977-990.

Dessler, G. (1973). *Organización y Administración: enfoque situacional.* México: Prentice Hall.

DeYoung, R. (2005). The Performance of Internet- Based Business Models: Evidence from the Banking Industry. *Journal of Business*, 893-947.

Diamond, M. (1996). Innovation and Diffusion of Technology A Human Process. *Columbia Consulting Psychology Journal.*

Dodds, P., Watts, D., & Sabel, C. (2003). Information Exchange And The Robustness Of Organizational Networks. *National Academy Of Sciences*, 12516-12521.

Dodds, P., Watts, D., & Sabel, C. (2003). Information Exchange And The Robustness Of Organizational Networks. *National Academy Of Sciences.*

Drucker, P. (1972). *Tecnología, Administración y Sociedad.* México: Galve, S.A.

Drucker, P. (1986). *La gerencia en los tiempos difíciles.* Barcelona: Orbis.

Drucker, P. (1992). *Las Nuevas Realidades.* Buenos Aires: Editorial Sudamericana.

Drucker, P. (1995). *La nueva sociedad de organizaciones en "Drucker"; su visión sobre: La administración, la organización basada en la información, la economía, la sociedad.* New York: Truman Talley Books.

Drucker, P. (1995). *La sociedad postcapitalista.* Bogotá: Norma.

Dunham, L., & Freeman, R. (2000). There is business like show business: Leadership lessons from the theater. *Organizational Dynamics,* 108-122.

Estallo, J. (2006). *Impacto sobre la conducta de las Tecnologías de la Información: Ansiedad ante el computador vs. "Computerphobia".* Barcelona: Departamento de Psicología.

Ettlie, J. (1986). Innovation in manufacturing. *Technological Innovation,* 135-144.

Etzioni, A. (1965). *Organizaciones Modernas.* Boston: Allyn and Bacon.

Fayol, H., & Taylor, F. (1961). *Administración industrial y general: Principios de la Administración Científica.* México: Herrero Hermanos.

Ferrater, M. (2001). *Diccionario de Filosofía.* Barcelona: Edición de José María Terricabras.

Fondevila, J. (2007). *Cable en España 2006.* Barcelona: Editorial CECABLE.

Foss, K. (1996). Transaction cost economics and beyond - Groenewegen, J. *Journal of Evolutionary Economics,* 428-430.

Foss, K. (1999). Research in the strategic theory of the firm: 'Isolationism' and 'integrationism'. *Journal of Management Studies,* 725-755.

Foss, K. (2003). Bounded Rationality And Tacit Knowledge In The Organizational Capabilities Approach: An Assessment And A Re-Evaluation. *Industrial and Corporate Change,* 185-201.

Foss, K. (2003). Bounded Rationality And Tacit Knowledge In The Organizational Capabilities Approach: An Assessment And A Re-Evaluation. *Industrial and Corporate Change,* 185-201.

Foss, K., & Foss, N. (2005). Resources And Transaction Costs: How Property Rights Economic Furthers. *The Resource- Based View.*

Foss, K., & Laursen, K. (2005). Performance Pay, Delegation And Multitasking Under Uncertainty and Innovativeness: An Empirical Investigation.

Foss, K., Foss, N., & Vazquez, X. (2006). 'Tying The Manager's Hands': Constraining Opportunistic Managerial Intervention. *Copenhagen Sch Econ & Business Adm.*

Frechet, G., Langlois, S., & Bernier, M. (1992). Transition In The Labor-Market – A Longitudinal Perspective. *Journal of International Business Studies,* 79-99.

Freeman, R. (1983). Managing the Strategic Challenge in the Telecommunications. *Journal of World Business,* 8-18.

Freeman, R., & Reed, D. (1983). Stockholders and Stakeholders - A New Perspective on Corporate Governance. *Management Review,* 88-106.

Freeman, R., Gilbert, D., & Hartman, E. (1988). Values and the Foundations of Strategic Management. *Journal of Business Ethics,* 821-834.

Fukuyama, F. (2000). *La Gran Ruptura, capítulo 12: Tecnología, redes y capital social.*

Buenos Aires: Editorial Atlántida.

Gant, J., Ichniowski, C., & Shaw, K. (2002). Social Capital And Organizational Change In High-Involvement And Traditional Work Organization. *Journal of economics & Management Strategy*, 289-328.

García de León, A., & Garrido, A. (2002). Los sitios WEB como estructuras de Información: un primer abordaje en los criterios de calidad. *Biblios*, 2.

Gary, H., & Prahalad, C. (1994). Competing for the future. *Business School Press*.

Gavin, J. (1975). Organizational Climate as a Function of Personal and Organizational Variables. *Journal of Applied Psychology*, 135-139.

Gibson, R., & Brealey, N. (1998). Rethinking the Future. Human Resources Management Journal. 276.

Giraud, Z., Cable, D., & Voss, G. (2007). Organizacional Identity and Firm Performance: What Happens When Leaders Disagree About "Who We Are". *Organization Science*, 741-755.

Girbau, J. (2007). Internacionalización de las Pymes a través de Internet. *e-Deusto*, 46-49.

Gómez, Á., & Suárez, C. (2004). *Sistemas de Información: Herramientas prácticas para la gestión empresarial.* México: Alfaomega.

Gómez, D., & Sainz, J. (2008). Cambio organizativo por las TIC en la empresa financiera: el caso de Renta 4. *Universia Business Review*, 94-107.

Gosling, J., & Mintzbert, H. (2003). The Five Minds Of A Manager. *Harvard Business Review*, 54.

Gosling, J., & Mintzbert, H. (2004). Agenda - The Education Of Practicing Managers. *Harvard Business Review*, 4.

Granero, R. (1997). *Recueil de Documentation et Information.* ISO.

Green, D., & Riddell, W. (2003). Literacy And Earnings: An Investigation Of The Interaction Of Cognitive And Unobserved Skills In Earnings Generation. *Labour Economic*, 165-184.

Greenan, N., Mairess, J., & Toipol-Bansaid, A. (2001). Information Technology and Research and Development Impacts on Productivity and Skills: Lookinf for Correlations on French Firm Level Data. *NBER Working Paper*.

Gregersen, H., & Black, J. (1992). Antecedents to Commitment to a Parent Company and a Foreign Operation. *Academy of Management Journal*, 65-90.

Gregersen, H., & Black, J. (1996). Multiple commitments upon repatriation: The Japanese experience. *Journal of Management*, 209-229.

Gregersen, H., Black, J., & Hite, J. (1996). Expatriate performance appraisal in US multinational firms. *Journal of International Business Studies*, 711-738.

Gregersen, H., Morrison, A., & Black, J. (1998). Developing leaders for the global frontier.

Sloan Management Review, 21.

Griffith, R., Redding, S., & Van Reenen, J. (2003). R&D And Absorptive Capacity: Theory And Empirical Evidence. *Scandinavian Journal of the Economic*, 99-118.

Griffith, R., Redding, S., & Van Reenen, J. (2004). Mapping The Two Faces Of R&D: Productivity Growth In A Panel Of Oecdindustries.

Hall, R. (1983). *Organizaciones: Estructura y Proceso, la naturaleza de las organizaciones.* México: Prentice Hall Hispanoamericana.

Hammer, M., & Champy, J. (1993). *Reingeniería.* New York: Editorial Norma.

Hammer, M., & Champy, J. (1994). *Reingeniería: olvidé lo que usted sabe sobre como debe funcionar una empresa. Casi todo está errado.* Bogotá: Norma.

Hammer, T., & Turk, J. (1987). Organizational Determinants of Leader Behavior and Authority. *Journal of Applied Psychology*, 674-682.

Hampton, D. (1983). *Administración Contemporánea.* México: McGraw Hill.

Han, L., & Greene, F. (2007). The determinants of online loan applications from small business. *Journal of Small Business and Enterprise Development*, 478-486.

Hanley, A., Ennew, C., & Blinks, M. (2006). The Price of UK Commercial Credit Lines: A Research Note. *Journal of Business Finance Online*.

Hannan, M., & Carroll, G. (1992). Dynamics of Organizational Populations: Density, Legitimation, and Competition. *Oxford University Press U.S.*

Hanushek, E., Heckman, J., & Neal, D. (2002). Introduction To The Jhr's Special Issue On Designing Incentives To Promote Human Capital. *Journal of the Human Resources*, 693-695.

Harden, G. (2002). E-banking comes to town: Exploring how traditional UK high street banks are meeting the challenge of technology and virtual relationships. *Journal of Financial Services Marketing*, 323-333.

Harrington, H. (1993). *Mejoramiento de los procesos de la Empresa.* Bogotá: McGraw Hill.

Harris, B., Huselid, M., & Becker, B. (1999). Strategic human resource management at Praxair. *Human Resources Management*, 315-320.

Harrison, J., & Freeman, R. (1999). Stakeholders, social responsibility, and performance: Empirical evidence and theoretical perspectives. *Academy of Management Journal*, 479-485.

Hatch, M. (1997). Organization theory : modern, symbolic, and postmodern perspectives. *Oxford University Press*, 30.

Heckman, J. (2001). Accounting For Heterogeneity, Diversity And General Equilibrium In Evaluating Social Programmes. *Economic Journal*, 654-699.

Heckman, J. (2003). The Supply Side Of The Race Between Demand And Supply: Policies To Foster Skill In The Modern Economy. *Economic Netherland.*

Held, D., McGraw, G., & Perraton, J. (2001). *Global transformation: Politics, Economics, and Culture.* Cambridge: UK: Editorial.

Held, D., McGraw, G., & Perraton, J. (2001). *Global transformation: Politics, Economics, and Culture.* Cambridge: UK Editorial.

Hellmann, T., & Puri, M. (2002). *JSTOR.* Recuperado el 9 de Marzo de 2009, de The Journal of Finance: www.jstor.org/stable

Herscovitch, L., & Meyer, J. (2002). Commitment to Organizational Change: Extension of a Three-Component Model. *University of Western Ontario Journal of Applied Psychology*, 474-487.

Hirschhorn, L. (1988). The workplace within. *MIT Press*, 221-229.

Hitt, L. (1999). Information technology and firm boundaries: Evidence from panel data. *Information Systems Research*, 134-149.

Hitt, L., & Chen, P. (2005). Bundling With Customer Self-Selection: A Simple Approach To Bundling Low-Marginal-Cost Goods.

Hogarth, J., Anguelov, C., & Lee, J. (2003). Why Households Don't Have Checking Accounts. *Economic Development Quaterly*, 75-94.

Howkins, J. (1997). El Desarrollo en la era de la información. 53.

Huse, E., & Bowditch, J. (1980). *El Comportamiento humano en la organización.* México: Fondo Educativo Interamericano.

Huse, E., & Bowditch, J. (1980). *El Comportamiento humano en la organización.* México: Fondo Educativo Interamericano.

Huselid, M. (1995). The Impact Of Human-Resource Management-Practices On Turnover, Productivity, And Corporate Financial Performance. *Academy Of Management Journal*.

Huselid, M., & Becker, B. (1996). Methodological issues in cross-sectional and panel estimates of the human resource-firm performance link. *Industrial Relations*, 400-422.

Huselid, M., & Becker, B. (2000). Comment on "Measurement error in research on human resources and firm performance: How much error is there and how does it influence effect size estimates?". *Personnel Psychology*, 835-854.

Huselid, M., & Becker, B. (2000). Comment on "Measurement error in research on human resources and firm performance: How much error is there and how does it influence effect size estimates?". *Personnel Psychology*, 835-854.

Huselid, M., Becker, B., Losey, M., Rucci, T., & Ulrich, D. (1999). *An Interview With Mike Losey, Tony Rucci, And Dave Ulrich: Three Experts Respond To Hrmj's Special Issue On Hr Strategy In Five Leading Firms.* New York: John Wiley & Sins Inc.

Ichniowski, C. (1986). The Effects of Gievance Activity on Productivity. *Industrial & Labor relations Review*, 75-89.

Ichniowski, C., & Shaw, K. (1999). The effects of human resource management systems on economic performance: An international comparison of US and Japanese plants.

Management Science, 704-721.

Ichniowski, C., & Shaw, K. (2003). Beyond Incentive Pay: Insiders' Estimates Of The Value Of Complementary Human Resource Management Prices. *Journal Of Economic Perspective*, 155-180.

Ichniowski, C., & Zax, J. (1990). Todays Associations, Tomorrows Unions. *Industrial & Labor Relations Review*, 191-208.

Ichniowski, C., Delaney, J., & Lewin, D. (1989). The New Resources-Gement in United States Workplaces - is it Really New and is it Only Nonunion. *Relations Industrielles-Industrial Relations*, 97-123.

Ichniowski, C., Kochan, T., Levine, D., Olson, C., & Strauss, G. (1996). What works at work: Overview and assessment. *Industrial Relations*, 299-333.

Ichniowski, C., Shaw, K., & Prennushi, G. (1997). The effects of human resource management practices on productivity: A study of steel finishing lines. *American Economics Review*, 291-313.

Infante, J. (2007). Recursos Humanos de alto rendimiento. *e-Deusto*, 64-66.

Iniciarte, M. (2004). Tecnologías de la Información y la Comunicación: un eje transversal para el logro de aprendizajes significativos. *Revista Reice*, 1.

Irving, P., & Coleman, D. (2000). The moderating effect of different forms of commitment on role ambiguity-job tension relations. *Laurier University*.

Islas, O., & Gutiérrez, F. (2003). *Fundamentos de Comunicaciones Digitales Productivas.* Monterrey: ALAIC.

Jaffee, D. (2001). *Organization theory: tension and change.* Boston: McGraw Hill.

Jaros, S. (1997). An assessment of Meyer and Allen's (1991) threecomponent model of organizational commitment and turnover intentions. *Journal of Vocational Behavior*, 319-337.

Kaufman, R. (1987). *Guía práctica para la planeación en las Organizaciones.* México: Editorial Trillas.

Kerr, W., Kugler, & David, H. (2007). Does Employment Protection Reduce Productivity? Evidence From United States.

Khun, T. (1992). *La estructura de las revoluciones científicas.* Bogotá: Fondo de Cultura Económica.

King, W., & Flor, P. (2007). The Development of Global IT infrastructure. *International Journal of Management Science*, 486-504.

Kirn, S., Rucci, A., Huselid, M., & Becker, B. (1999). *Strategic Human Resource Management At Sears.* New York: John Wiley & Sons Inc.

Kochan, T., Macduffie, J., & Osterman, P. (1988). Employment Security at DEC – Sustaining Values Amid Environmental Change. *Human Resources Management*, 121-143.

Koontz, H., & O'Donnell, C. (1968). *Principes of managment: An Analysis of Managerial Functions.* New York: McGraw Hill Book Company.

Kotler, P. (1979). *Dirección de mercadotecnia : análisis, planeación y control.* México: Editorial Diana.

Lai, C., Chen, S., & Shaw, M. (2005). Nominal Income Targeting Versus Money Growth Targeting In An Endogenously Growing Economy. 115.

Lambin, J. (1995). *Marketing estratégico.* Madrid: McGraw Hill Interamericana.

Langlois, R., & Foss, N. (1999). Capabilities and governance: The rebirth of production in the theory of economic organization. *Kylos,* 201-218.

Lapointe, L., & Rivard, S. (2007). A Triple Take on Information System Implementation. *Organization Science,* 89-107.

Laski, H. (1988). *El liberalismo europeo.* México: Fondo de Cultura Económica.

Laursen, K., & Foss, N. (2003). New Human Resource Management Practices, Complementaries And The Impact On Innovation Performance. *Cambridge Journal Of Economics,* 243-263.

Lawrence, P. (1973). *Desarrollo de las organizaciones: Diagnóstico y Acción.* México: Fondo Educativo Interamericano, S.A.

Lee, K., Allen, N., Meyer, J., & Rhee, K. (2001). Cross-cultural generalizability of the three-model of organizational commitment: An application to South Korea. *Applied Psychology: An International Review,* 596-614.

Leonard, H., & Goff, M. (2003). Leadership development as an intervention for organizational transformation: A case study. *Consulting Psychology Journal,* 58-67.

Lester, R., Piore, M., & Malek, K. (1998). Interpretive Management: What General Managers Can Learn From Design. *Harvard Business Review,* 86.

Levin, R., Klevorick, A., Nelson, R., & Winter, S. (1987). Appropriating The Returns From Industrial Research And Development. *Brooking Papers On Economic Activity.*

Levy, B. (2007). The interface between globalization, trade and development: Theoretical issues for international business studies. *International Business Review,* 594-612.

Levy, F., & Murnane, R. (2002). Upstairs, Downstairs: Computers And Skills On Two Floors Of A Large Bank. *Industrial & Labor Relations,* 432-447.

Liao, Z., & Cheung, M. (2003). Challenges to Internet E-Banking. *Communications of the ACM,* 248-250.

Liao, Z., & Cheung, T. (2002). Internet-based e-banking and consumer attitudes: An empirical study. *Information and Management,* 283-295.

Lin, Z., Zhao, X., Kiran, M., & Carley, K. (2006). Organizational Design and Restructuring in Response to Crises: Lessons from Computational Modeling and Real-World Cases. *Organization Science,* 598-618.

Litwin, G., & Stringer, R. (1968). Motivation and organizational climate. *Division of Research, Harvard Business School.*

Llano, A. (2002). *La vida lograda.* Barcelona: Ariel.

Locke, J. (2003). *Segundo Tratado sobre gobierno civil.* Madrid: Alianza Editorial.

Lucas Marín, A., & García, P. (2002). *Sociología de las Organizaciones.* Madrid: McGraw Hill.

Lustsik, O. (2003). E-banking in Estonia: Reasons and benefits of the rapid growth. *Faculty of Economics & Business Administration Working Paper Series*, 3-27.

Lynch, L., & Black, S. (1998). Beyond the incidence of employer-provided training. *Industrial & Labor Relations Review*, 64-81.

Macau, R. (2004). *TIC ¿Para qué? (Funciones de las tecnologías de la información y la comunicaión en las organizaciones).* Barcelona: UOC.

Magdalena, F. (1992). *Sistemas Administrativos.* Macchi Grupo Editor S.A.

Majó, J. (2003). *Nuevas Tecnologías y Educación.* Barcelona: UOC.

Marqués, P. (2000). *Las TIC y sus aportaciones a la sociedad.* Barcelona: UAB.

Martin, K., & Freeman, R. (2004). Some Problems With Employee Monitoring.

Martínez, F., & Carlos, E. (1986). Administración de Organizaciones. *Universidad Externado de Colombia*, 33.

Martínez, R. (2007). La movilidad como protagonista de la empresa actual. *e-Deusto*, 24-28.

Marx, C. (1973). *El Capital: Critica de la Economía Política.* México: Fondo de Cultura Económica.

Maslow, A. (1988). *La Amplitud potencial de la naturaleza humana.* México: Editorial Trillas.

Matthew, K., Guzmán, N., & Drucker, P. (1996). *Los once mandamientos de la gerencia del siglo XXI: lo que las empresas de avanzada hacen para sobrevivir y florecer en el caótico mundo actual de los negocios.* México: Prentice Hall Hispanoamericana.

Mayo, A., & Lank, E. (2003). *Las organizaciones que aprenden (the power of Learning): una guía para ganar ventajas competitivas.* Barcelona: Ediciones Gestión 2000.

Mayo, E. (1972). *Problemas humanos de una Sociedad Industrial.* Buenos Aires: Ediciones Nueva Visión.

McCowan, R., Bowen, U., Huselid, M., & Becker, B. (1999). *Strategic Human Resource Management At Herman Miller.* New York: John Wiley & Sons Inc.

McGregor, D. (1998). *El lado Humano de las organizaciones.* Bogotá: Impreandes Presencias S.A.

McGukin, R., Strietweiser, M., & Doms, M. (1998). The Effect of Technology Use on Productivity Growth. *Economic of Innovation and New Technology.*

McLuhan, M. (1989). The Global Village: transformations in word life and media in the XXI century. *Oxford University Press*, 85.

Melé, D. (1995). *Empresa y Vida Familiar.* Estudios y Ediciones IESE.

Melendro, T. (1999). *Las dimensiones de la persona.* Madrid: Ediciones Palabra.

Meltzer, R. (1973). The effects of situational variables on perception of the organizational climate: An exploratory study. *Colorado State University.*

Mendenhall, M., Jensen, R., Black, J., & Gregersen, H. (2003). Seeing The Elephant: Human Resource Management Challenges In The Age Of Globalization. *Organizational Dynamics*, 261-274.

Méndez, J., Zorrilla, S., & Monroy, F. (1992). *Dinámica social de las Organizaciones.* México: Editorial McGraw Hill.

Michels, R. (1979). *Los partidos políticos.* Buenos Aires: Amorrortu.

Milana, C., & Zeli, A. (2001). The Contribution of ICT Production Efficiebcy in Italy: Firms-Level Evidence using DEA and Econometric Estimation. *STI Working Paper*.

Mintzbert, H. (2007). Productivity Is Killing American Enterprise. *Harvard Business Review*, 7-8.

Mintzbert, H., & Rose, J. (2003). Strategic Management Upside Down: Tracking Strategies At McGill University From 1829 To 1980. *Canadian Journal Of Administrative Sciences*, 270.

Mizruchi, M. (1983). *JSTOR.* Recuperado el 9 de Marzo de 2009, de Academy of Management: www.jstor.org/stable

Mjos, R., Curtin, C., Masten, D., Glassrock, J., Wolff, S., Cahall, D., y otros. (1997). *What's ahead for.*

Mohan, M. (1993). Organizational Communication and Cultural Vision: Approaches for Analysis. *State University of New York Press*, 15-27.

Monks, R., & Minow, N. (2004). *Corporate Governance.* Blackwell Publishing.

Montesquieu, C. (1944). *El Espíritu de las leyes.* Buenos Aires: Ediciones Libertad.

Muñoz, G., & López, A. (1997). La evaluación de tecnologías (et):origen y Desarrollo. *General de Información y Documentación*, 24.

Murdy, L. (1972). The effect of work environment on organizational climate in a large financial institution. *Journal of Applied Psychology*, 447-455.

Murmann, J., Aldrich, H., Levinthal, D., & Winter, S. (2003). Evolutionary Thought In Management And Organization Theory At The Beginning Of The New Millennium - A Symposium On The State Of Art And Opportunities For Future Research. *Journal of Management Inquiry*, 22-40.

Naisbitt, J., & Aburdene, P. (1994). *Megatendencias 2000 : diez nuevos rumbos para los años 90.* Bogotá: Norma.

Negroponte, N. (1995). *Ser digital.* Buenos Aires: Editorial Atlántida.

Nelson, R., & Winter, S. (1974). Growth Theory From An Evolutionary Perspective - Differential Productivity Puzzle. *American Economic Review*.

Nelson, R., & Winter, S. (1975). Factor Price Changes And Factor Substitution In An Evolutionary Model. *Bell Journal Of Economics*.

Nelson, R., & Winter, S. (1977). Search Of Useful Theory Of Innovation. *Elsevier Science*,

36-76.

Nelson, R., & Winter, S. (1978). Forces Generating And Limiting Concentration Under Schumpeterian Competition. *Bell Journal Of Economics*, 524-548.

Nelson, R., & Winter, S. (1980). Firm And Industry Response To Changed Market Conditions - An Evolutionary Approach. *Economic Inquiry*, 179-202.

Nelson, R., & Winter, S. (1982). The Schumpeterian Tradeoff Revisited. *American Economic Review*, 114-132.

Nelson, R., & Winter, S. (2002). Evolutionary Theorizing In Economics. *Journal Of Economic Perspectives*, 23-46.

Nelson, R., Winter, S., & Schuette, H. (1976). Technical Change In An Evolutionary Model. *Quaterly Journal Of Economics*.

Nonaka, I. (1998). *The Knowledge Creating Company.* Boston: Harvard Business School Publishing.

Nonaka, I. (1998). The Knowledge Creating Company. *Harvard Business School Press*.

Ochoa, J. (2007). WEB 2.0: Una nueva forma de hacer negocios. *e-Deusto*, 32-34.

Ogliastri, E. (1992). *Estrategia y estructura organizacional.* Editorial Andes.

Ohmae, K. (1991). *El mundo sin fronteras : poder y estrategia en la economía Entrelazada.* México: McGraw Hill Interamericana.

Ohmae, K. (2005). *El próximo escenario global : desafíos y oportunidades en un mundo sin fronteras.* Bogotá: Norma.

Olson, C., & Becker, B. (1983). Sex - Discrimination in the Promotions Process. *Industrial & Labor Relations Review*, 624-641.

Ortueta, L. (1974). *Organización científica de las empresas.* México: Editorial Limusa S.A.

Osorio, C. (2002). Enfoques sobre la tecnología. *Revista Iberoamericana de Ciencia, Tecnología, Sociedad e Innovación*, 1-10.

Osterman, P. (1995). Work family programs and the employment relationship. *Administrative Science Quaterly*, 681-700.

Osterman, P. (2001). Converging divergences; Worldwide changes in employment systems. *Journal of Economic Literature*, 160-161.

Osterman, P. (2006). Overcoming Oligarchy: Culture And Agency In Social Movement Organization.

Ouchi, W. (1982). *Teoría Z.* Bogotá: Editorial Norma.

Park, K. (2007). Antecedents of convergence and Divergence in Strategy Positioning: The effects of Performance and Aspiration on the Direction of Strategic Change. *Organization Science*, 386-402.

Pferrer, J. (1997). New Direction For Organizational Theory. *Oxford University Press*, 10.

Philip, N. (1994). *Nuevas Tecnicas de Gestión.* Ediciones Folio.

Pianta, M., & Meliciani, V. (1996). Technological specialization and economic performance in OECD countries. *Technology Analysis & Strategic Management*, 157-174.

Pianta, M., Michie, J., & Oughton, C. (2002). Innovation and the Economy Journal. *International Review of Applied Economics.*

Pimienta, D. (2000). *La "Mística" del Trabajo Social Colaborativo en la Internet.* Fundación Redes y Desarrollo.

Piore, M. (2004). The Reconfiguration Of Work And Employment Relations In The United States At The Turn Of The Century Changing Life Patterns. *Western Industrial Societies*, 23-44.

Piore, M., & Safford, S. (2006). *Changing Regimes Of Workplace Governance, Shifting Axes Of Social Mobilization, And The Challenge To Industrial Relations.* Oxford: Blackwell Publishings.

Piva, M., & Vivarelli, M. (2005). *Innovation And Employment: Evidence From Italy Microdata.* Piacenza.

Piva, M., Vivarelli, M., & Santarelli, E. (2005). The Skill Bias Effect Of Technological And Organizational Change: Evidence And Policy Implications.

Polo, L. (1991). *Quién es el Hombre.* Madrid: Rialp Ediciones.

Polo, L. (1993). *Presente y futuro del hombre.* Madrid: Ediciones Rialp.

Porter, M. (1995). *Competitive advantage: creating and sustaining superior performance.* New York: The Free Press.

Porter, M. (2006). *Estrategia y ventaja competitiva.* Barcelona: Ediciones Deusto.

Puentes, E. (2001). *Fatalismo y tecnología: ¿es autónomo el Desarrollo tecnológico.* Cataluña: UOC.

Raposo, M. (2004). ¿Es necesaria la formación técnica y didáctica sobre Tecnologías de la Información y la Comunicación. *Píxel-Bit*, 51.

Riegel, D. (1998). *Administración.* México: Thompson Editores.

Ries, A., & Trout, J. (1999). Intuiciones ganadoras : la clave del éxito es encontrar el caballo que nos lleve al triunfo. *McGraw Hill Interamericana.*

Rindova, V., & Petkova, A. (2007). When Is a New Thing a Good Thing? Technological Change, Product From Design, and Perceptions of Value for Product Innovation. *Organization Science*, 217-232.

Robbins, S. (1996). *Comportamiento Organizacional.* México: Prentice Hall.

Robertson, C., & Crittenden, W. (2003). Mapping Moral Philosophies: Strategic Implications For Multinational Firms. *Strategic Management Journal.*

Robertson, P., & Verona, G. (2003). Post-Chandlerian Firms: Technological Change And Firm Boundaries. *Australian Economic History Review*, 70-94.

Rodil, U. (1975). *Lecturas sobre organización.* México: Editorial Trillas.

Rodríguez, E. (1978). *Psicología de la Organización.* México: Editorial Trillas.

Rodríguez, E. (2003). *Las TICs y el derecho a las comunicaciones, los nuevos roles y escenarios. El regulador, el usuario y el derecho a las comunicaciones.* Ediciones ASUCOM.

Rogers, E., & Agarwala, R. (1980). *Las Organizaciones.* México: McGraw Hill.

Rolle, P. (1974). *Introducción a la Sociología del Trabajo.* Barcelona: Planeta.

Romero, M. (2007). Evolución de un "Service Desk": Integración y automatización. *e-Deusto*, 28-30.

Romero, P. (2007). La convergencia digital en el mundo empresarial. *e-Deusto*, 44-45.

Salas, F. (1987). *Economía de la Empresa.* Barcelona: Ediciones Deusto.

Santarelli, E., & Vivarelli, M. (2002). Is Subsidizing Entry An Optimal Policy? *Industrial and Corporate Change*, 39-52.

Sarel, D., & Marmorstein, H. (2006). Addressing consumers concerns about online security: A conceptual and empirical analysis of banks actions. *Journal of Financial Services Marketing*, 99-115.

Schein, E. (1990). Organizational Culture. *American Psychologist*, 109-119.

Schneider, B., & Hall, D. (1972). Toward specifying the concept of work climate: A study of Roman Catholic diocesan priests. *Journal of Applied Psychology*, 447-455.

Schwab, A. (2007). Incremental Organizational Learning from Multilevel Information Sources: Evidence for Cross-Level Interactions. *Organization Science*, 233-251.

Schwartz, H. (1990). Narcissistic process and corporate decay. *New York University Press.*

Sells, S. (1968). General theoretical problems related to organizational taxonomy: A model solution and its assumptions. *Columbia University Press.*

Senge, P. (1993). *La quinta disciplina: cómo impulsar el aprendizaje en la organización inteligente.* Barcelona: Ediciones Juan Granica.

Serna, H. (2000). *Planeación y gestión estratégica.* Bogotá: Editorial Norma.

Shallis, M. (1986). *El ídolo del silicio.* España: Biblioteca Científica Salvat.

Shaw, M., Chang, J., & Lai, C. (2006). (Non)Optimality Of The Friedman Rule And Optimal Taxation In A Growing Economy With Imperfect Competition.

Shaw, V., & Shaw, C. (1998). Conflict between engineers and marketers - The engineer's perspective. *Industrial Marketing Management*, 279-291.

Shaw, V., Shaw, C., & Enke, M. (2003). Conflict Between Engineers And Marketers: The Experience Of German Engineers. *Industrial Marketing Management*, 489-499.

Shostak, A. (2002). Today's Union and tomorrow`s CyberUnions: labour's newest hope. *Journal of Labour Research.*

Silva, U. (2001). El impacto de las tecnologías de comunicación e información en la vida cotidiana. *Boletín del programa de Pobreza y Políticas sociales del Sur*, 3.

Simon, H. (1969). *Teoría de la organización.* Barcelona: Ariel.

Singer, D. (2002). Online Banking and the Community Reinvestment Act. *Business and Society Review*, 165-174.

Smith, M., & Brynjolfsson, E. (2001). Consumer Decision-Making At An Internet Shopbot: Brand Still Matters. *Journal of the Industrial Economics*, 541-558.

Snyder, P., Hall, M., Robertson, J., Jasinski, T., & Miller, J. (2006). Ethical Rationality: A Strategic Approach To Organizational Crisis. *Journal Of Business Ethics*.

Solow, R. (1987). We'd better whatch out. *New York Times Book Review*.

Souto, S. (2004). El impacto de las nuevas tecnologías de la información y de la comunicación en el sistema escolar. *Scripta Nova*, 8.

Srinivasan, R., & Brush, T. (2006). Supplier Performance in Vertical Alliances: The Effects of Self-Enforcing Agreements and Enforceable Contracts. *Organization Science*, 436-452.

Stewart, T. (2001). *The wealth of knowledge.* Doubleday.

Stroh, L., Gregersen, H., & Black, J. (2000). Triumphs and tragedies: expectations and communities upon repatriation. *International journal of Human Resources Management*, 681-697.

Sturgeon, S., Martin, G., & Crayling, A. (1998). *Epistemology.* Oxford.

Sveiby, K. (1999). *The Tacit and Explicit Nature of Knowledge.* Woburn: Butterworth-Heinemann.

Taplin, J., & Kendra, K. (2004). Change Agent Competencies for Information Technology Project Managers. *Consulting Psychology Journal*, 20-34.

Tapscott, D. (1995). *Cambio de Paradigmas Empresariales.* Bogotá: McGraw Hill Interamericana S.A.

Taylor, F., & Fayol, H. (1983). *Principios de la Administración científica: administración industrial y general.* Buenos Aires: El Ateneo.

Teece, D., & Winter, S. (1984). The Limits Of Neoclassical Theory In Management Education. *American Economic Review*.

Teece, D., Rumelt, R., Dosi, G., & Winter, S. (1994). Understanding Corporate Coherence - Theory And Evidence. *Journal Of Economic Elsevier Science*.

Terry, G. (1977). *Principios de administración.* Buenos Aires: El Ateneo.

Thurow, L. (1992). *La guerra del siglo XXI.* Buenos Aires: Editor Javier Vergara.

Thurow, L. (1996). *El futuro del capitalismo: cómo la economía de hoy determina el mundo del mañana.* Buenos Aires: Editor Javier Vergara.

Tichy, N., & Bennis, W. (2007). Making judgment calls - The ultimate act of leadership. *Harvard Business Review*, 94.

Toffler, A. (1971). *El Shock del Futuro.* Barcelona: Plaza y Janes.

Toffler, A. (1980). *La Tercera Ola.* Barcelona: Plaza y Janes.

Toffler, A. (1997). *El Cambio del Poder.* Barcelona: Plaza y Janes.

Totterdill, P. (1989). Local Economic Strategies as Industrial Policy – a Critical Review of British Developments in the 1980s. *Economy and Society*, 478-526.

Triplett, J. (1999). The Solow Productive Paradox: What do computers do to productivity. *Canadian Journal of Economics*, 309-333.

Turkle, S. (1984). *The second self: Computersand the human spirit.* New York: Simon & Schuster.

Turnage, J. (1990). The Challenge of New Workplace Technology for Psychology. *American Psychologist*, 171-178.

Uhlenbruck, K., Rodríguez, P., Doh, J., & Eden, L. (2006). The Impact of Corruption on Entry Strategy: Evidence from Telecommunication Projectsin Emerging Economies. *Organization Science*, 402-414.

Urrego, F. (1975). *Lecturas sobre Organización.* México: Editorial Trillas.

Urrego, J. (1998). Revolución Tecnológica y Revolución informática. *Facultad de Ingeniería, Universidad de Antioquía*, 6.

Van Alstyne, M., & Brynjolfsson, E. (2005). Global Village or Cyber-Balkans? Modeling and Measuring the Integration of Electronic Communities. *Management Science*, 851-868.

Van de Ven, A., & Scott, M. (1995). *Academy of Management.* Recuperado el 11 de Marzo de 2009, de JSTOR: www.jstor.org/stable

Van Reenen, J. (2001). The New Economy: Reality And Policy. *Fiscal Studies*, 307-336.

Varney, G., Worley, C., Darrow, A., Neubert, M., Cady, S., & Gurner, O. (1999). Guidelines for entry level competencies to organization development and change. 25-32.

Villanueva, E. (2004). *Internet, el espacio que se debe defender.* Signo y Pensamiento.

Vivarelli, M., Evangelista, R., & Pianta, M. (1996). Innovation and employment in Italian manufacturing industry. *Research Policy*, 1013-1026.

Wanberg, C., & Banas, J. (2000). Predictors and outcomes of openness to changes in a reorganizing workplace. *Journal of Applied Psychology*, 132-142.

Warren, B., & Dennis, J. (1983). *Teoría de la organización y la administración.* México: Ediciones Noriega.

Weber, M. (1997). *Economía y Sociedad.* México: Fondo de Cultura Económica.

Wezel, F., & Cattani, C. (2006). Pennings Competitive implications of Interfirm Mobility. *Organization Science*, 691-709.

White, H., & Nteli, F. (2004). Internet banking in the UK: Why are there not more customers? *Journal of Financial Services Merketing*, 49-56.

Williams, R., Hoffman, J., & Lamont, B. (1995). The Influence of Top Management Team Characteristics on M-Form Implementation Time. *Journal of Managerial Issues*.

Winter, S. (1984). Schumpeterian Competition In Alternative Technological Regimes. *Journal Of Economic Behavior & Organization*.

Winter, S. (1986). The Nature And Necessity Of The Rationality Postulate In Economic Theory - Comment. *Journal Of Business*.

Winter, S. (1990). Winter Fundamental Selection Theorem – Reply. *Quaterly Journal Of Economics*.

Winter, S. (2000). The Satisficing Principle In Capability Learning. *Strategic Management Journal*, 981-996.

Winter, S. (2003). Mistaken Perceptions: Cases And Consequence. *British Journal of Management*, 39-44.

Winter, S. (2003). Understanding Dynamic Capabilities. *Strategic Management Journal*, 991-995.

Winter, S. (2004). Specialised Perception, Selection, And Strategic Surprise: Learning From The Moths And Bees. *Pergamon-Elsevier Science*, 163-169.

Winter, S., & Szulanski, G. (2002). Replication As Strategy. *Organization Science*.

Winter, S., Cattani, G., & Dorsch, A. (2007). The Value of Moderate Obsession: Insights from a New Model of Organization Research. *Organization Science*, 403-419.

Yepes, R. (1996). *Fundamentos de Antropología: un ideal de la excelencia humana.* Pamplona: Eunsa.

Zenki, M., Minamisawa, K., & Yokoyama, T. (2005). Clean analytical methodology for the determination of lead with Arsenazo III by cyclic flow-injection analysis. 281-286.

Zhu, Z. (2007). Complexity science, systems thinking and pragmatic sensibility. *Systems Research and Behavioral Science*, 445-464.

Zimmerer, T., & Yasin, M. (1998). The leadership profile of American project managers. *Project Management Journal*, 31-38.

Zott, C., & Amit, R. (2007). Business Model Design and the Performance of Entrepreneurial Firms. *Organization Science*, 181-199.Nem. Ectectur aut eum arcia cones event, nonsecab inulpa dolorehenis et que et volupiet es dia voluptat utat.

Offic tem cum, nem nis aut autem qui audae parum, tem quat voloratem rerum fugitibus, velit rem. Et esequas velenectio magnimin ped quodit exerro ea alitatem necae. Ut quatiis evenienim quate cum, eatus.

Magnissin parum intiusanda corem ut minciet mos assundis corrumqui ab is quunt fugiature cus.

Ces explatius etur, si nesecessi di apicia adit haribusament eum fugita volut ditecum harci nam quae re di doluptas mosa ni dolorepero

PRIMERA EDICIÓN

2015